U0241640

Rem Koolhaas

DELIRIOUS NEW YORK

A Retroactive Manifesto for Manhattan

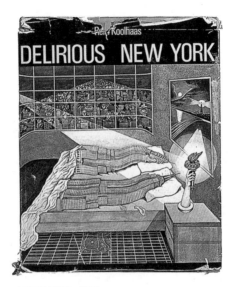

《癫狂的纽约》，1978

癫狂的纽约

给曼哈顿补写的宣言

［荷兰］

雷姆·库哈斯 _著

唐克扬 _译

姚东梅 _译校

生活·讀書·新知 三联书店

目 录

引

言

哲学家和文献学家应该首先关注诗意的形而上学，那是并非在外部世界之中寻求证据的科学，它的证据正在沉思这世界的心灵的变幻之中。

既然人组成了这个世界的国度，那么，理应在他们的心灵之中寻求世界的法则。

——贾巴蒂斯塔·维柯《新科学》，1725 年
（Giambattista Vico, *Principles of a New Science*, 1725）

我们要是不特立独行，要心灵干吗？

——费奥多尔·陀思妥耶夫斯基
（Fyodor Dostoyevski）

宣言

怎样为 20 世纪的余年[1]就一种都市主义写下一份宣言？——这其实是一个憎恶宣言的时代。宣言的致命弱点是与生俱来的证据缺失。

曼哈顿的问题恰恰相反：它有堆积如山的证据，却没有宣言。

这本书的运思基于这两种考量的交集：这是一篇为曼哈顿而作的补写的宣言（retroactive manifesto）。

曼哈顿是 20 世纪的罗塞塔石碑。[2]

不仅它的大部分表面为建筑的突变（mutation）（中央公园 [Central Park]、摩天楼 [Skyscraper]）、乌托邦碎片（洛克菲勒中心 [Rockefeller Center]、联合国大厦 [UN Building]）和非理性现象（无线电城音乐厅 [Radio City Music Hall]）所占据，更有甚者，它的每一个街块都覆着层层建筑的魅影，那些过往的住户、弃置的项目和时髦奇想，为此在的纽约提供了另一种图像。

尤其在 1890 年和 1940 年间，一种新的文化（机器时代？）将曼哈顿选作了实验室：一片神秘的岛屿上，为新的大都会生活式样和它的仆从建筑所作的发明和测试，可以大张旗鼓地进行，整座城市变成了人造经验的工厂，真实和自然在此不复存留。

这本书是对那样的曼哈顿的一种阐释，这座城市赋予本书貌似零落——甚至风马牛不相及——的篇章以某种连贯性，这本书试图将曼哈顿阐释为曼哈顿主义——一种未及整合的都市理论的产物，它的纲领现身在一个纯然人造的世界中，也就是生活在异想天开之中——这纲领是如此宏大，为了得以实现，只有从不声张。

狂喜

如果曼哈顿依然在寻求一种理论，那么这种理论一旦得以求证，将产生出一种公式，它产生的建筑座座蔚为大观，并且广受推崇。

曼哈顿已经创造出了一种毫不掩饰的建筑，这种建筑越是公然地缺乏自耻，越是使人爱慕，这种建筑受人尊敬的程度恰如它的僭越无度。

自始至终，曼哈顿都激发着它的信徒对建筑的狂热喜爱。

尽管如此——或许也正因为如此——曼哈顿的表现和意旨一直为建筑行业所忽略，甚至压制。

密度

曼哈顿主义是一种都市的意识形态，从它初生伊始，就仰赖大都会情境里超高密度中的奇观和痛苦而成长，作为一种值得推崇的现代文化的基础，人们从未对这种情境丧失信心。曼哈顿的建筑是一种获益于拥挤的样板。

补写的曼哈顿的纲领，是挑起争议之举。

这项工作展示了一系列的策略、定理和突破，它们不仅仅赋予这城市过去的表演以逻辑和范式，它们持久的有效性自身，正是曼哈顿主义卷土重来的证言。这一次，曼哈顿主义是一种清晰的信条，这信条超越了它岛屿的出身，在当代都市理论之中占有一席之地。

以曼哈顿为例，这本书是"拥挤文化"的蓝图。

蓝图

蓝图并不预言未来出现的龃龉。它描述的，是一种大约如此的理想状态。同理，这本书描述了理论上的曼哈顿，作为猜想的曼哈顿，与之相比，此在的曼哈顿只是妥协和不完美的现况。从曼哈顿都市主义的整出活剧中，这本书只取彼时蓝图最可见可信的片段。相较于那些脱自曼哈顿、关涉曼哈顿，并将曼哈顿归结为永远的危机之都（Capital of Perpetual Crisis）的负面分析，这本书应该，也必将逆流而上，只有摸索着重建一座完满的曼哈顿，这座城市意义深远的成败才得以显现。

街块

结构上而言，这本书是对曼哈顿城市网格（grid）的戏拟，一些"街块"（block）似的章节[3]，它们的同存并置恰恰加强了它们各自的意义。

前四个"街块"——"康尼岛"、"摩天楼"、"洛克菲勒中心"和"欧洲人"——对曼哈顿的排列变化予以编年，这排列变化尚仅仅是意涵，而不是清晰的信条。这些"街块"展示了这座城市前行的历程（以及随后的衰落）：曼哈顿决意将它的版图转离自然，以人力之所及，越远越好。

第五个"街块"——附录——是一系列的建筑项目，它们使曼哈顿主义充实为清晰的信条，它们促成了曼哈顿主义从无意识到有意识的建筑生产的转换。

枪手作家

终日引领逐奇的电影明星们太过自我中心了，无以探察样式；太过粗枝大叶了，无以表述意图；太过浮皮潦草了，无以记述过往，枪手作家为他们代言了一切。

同理，我是曼哈顿的枪手作家。

（由于额外的复杂性，在它们的"生命"尚未完结时，我的素材和主题就已未老先衰，这就是为什么，我不得不写出我自己的结局。）

史

前

曼哈顿：一座进步的剧场（靠近纽约港入口的小附着物将来会发展成康尼岛）。

程式

"什么种族率先生息在曼哈顿岛上?

"他们曾经在此,但光景不复了。

"在如今因商业、智慧和财富而闻名的城市耸立之处,十六个世纪长的基督教纪元席卷而来,之后,就再无先前文明的迹象了。

"尚不曾为白人所猥亵的野性的自然之子,在森林间漫游,在静水里行舟。但陌生人对这方外之地的入侵已指日可待,这些陌生人为一个孔武有力的国度打下粗陋的基础,在他们所经之地撒播席卷一切的法则(exterminating principles)[1],以恒常增长的力量,这些法则从未停止过它们的作用,直至整个土著的种族将灭绝,它们的记忆……几乎从苍穹下消失。文明,源于东方而伸展到旧世界的西头,如今终于跨越了那条束缚它脚步的天堑,穿入一个大陆的森林,这森林刚刚呈现在基督国度百万生民的

若兰,《新阿姆斯特丹鸟瞰》,1672 年。

好奇注视中。

"北美的茹毛饮血即将让位给欧洲的温文尔雅。"[2]

19 世纪中叶——这时，这个叫做曼哈顿的实验已经进行了二百年——它独特的自我意识终于突如其来地勃发。神化它的过去，重写它的历史，成为服务于它的未来的一时之需。

引自 1848 年的这段话描述了曼哈顿的纲领，它无视历史事实，但一语道明意图：曼哈顿是进步的剧场。

它的主角是"席卷一切的法则"，"以恒常增长的力量，这些法则从未停止过它们的作用"，剧情是"茹毛饮血让位给温文尔雅"。

基于这样的前定，它的未来可以无止境地推演：既然席卷一切的法则从无休止，那么今朝的温文尔雅就难免是明日的茹毛饮血。

如此，有别于通常的剧情设定，表演将永无休止，也不会被推进：它只能是单一主题的循环往复：创造和毁灭无可挽回地扭结，无穷无尽地重演。

在这奇观中，唯一的悬念就是演出气氛的时常波动。

工程

"自然，对许多欧洲人而言，新阿姆斯特丹（New Amsterdam）[3]事实上如何并不重要，但一幅全然虚幻的图景却不然，如果这幅图景碰巧和他们心目中的城市相符……"[4]

1672年，一位法国蚀版画家若兰（Jollain）向世界展现了一幅新阿姆斯特丹的鸟瞰图。

这幅画全然谬误：它所传递的信息并无一处基于事实。然而，它是——或许碰巧是——曼哈顿工程的描绘：它是一部都市科幻小说。

这图景的正中是一座鲜明的有城墙的欧洲式城市，它的存在，就像原来的那个阿姆斯特丹一样，似乎是一座沿着城市长度上展开的线性港口，以利直达。一座教堂，一座证券交易所（stock market），一座市政厅，一座"正义之宫"（法院），一座监狱，以及墙外的一座医院，组成了母文明的整套机构。只有城市中的大量打理动物毛皮的设施和仓储，才标识着它们是在新大陆上。在墙外左方——几乎是五十年后，才有一处这城市的延展，预示着新的开端，那些多少相似的街区组成了一种结构化的系统，一旦需求增长，这些街区便可以延展到全岛，它们的韵律，只是被百老汇大街那样的对角线偶然打断。

这岛的景观从平川变化到山地，从蛮荒之地过渡到安宁之所；它的气候似乎变换于地中海的夏季（墙外是一片甘蔗地）和严酷的冬季（毛皮生产）之间。

这地图的所有成分都是欧洲式的，但是，劫自它们原有的语境，又转置于一片神话之岛，这些成分被重新拼装为一个不可辨认，却终是精准的新整体：一个乌托邦的欧洲，压缩和密度的产物。那位蚀版画家已经说过："这座城市以它的巨量人口著称……"

这座城市网罗模型和范式：遍布旧世界的理想元素最终在此处组装成一体。

殖民地

不考虑一直在那里的印第安人的话——在南部是威克盖斯盖克（Weckquaesgeck）人，在北方是瑞嘎瓦瓦可（Reckgawawack）人，都属于莫希干（Mohican）部落——曼哈顿是亨利·哈得孙（Henry Hudson）于1609年"发现"的，他正代表荷兰的东印度公司寻找一条"由北方通往印地人的新道"。

四年以后，曼哈顿岛上的印第安草棚中安置了四幢房子（欧洲人眼里算得上房子的房子）。

在1623年，三十户人家从荷兰启航去曼哈顿建立殖民地，他们中有一位工程师克林·弗雷德里克兹（Cryn Fredericksz），随身带着如何建设一座城镇的书面指导。

对荷兰人来说不存在"意外"，因为他们的整个国家都是人造的。[5] 他们规划曼哈顿岛上的聚居点，就好像它是他们人工制造的母国的一部分。

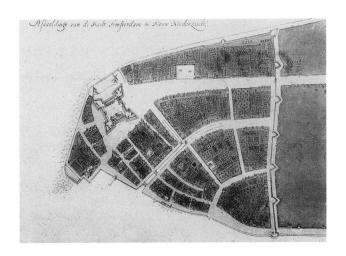

（上）新阿姆斯特丹建成后的鸟瞰——"北美的茹毛饮血"让位给"欧洲人的风雅"。

（下）曼哈顿的幽灵交易，1626 年。

新城市的核心部分是一个五角形的城堡，弗雷德里克兹"测绘了一条24英尺宽4英尺深的壕沟，环绕着一个四边形，这四边形从水边后伸1600英尺，宽2000英尺……"

"如上，围护壕沟外的外侧已经勘定，在内侧A、B、C所有三边，应该再勘定200英尺左右，以安置农夫们的住宅和园地，剩下的面积应该空着，以利将来竖立起更多的房屋……"[6]

城堡之外，围护壕沟的另一侧，矩形阵列的系统布置出12个农场，并间以壕沟。

然而，"这种规整对称的图案，构思于东印度公司安全和舒适的阿姆斯特丹办公室里面，并不适于曼哈顿岛尖端上的基址……"

城堡造得小了点；新城市的其余部分多少布置得没什么章法。

荷兰人要再一次明证自己渴求秩序的禀性：定居者在岩床上雕凿，一条运河从市中心穿过。河旁每边都有一组带有山形屋顶（gabled roofs）的传统荷兰房屋，它们造成了一种错觉：将阿姆斯特丹移植到新世界的尝试已经大获全胜。

1626年，彼得·米纽伊特（Peter Minuit）花24美元从"那些印第安人"那里买下了曼哈顿岛。但是这笔交易有一个漏洞：卖主并不拥有这些土地，他们甚至并不住在那里，他们只是来瞧瞧而已。

预言

1807 年，西米恩·德维特（Simeon deWitt）、古弗尼尔·莫里斯（Gouverneur Morris）和约翰·拉瑟福德（John Rutherford）受托设计一种可以对"最终的和决定性的"入居曼哈顿岛进行管理的模式。[7]四年之后，他们——越过已知和未知的分界线——规划了 12 条由北向南的大道和 155 条由东向西的街。

就这么简简单单的一招，他们描绘出了一座 13×155 = 2028 个街区的城市（地形上的偶然因素不计）：一个即刻间把握了所有岛上剩余版图和未来活动的阵列：曼哈顿网格。

始作俑者向人们鼓吹"这些至善至美的网格"，"以其纯净取悦单纯的心灵"，便利了"购买、销售和增益"地产[8]——这些网格被强加于曼哈顿岛的一百五十年后，它们仍然是商业利益短视的负面符号。

事实上，它们却是西方文明史上富于预见性的果敢决策：所分之土，未见人居；所指之民，实属臆测；所存建构，仍为幻影；所征之事，尚未存在。

报告

专员（Commissioner）报告中介绍了曼哈顿未来运作的要略：事实上的意向和宣称的意向间的严重脱节，带来了一片至关重要的无人地带（no-man's-land），在此，曼哈顿主义却可以一展身手。

"博得人们注意的第一样东西，是开展这项业务的方式和形态：就是说，人们是该安于矩形周边的街区，还是应该在此基础上有所增益修改，不管它们实际的便利或实用，改成圆的、椭圆的，或是星形的，以使平面美观。在考虑这件事的时候，人们不能不想到一座城市首先是由居民构成的，而直边直角的房子是最利于建构、最便于居住的。这种明了简单的想法的后果是决定性的……"

曼哈顿是一种实用主义的思辨（polemic）。

"在这里许多人会感到惊讶，为着清新空气的福祉，随之而来的，为着对健康的体察，留下的空地竟是如此仅有和狭小。如果纽约市命定位于像塞纳河或泰晤士河那样小河的一侧，它可能确实需要大量宽敞的空地；但是，拥抱曼哈顿的是大海的臂弯，对于健康和享乐而言，对于便利和商业而言，这一切因此变得尤为适宜了；在另一种可能的情形下，谨慎和责任感或许主导全局，但在这里，由于同样的原因地价如此高飙，似乎不妨说经济原则将产生

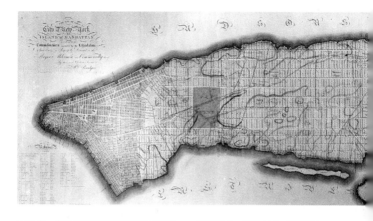

1811 年，专员们为曼哈顿网格而作的提议——"所分之土，未见人居；所指之民，实属臆测；所存建构，仍为幻影；所征之事，尚未存在。"

远为巨大的影响……"

曼哈顿是逆巴黎，反伦敦的。

"许多人会感到惊讶，整个岛屿尚未被规划为一座城市；使其他人开心的则是，专员们提供的空间足够安置多得多的人口，甚至比中国的同一侧任何地方的人口都多。在这方面，地盘的形状主宰了这些人……要是未竭尽其所能，就可能会使得正当的期待落空，而操之过度，则给有害的投机念头提供了材料……"[9]

网格首先是一种概念性的投机。

尽管看上去似乎不偏不倚，对曼哈顿岛而言，网格实际上意味着一种处心积虑的程式：无视地形，无视现存，

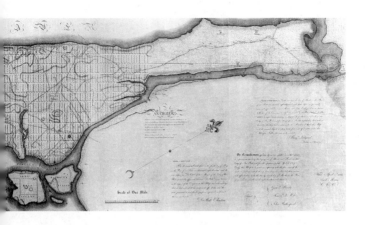

将心智的建构凌驾于现实之上。

它的街道和街区的编排宣示着，它的真正野心是驯服自然——如果不是泯灭自然的话。

所有街区都是一律：即刻，它们的同一性就摧毁了指导传统城市的刻意分化的系统。网格使得建筑史和先前都市主义的老生常谈无关紧要了。它迫使曼哈顿的建设者们推展出一套形式准则的新系统，创生出使一个街区有别于另一个街区的策略。

网格的二维法则也为三维上的无法无天创造了无上的自由。网格定义了控制与放纵之间的新平衡，借此，城市可以同时既有序又灵动，成为一座整饬混乱的大都市。

被强置于网格的曼哈顿，从此永远免疫于任何（进一步的）整体干预。在区区一个街块之内——那是建筑上可以控制的最大区域——这座城市创造出了一个最大化的都市自我。

既然，任何客户或建筑师都无望以一己之力统领这岛上的更大面积，每一意向——每一建筑意识形态——便都不得不完全在街区的限制内实现。而曼哈顿岛是有限的，街区数目业已固定，这城市就不能以惯常的方式发展。

因此，它的规划永远无法描述一个特别的、经年不变的建成形态（configuration）；它只能预计，无论什么即将发生，它只能在网格内 2028 个街块中的某处发生。

由此，任何一种人居形式的建立，都只能以牺牲另一种为代价。这城市成了一幕幕生活剧的马赛克（Mosaic）[10] 拼贴，每一块都有自己的生命历程，通过网格互相角力与应和。

偶像

1845 年展出了纽约市的模型，这模型先是在市内展示，然后又巡回各地，以强化曼哈顿持续增长的自我偶像意识。

"大都会的复制品"是"纽约的完美的拷贝，再现了城市中的每一街道、土地、建筑、小屋、公园、樊篱、树木以及其他物件……覆盖模型之上的，是一个雕刻着歌特式建筑的装饰木作挑棚，在美轮美奂的油画中，展现着这座城市的商业巨擘们……"[11]

宗教的偶像被建筑的偶像所取代了。

建筑是曼哈顿的新宗教。

地毯

到了 1850 年，仿佛一阵滔天巨浪，纽约爆炸性的人口看上去真的要吞没整个网格。因此出台了应急方案预留了公园的可用地，然而"当我们还在讨论这个议题时，城市人口便席卷而来，将这些保留地覆盖，使我们力有不逮……"[12]

1853 年，随着评估专员（Commissioner of Estimate and Assessment）的任命，这种危险局面有所改观，他们开始为一座公园征得土地并测绘，土地位于第五大道和第八大道之间，59 街和 104 街（后为 110 街）之间的一块指定区域。

中央公园不仅仅是曼哈顿主要的休闲设施，也记录了它的前进步伐：它剥制动物标本式的自然保护，展示的永远是文化疏离自然的活剧。像网格一样，它是信念的巨大跃进；它所描绘的建成和未建成之间的反差，在它创生之初还几乎并不存在。

"纽约建成的一天终将到来，那时所有砍削填补都已结束，岛上参差多变（picturesquely varied）[13] 的岩石构

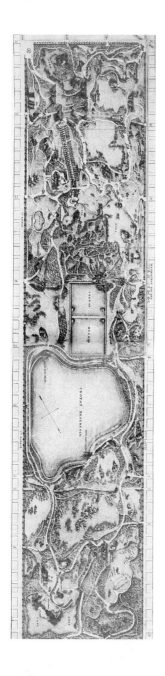

（左）中央公园，合成的阿卡迪亚魔毯移植到了网格上（1870 年左右的平面图）。

（右）被摆布的自然："移动树木的机器……可以移植大树，缩短了从种植到成林的时间……"

造都已转为单调笔直大街的行列和簇拥而起的楼群。到那时，这城市现今多变的外表将了然无痕，只有中央公园内的数英亩是个例外。

"到那时，人们将会清楚地知道现今这如画的地面情状（outline）的无上价值，充分地认可它适应目标的能力，因此，最好尽可能不要侵扰它柔和起伏的情状，入画的、峻嶒的景致，另一方面，要迅速行动，采取一切合法途径，增益和明智地开发这些别具特色的景观资源……" [14]

"尽可能不要侵扰"，但另一方面又"增益和开发景观"：如果我们可以将中央公园理解为保护性的操作，那它更是一系列对自然的摆布和改造，是设计师"拯救"了自然。它的湖泊是人工的，它的树木是（移）植的，它的"意外"是蓄谋的，它的活动为一个不可见的基础设施所支持，这个设施将这些活动组装到一起。它搜罗自然成分，将它们抽离原有情境编目，重组并将它们压缩成一个自然的系统，这系统，使得方方正正的林荫道（Mall）并不比特意无序的漫步区（Ramble）更规整正式。

中央公园是合成的阿卡迪亚（Arcadian）[15] 魔毯。

塔

1851 年，富于启发性的伦敦水晶宫世界博览会 [16] 激励了曼哈顿的雄心。两年以后，曼哈顿组织了自己的会展，为在几乎任何方面都压倒其他美国城市押上了一宝。此时，除了那无处不在的网格，这座城市还基本上没有伸展到 42 街以北。除了华尔街附近，它看上去几近农村：满是草的街区内只有零落的几幢房屋。纽约博览会立足于未来的布赖恩特公园（Bryant Park）[17] 基址之上，它的标志是两座巨大的建构物，完全压倒它们的四邻，轻松地主宰了这岛的天际线，为它带来一个新的尺度。两座建构物中，第一座是伦敦水晶宫的翻版，但由于街区间的分割使它限于一定长度，它就成了一个十字形状，十字的交叉点上覆盖着一个巨大的穹顶："这穹顶的纤细肋骨似乎不足以支持它的巨大尺寸，看上去，穹顶宛如一个吹大的气球，不耐烦地等着飞往高空……"[18]

第二座相辅相成的建构物，是 42 街另一侧的一座塔：拉丁瞭望台（Latting Observatory），高达 350 英尺。"如果我们不算巴别塔的话，可能它就称得上是世界上第一座摩天楼了……"[19]

它以箍铁的原木建造，底部设置店铺。蒸汽升降机可达一层和二层平台，那里装置着望远镜。

第一次，曼哈顿的居民可以俯察他们的居所，了解整个岛有多大，同时也意味着了解它的局限，了解它所承载的一切的不可逆转。

倘若这种新的觉醒桎梏了人们雄心的覆盖面，它只好

（上）拉丁瞭望台。

（下）伊莱沙·奥蒂斯展示升降机——反高潮以大结局的形式出现。

增加这种雄心的强度。

在曼哈顿主义中，这种自上而下的俯察于是成了经常的议题，它们所激发的地理上的自我意识被转换成了勃发的集体能量，以及人们共享的狂妄目标。

球体

和所有早期展览会一样，曼哈顿的水晶宫里包含一种荒诞的并置，无用的维多利亚风格的产品泛滥成灾，庆祝着物体自身获得解放（既然机器可以模仿独特性的机制了）；同时，它又是一个潘多拉的盒子，在里面，簇新的、革命性的技术和发明即便互不相容，一切却终将在曼哈顿岛上得到放任。

仅仅就新的大众运输模式而言，就有地下的、地表的和高架系统的方案——尽管这些各自都是合情合理的，但如果它们同时施行，最终它们的逻辑就会相互打架。

这些技术和发明现在还置身于那个圆顶的巨大牢笼中，它们就要把曼哈顿岛变成一个新技术的加拉帕戈斯岛（Galapagos Island）[20] 了，在岛上，适者生存的新篇章——这一回是机器物种之间的竞争——即将掀开。

球体（Sphere）的展览中，有一样出类拔萃的发明将改变曼哈顿的面貌（在稍逊的意义上，它也将改变世界）：升降机。[21]

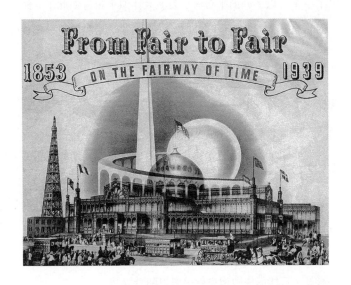

1853 年，在第一次纽约世界博览会上的水晶宫和拉丁瞭望台。背景里浮现的重叠影像——三棱塔（Trylon）和环球（Perisphere）——是 1939 年世界博览会的主题展，曼哈顿主义的序曲和落幕：针和球。

推介给观众的升降机是一种剧场式的奇观。

升降机的发明者伊莱沙·奥蒂斯（Elisha Otis），登上了一个可以上升的平台——表演大体似乎也就如此了。然而，当平台上升到最高处时，一个助手递给奥蒂斯一把放在天鹅绒衬垫上的飞刀。发明家接过刀，看上去要破坏他自己发明中的关键部分：那根将平台吊起、防止它落下的绳索。奥蒂斯切割绳索，它"啪"地断了。

平台和发明家都没事。

看不见的安全装置起了作用——它是奥蒂斯的发明的精髓——它阻止了平台重回大地表面。

如此，奥蒂斯在都市的活剧中引入了他的发明，高潮戛然而止之时即是结局，无事便为大赢。

像升降机一样，每一项技术发明都孕育着一个双重的影像：可能的失败像鬼魅一般追随着成功。

那种逆转幽灵般灾难的手段，几乎和别出心裁的发明自身一样重要。

奥蒂斯引入的主题将成为曼哈顿岛未来发展的主旋律：曼哈顿层层累积着从未发生过的那些可能的灾难。

对比

拉丁瞭望台和水晶宫的穹顶引入了一种对比的原型，它们将一再出现于曼哈顿每度再造金身的历史中。

针和球呈现了曼哈顿形式语言的两个极端，描绘了它的建筑抉择的外部极限。

针是极细的、极无体积的结构，它标志着网格内的一处位置。

它将占用面积可忽略的地面和带来最大的物理影响这两方面结合在了一起。本质上说，它是一幢没有室内的房屋。

数学上而言，球是以最小的外表面占有最大的内部空间的形式。它有一种良莠并蓄的包容力，物体、人物、图像、象征，都照单全收；它使这些劳什子相互关联的唯一依据，就是它们统统在它的腹中。在很多方面，作为一种卓然自立的、形象鲜明建筑的曼哈顿主义历史就是这两种形式的辩证法，要么是针想变成球，要么是球时不时地试着变成针——这是种异体受精（cross-fertilization）[22]，结果是一系列成功的杂种，其中，针吸引眼球的能力，占据地盘时的谦卑和球体完美的承受性相匹配。

康尼岛：异想天开的技术

明光四处流溢，暗影无地容身。

——马克西姆·高尔基《厌倦》

（Maxim Gorky, "Boredom"）

月光下，穷鬼们搞出了一派什么样的景象！

——詹姆斯·亨内克《新的世界都会》

（James Huneker, *The New Cosmopolis*）

地狱造得糟极了。

——马克西姆·高尔基《厌倦》

模型

"现在，曾经是一片弃地之处……一千座炫目的大厦和尖塔高耸入云，它们优雅、庄重、咄咄逼人。朝阳俯瞰着它们，犹如俯瞰着一个诗人或画家笔下神奇地变成了现实的梦境。

"入夜，百万盏电灯的流光辉映着这伟大游乐城市的轮廓的每一条直线或曲线，每一个尖点，它映亮了高高在上的天空，欢迎着海岸三十里外归家的海员。"[1]

或者：

"随着夜晚的到来，一座灯火的梦幻都市突然从海洋上升起，直入夜空。数以千计的微红的光亮在昏暗中闪烁，在黑黢黢的天空背景上，它们勾勒出的微妙、敏感的形状，是那些巍然矗立的奇迹般的城堡、宫殿和庙宇。

"金色的纱线在风中颤抖，它们在那些晶莹透亮的、闪烁和流动的图案中彼此交织，和它们水中的倒影彼此眷慕。

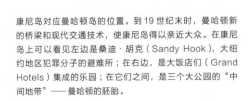

康尼岛对应曼哈顿岛的位置。到19世纪末时，曼哈顿新的桥梁和现代交通技术，使康尼岛得以亲近大众。在康尼岛上可以看见左边是桑迪·胡克（Sandy Hook），大纽约地区犯罪分子的避难所；在右边，是大饭店们（Grand Hotels）集成的乐园；在它们之间，是三个大公园的"中间地带"——曼哈顿的胚胎。

"难以想象的壮丽，无可言喻的美妙，这燃烧的光亮。"[2]

1905 年的康尼岛：无数版本的"康尼岛印象"——它们源自那些无可救药的想要记录和保存幻景的固执念头——不仅彼此雷同，也可以替代日后难以尽数的对曼哈顿的描述，这一切绝非偶然。在 19 世纪和 20 世纪的路口，康尼岛是初萌的曼哈顿主题和神话的孵化器。在它们跃上那更大的岛屿之前，日后促成曼哈顿的策略和机制，先在康尼岛的实验室里进行了测试。

康尼岛是曼哈顿的胚胎。

条地（Strip）

康尼岛比曼哈顿早一天被发现——1609 年哈得孙发现了康尼岛——在纽约自然港的入口处，它像一个阴蒂状的赘生物，"一条银沙，碧水缠绕着它的外缘，湿地溪流慵懒地俯卧在它的后部，夏季簇着绿色的蓑衣草，冬天则凝着洁白的霜雪……"

卡纳西（Canarsie），印第安人，半岛上的原住民，叫这岛纳里奥克（Narrioch）——意即"没有阴影的土地"——这是关于这半岛将成为某种非自然现象舞台的早期断言。

1654 年，在一场比"出售"曼哈顿规模缩小了的交

（上）曾经是一片荒弃之地……

（下）康尼岛：纽约港入口处的一个阴蒂状的赘生物。

易中，印第安人圭伊奥奇（Guilaouch）将他视为己有的半岛换了枪、火药和玻璃珠子。然后这半岛便换了一长串的名字，没有一个名字长久，直到它因异乎寻常密集的"konijnen"（荷兰语的"野兔"）而知名。

在1600年到1800年间，康尼岛的实际物理形状在人为因素和流沙的双重影响下得以改变，有如经过设计，它成了一个缩微的曼哈顿。

1750年，一条运河将这半岛和大陆完全切开，这是"使康尼岛变成现状的最后举措……"

连接

1823年，康尼岛大桥公司建起了"大陆和岛间的第一座人工连接"[3]，媾和了康尼岛和曼哈顿之间的关系，至此，在曼哈顿的人类群集已像康尼岛的野兔密度一样史无前例。

康尼岛是曼哈顿度假区的当然选择：最近的一块处女地，可以抵消都市文明带来的精力衰弱。度假区意味着不远的地方有这么一个积蓄人群的"水库"的存在，他们生活在某种需要时不时逃离的环境中，以便重新拾回身心的平衡。

通达的方式必须仔细盘算：从"水库"去往度假区的通道必须足够宽，以利到访者源源不断地注满度假区，但又不能太宽，以便使得大多数的都市困顿者各就各位，否则，"水库"就会淹没度假区。可以通过数目不断增长的连接抵达康尼岛，但是去那儿不要过于容易，至少需要两种换乘的交通方式。从 1823 年至约 1860 年间，当曼哈顿从一座城市变成了都会，逃离的需求日益迫切。

喜欢康尼岛的幽静风景的都会人在它的东端——距曼哈顿最远的地方——建造了一个开化了的世外桃源，在这片未经沾染的土地上，建成了大量的度假旅馆，充斥着对 19 世纪而言崭新的舒适，使得人们耳目一新。

在岛上相对的一端，同样的幽独吸引着另一伙居无定所者：罪犯、混不下去的人、贪污的政客，他们相同的地方是都喜欢无法无天。对这伙人来说，这岛上尚未泛滥着律令。

这两伙人如今陷于一场对康尼岛的无声的争夺战中——从西端浮现出了更多的堕落的危险，它们和东头好品位的清教主义将有一拼。

铁路

1865 年，当第一条铁路伸展到岛的中部时，这场战役趋于白热化，铁轨在激浪线（surf line）前戛然而止，火车终于使得海滨为都市人群足迹所及；沙滩成了每周一次的大逃亡的冲刺线，这种逃亡就像越狱那般迫切。

新的到访者一到，便像一支军队一样带来衍生出的基础设施：浴室（可以让最多的人在最小的可能空间中，以最快的速度更衣）、餐饮设施（1871 年康尼岛上发明了热狗）和简易住处（挨着铁路的终点，彼得·提尤［Peter Tilyou］建筑了"冲浪屋"［Surf House］，一个酒馆／热狗摊）。

然而，对享乐的追求甚嚣尘上；康尼岛的中部造就了自己的磁力，吸引着各种特别设施，它们提供娱乐的规模和大众的需求相称。当世界上的其他人正一本正经地痴迷于进步之时，康尼岛却从哈哈镜中看这严肃，它常常用同样的技术手段解决着享乐的问题。

塔

为促进制造享乐所作的经营，成就了它自有的设施。

1876 年，一座 300 英尺高的塔——费城百年庆典的中心部分——被拆解，预期在别处重新立起。

遍及全美国的处所被选而复弃，突然间，拆解的两年后，这塔在康尼岛的中部重新装配立起。在它的顶部可见全岛，望远镜可以瞄准曼哈顿。像拉丁瞭望台一样，百年塔是一个激发起自我意识的建筑装置，它提供了一种对共有的领地居高临下的审视，能在鸟瞰中，唤起勃发的集体能量和雄心。

它也提供了一种额外的逃离去向：聚集升腾（mass ascension）[4]。

漂浮物

这塔从费城流浪到康尼岛，对于那些随之从展会和世界博览会运来的其他遗存，它的漂泊路成为一种先导。

康尼岛成了未来主义的碎片、机械的漂浮物和科技垃圾的最终栖息所。它们从美国各地向康尼岛的迁徙，与非洲、亚洲和密克罗尼西亚（Micronesia）[5]的各色人等向同一目标的跋涉不谋而合。同样，这些人也被放在展会上，作为一种新形式的教育性娱乐而展示；图腾式的机械，一小队侏儒，其他云游四方后落户康尼岛的稀奇古怪的家伙们，零星的无家可归的红种印第安人，加上一些外来种族，组成了这狭窄海滩的永久住户。

桥

1883 年，布鲁克林大桥扫除了曼哈顿的新大众们困守孤岛的最后一道屏障：在夏天的周日，康尼岛的沙滩成了世界上人员最稠密的地方。

这种袭扰最终打乱了康尼岛的原初程式，它本该表现得像个度假胜地，那是自然提供给人工世界公民的。

为了长存为度假胜地——一个提供差异的所在——康

尼岛不得不进行突变（mutate）[6]：它必须将自己转为彻头彻尾的自然对立面，它别无选择，只能以自己的"超自然"（Super-Natural）来因应新都会的人工特质。

它并不缓止都市的压力，相反，它将这种压力愈演愈烈。

轨道

重新建构的百年塔（Centennial Tower）首次宣示了一种痴迷，这种痴迷最终将整个岛变成了无产者的跳板。

1883年，在"回环"（Loop-the-Loop）之中，反重力的主题得到了淋漓尽致的发挥，在这条自身形成回环的铁轨上，只要小车开到一定速度，它就会大头冲下地贴在环的内表面。由于是尝试一桩新鲜事物，"回环"的代价不菲，每个季节都会夺去几条性命。"回环"一次只能让四名顾客体验那暂时的失重状态，只有为数有限的小车可以在一小时之内完成这上下颠倒的旅程。这些生来的限制注定"回环"无法成为集体狂喜（mass exhilaration）的利器。它的后裔是第二年，即1884年，经专利注册并建成的"过山车"（Roller Coaster）；它的轨道戏仿常规铁路的转弯、山丘和峡谷，整车的人们在它的坡道上颠上颠下，一切如此暴烈，以至于他们都体验到了纵身于巅峰的神奇感受。这种装置轻易地淘汰了"回环"，蜿蜒蛇行的轨道在咯吱咯吱的支撑上几度繁衍，不出几个季度，就将整个中区变成了震颤的钢铁山岭。

1895 年，博伊顿（Boyton）船长，一名职业潜水员，水下生活的先驱者，在反重力的战斗中引入了一种弗洛伊德式的奥妙。他的"激流勇进"（Shoot-the-Chutes）是在塔顶端以机械方式系着的平底雪橇式的滑板，塔顶连着冲水面斜下的机械滑道。当乘坐者俯冲而下时，会焦虑于滑板最终是滑行于水面上，还是潜入水底的悬疑。

源源不断的游客爬上塔来冲入泥泞的水中，这水中本该是 40 只海狮的居所。到了 1890 年"这弃绝理性的物事，这放声嘲弄重力法则的物事，使得康尼岛的人群为之倾倒……"[7]

甚至在布鲁克林大桥落成之前，有一项投机事业已经标明了康尼岛未来的发展方向，以全然理性的手段去寻求非理性的结局：为寻求"新的享乐"而被征服和利用的第一种"自然"元素，是一头大象，它"有一座教堂那么大"，而且是一座旅馆。

"它的腿合抱有 60 英尺，一只腿是雪茄店，另一只是情景影院（diorama）；主顾们从一只后腿的旋转楼梯拾阶而上，又从另一只下来"。[8] 大腿、肩膀、屁股或是象鼻子都可以安置房间，它的眼睛里飘忽不定地闪亮着探照灯，在所及的范围内，它照亮了所有打算在海滩上过夜的人们。

"不竭奶牛"（Inexhaustible Cow）的创造，带来了和自然的第二种牵强附会（annexation），它是一台解决游人口渴的机器，却打扮成一头牛的模样。

它供应的牛奶比天然的来得优越：它的流量恒定，卫生可靠，温度还可以调节。

电力

类似的适配随之愈演愈烈。

在有限的面积之中聚集了不寻常规模的人群，他们煞有介事地要和基本元素（阳光、风、沙子、海水）构成的现实发生接触，这一切亟需将自然系统地转化为一种机械装置。

海滩的总面积和冲浪线长度都是有限的，从数学上而言，一天之内成千上万的来访者，注定不可能让每个人都在沙滩上找到一块地方伸展活动，更别说靠近水了。

到了 1890 年，电力的发明使得第二个白昼成为可能。明亮的灯光有规律地散布在海岸线上，借由这种地道的大都会换班制度，人们可以充分地享有海洋了，这给了那些不能在白天靠近海水的人们 12 小时的延长时间。

康尼岛的独特之处在于这种假造的白昼绝不被认为是等而下之的——这种"不可抗拒的人工的"症候预示了曼哈顿从此以往的事件。

它的人工品质反倒成了一种看点："灯光浴"（Electric Bathing）。

大都会换班制度（1）："灯光浴"，人工合成变得不可抗拒。

（上）"爱筒"，反疏离的装置。

（下）大都会换班制度（2）："障碍骑行"，骑士们纵马夜奔。

圆筒

即使是人性中最亲密的方面也不妨拿来做试验。如果大都会中的生活制造了孤独和疏离，康尼岛却回敬以"爱筒"（Barrels of Love）。两个水平的圆筒一字排开，以相反的方向缓慢地旋转着，两端都有一座通往入口的小梯。

一座将男人送进机器，另一座则送进女人。

在筒子里是没法站立的。

男人和女人跌倒在彼此的身上。

机器不停地旋转着，在否则将永远素昧平生的人们之间，编织出一种人工的亲密感。

这种亲密感将在"爱的隧道"（Tunnels of Love）之中得到进一步的加工，那是一座挨着爱筒建立起的人造山丘。在山外，新近配对的两人登上一艘小船。小船将在一条通往内湖的黑暗隧道之中消失，隧道内彻底的晦暗至少是保证了视觉上的隐私，在消了音的隧道中，任何一刻，都无法猜测有多少对男女正涉过内湖。在浅水之中起伏的小舟更增强了感官的体验。

马群

当小岛还是一块处女地时，都会人（cosmopolite）在此沉迷的活动是骑马。然而，对于那些取代了最初来访者的后来人而言，驭马之术太过高深，难以掌握，在同一座小岛上也永远不可能有足够多的真马配备给新来的访客。

19世纪90年代中期，乔治·提尤（George Tilyou）——冲浪屋的先驱者彼得·提尤的儿子——在岛上布置了一条大面积延伸的机械驱动轨道，一条途经许多自然风景，沿着海岸线，穿越大量人工障碍物的线路。在这条轨道上放牧着一群机械马匹，任何人都可以马上自信满满地驾驭。"障碍骑行"（Steeplechase）是一种"自动的赛马跑道，重力是它的动力"，它的"马匹在尺寸和品类上都和马道上的赛马相似，建造得俯首听命，在骑手的控制之下，在一定程度上与人通过调节重心和体位来上下坡一样，骑手可以让机械马加速，使得每次比赛就像真的赛马一样"。[9]

这些马匹24小时待命，它们异乎寻常地成功，三个星期营业后便收回了赛场的投资。受到1893年芝加哥博览会连接两部分会场的"乐园中道"（Midway Plaisance）[10]的启发，提尤搜集了其他一些设备，包括从同一博览会搜集来的一座费里斯摩天轮（Ferris Wheel），将它们排列在机械马道的近旁，逐渐扩展成了一片零落的娱乐区域，1897年，他在这片区域周边立起了一道墙，使之正规化，造访者要通过一个凯旋门标定的入口，门上用石膏堆砌出各种经典的笑料：小丑、滑稽角色和面具。通过这么一围，在他命名的障碍骑行公园和岛的其余部分之间，提尤建立起了一种咄咄逼人的对立。

公式

即使在它渐渐得到人们欢心的那会儿，康尼岛的声名也一度狼藉。提尤的封闭天地里所蕴涵的这种对立的公式，是为康尼岛恢复名誉的第一步：外边是腐化，内里却是天真的享乐。这样一个微型绿洲，可以成为逐步收复这岛的失落领土的一种规划模式，显然，同一天地里散落的设施靠彼此复制或是互相排斥来竞争，是缺乏建设性的；在墙内，创生了一种办法，可以产生出面貌各异却彼此协调的设施。

公园的建筑概念等同于一张洁白的画布。提尤的墙定义了一个理论上可以由一个人控制和改观的领域，因此，它有发展出一个主题的潜质；不过，他对自己的突破利用不足，只是局限于延展轨道，努力使得电马栩栩如生，添加诸如"水中跳跃"（water jump）之类的障碍物，他只发明了一样额外的东西，使得他的公园和全岛进一步疏离：公园的入口如今直通"地震层"（Earthquake floor），在那儿一个隐藏的机械震颤装置代替了土地的自然外表。暴烈无规律的颤抖，使得所有游客乖乖就范，为了进入障碍骑行公园，他们必须不情愿地跳一曲"芭蕾舞"。

在一瞬间欣快的飘飘然中，被自己的发明弄得精疲力竭的提尤提笔作诗，捕捉住了他帮忙缔造的东西的意义："如果巴黎就是法国，康尼岛，在 6 月和 9 月间，就是世界。"[11]

宇航员

1903 年，新的威廉斯堡大桥为税赋充盈的康尼岛引入了更多的观光者，弗雷德里克·汤普森（Frederic Thompson）和埃尔默·邓迪（Elmer Dundy）开设了第二个公园——"月球"（Luna）。

邓迪是一个金融奇才，一个娱乐专家；他对会展、旅游看点和特许经营都有经验。汤普森则是康尼岛第一个重要的外来户：他对任何娱乐项目都是新手，26 岁时，和新时代无关的"布杂"[12]体制让在建筑学院求学的汤普森心灰意冷，最终辍学。

他却成了康尼岛上活跃的第一个职业设计师。

借鉴提尤闭合式公园的模式，汤普森赋予了月球公园一种系统的知识热忱，以及一定程度的刻意，他使得公园的规划完全基于明确的意向和建筑学的基础上。

障碍骑行公园将自己和周遭的混乱隔离开来，用的是最直白的办法：一道墙。

汤普森则让月球公园的孤立感翻番，他赋予公园的主题是将整个基地包裹在一种隐喻的含义系统里：公园的地表"绝非地球的"，而是月球的一部分；大众必将取道一个概念性的气闸室进入公园，他们随即化身成了宇航员。

"宇宙飞船月球四号的月球之旅……一旦登船，她的巨大机翼便会开始升降，旅行真的已经开始，宇宙飞船即将腾身到 100 英尺的空中。当飞船升腾时，在壮丽、伸展的全景图画之中，四周的海、曼哈顿和长岛看似正在远去。

"画面中房屋逐渐变小，直至地球从视线中淡出，与此同时，月球正在越变越大，当我们飞过月球这个卫星时，它荒凉贫瘠的表面历历在目。

"飞船平稳地停住了，登陆完成了，乘客们步入了月球阴冷的洞穴……" [13]

以这样一个姿态，地球上那些互相增益的现实的整体结构——法律、期望、禁忌——都被暂时搁置了，伴着月球之旅名义上的失重，一种道德上飘飘然的感觉诞生了。

理论

月球公园的中央是一个大湖，使人们想起芝加哥博览会的环礁湖（lagoon）[14]。在湖的一端是"激流勇进"；在这个庄重的位置上，它更有力地召唤人们下潜到集体无意识之中去。

湖畔罗列着针状结构的森林，月球建筑的样本。汤普森自己的评论显示出，他对于"布杂"式压迫的个人反抗

（上）月球公园的日间……

（下）……和夜晚。

是多么激烈。

有记者这样记录道："在这个星际的变乱之中……这个萌芽之中的乐园的主谋者（arch-plotter）……端坐在他自己缔造的死火山边，在他周遭无定形的空洞之中变幻出奇形怪状。"

对汤普森而言，月球公园是一篇宣言：

"你看，我依据一个明确的建筑计划建造了月球公园。既然它是一个娱乐的场所，我从它的结构中剔除了所有古典的常规形式，以一种自在的复兴和东方风格建造了我自己的样式，能用螺旋塔（spire）或是尖塔（minaret）的地方我都用了，赋予这种风格的建筑优雅的线条，以便从中造成一种跃动、欢快的效果。"

"以建筑学的方法、利用简单线条来唤起人们的情绪，你所能做的这一切棒极了。月球公园基于这种理论——结果证明这种理论是有价值的。"

这是 1903 年。

汤普森为月球公园的天际线感到自豪，"雪白的尖顶和塔楼聚集一处，映照着蓝色的天幕，这一切，令那些久倦于伟大城市的砖石和灰浆的人们极为愉悦。"

在汤普森之前，单独的塔楼在会展上常用作繁复的"布杂"建筑群的唯一制高点，它们卓然不群，因而成了精心统筹的整体设计的惊叹号。

汤普森的天才之处在于让这些针状体随机繁衍，在它们疯狂寻求个性的活剧中，创造出一种建筑的奇观，这些争奇斗艳的尖塔传递着超凡入圣的最具权威的信息，标明着另一种境界。

如今，是塔群的森林，而不是康尼岛的处女地境况，为这冷酷的城市提供了一针解毒剂。

季复一季，汤普森往他的公园中添加着塔群。三年后他吹嘘说："至此，我们的天际线上已有 1221 座塔楼，尖塔和穹顶——相比我们去年所有是个巨大的增长。"这种建筑种植园的增长成了衡量月球公园生命力的当然指针："你瞧，这就是月球，它日久恒新。"

"一座静止的月球公园将是不正常的。"[15]

在假定的月球上，汤普森建起了第一座"塔之城"（City of Towers）：除了撩拨想象、远离尘嚣，它毫无用处。现在他使用了电力——新幻觉装置不可或缺的基本要素——作为一种建筑学的复制器。

在明亮的日光下，月球公园的塔群有点抬不起头，散发着廉价的气息；但是，在它的天际线上罗织起电线和灯泡的网络后，汤普森描绘出了第二道亦真亦幻的天际线，甚至比第一道还要摄人心魄，分离出一个夜晚的城市。

"在荒寂的天空和海洋中升起了一个通明城市的神奇图像"以及"随着夜晚的到来，从海洋上突然升起一座灯火的梦幻都市，直入夜空……难以想象的壮丽，无可言喻的美妙，这燃烧的光亮"。

以一座城市的造价，汤普森建筑了两座截然不同的城市，每座都有自己的性格，自己的生命，自己的居民。现在，这座城市自己生活于日、夜班的转换中了；电气城市是"真实"城市的幽灵后裔，它是更胜一筹的实现异想天开的利器。

基础设施

为了在三年之内造就这种奇迹，汤普森在 38 英亩的公园土地上集成了一个基础设施，它一平方英寸一平方英寸地集聚了整个世界最现代的碎片。比起当时美国的其他城市来，月球公园的基础设施和通讯网络更复杂、繁琐、精密，消耗更多的能量。

"只需几个简明的事实和数字，就可以说明月球公园如何巨大。整个夏季，它雇用了 1700 名员工，它有自己的电报所、电讯处、无线局和本地及长途电话服务，它的照明使用了 130 万个灯泡。遍及它的所在……有为 500 头动物准备的合适厩舍……塔群、螺旋塔和尖塔计有 1326 座（1907 年数字）……自旧的月球公园开放以来，正门入口的入场者已累计超过 6000 万人次……"[16]

即令这种基础设施支持的不过是一种纸糊的现实，重点却也就在这里。月球公园是一种咒语的初次念诵，这咒语将一直困扰建筑行业，它的公式如下：技术＋纸板（或者其他轻薄的介质）＝现实。

外观

汤普森已经设计和制造了这座神奇城市的外观——外部。但是他的针体大多太狭窄了，以致没有一个内部，不可能有足够的中空，以设置功能。和提尤一样，他最终不能或者不愿使用他私人领地所有的隐喻潜质服务于文化的设计，他依然是一个建筑的弗兰肯斯坦（Frankenstein）[17]，创新的天赋远超过他控制其内涵的能力。月球公园的宇航员可能会搁浅在某个星球一座神奇的城市，但他们会在摩天楼的森林里发现他们久已熟悉的开心玩意儿——兔子舞（Bunny Hug）[18]，驴子（Burro），马戏团，德国村，亚瑟港的陷落[19]，地狱之门，火车大劫案[20]，急旋（Whirl-the-Whirl）[21]。

月球公园困窘于支配娱乐业的自我沦丧规律：它只能游走在神话的表面，只能隐约地撩拨起集体无意识之中的焦虑。

如果在障碍骑行公园之外还有某种发展，那便是要在新设施的不加掩饰的雄心之中，将大众的地方主义转向大都会的大同。例如，在探戈之中，"这著名舞蹈独步天下的原理，被应用在更现代的乘坐经验中。一个人不需要对舞蹈艺术特别敏锐，就能跟上潮流，因为舒适地倚靠在便利小车上，就完成舞蹈动作了"。

　　"他们也将迤逦行过南美的荒野，探戈就是在那里起源的……这种旅行将是一次盛宴，还包治一切消化疾病……"[22]

　　从简单模仿像骑马那样的单一经验，不可抗拒的人工合成已经进步到能够将先前分离的领域融合起来。探戈解放了技术——这解放是机器履行的教化仪式，一种教育体验——和横贯热带丛林的旅行，以及医学上的好处合而为一。

　　在鱼池里，"活的和机械的"鱼儿在新一轮的达尔文进化之中共处。

　　在 1906 年的旺季，汤普森简直就是漫不经心地在曼哈顿的血脉里注入了巴比伦空中花园的神话，在他自己天地的屋顶上种植了 16 万棵植物。这块绿色的地毯为改进月球公园的品质引入了一种"分层"的策略，它将一层人工的平面覆于原有的地盘之上："建起这么一座格外地道的、如画的屋顶花园，叫它巴比伦空中花园，月球公园的容量将增加 7 万人，同时，这些花园将在下雨时足以为更多的人提供庇护。"[23]

屋顶

让月球公园给比下去了的提尤发动了反击，他的姿态预示着现代主义的两难；如果，他将他所有的设施围于一座和水晶宫（Crystal Palace）不无几分相似的玻璃棚子之中，并将此宣传为"世界上最大的防火娱乐建筑"，那么，这玻璃盒子的实用主义象征就将与它里面的娱乐相龃龉。

单一的屋顶极大地减少了单个设施展示自己个性的机会；既然它们不必发展出自己的表皮，它们彼此混淆，就像许多软体动物躲在同一个壳里一样，公众在其中迷失了。

在外部，裸露的立面压抑了一切欢愉的迹象；只有一匹机械马跃过这冰冷的膜皮——幕墙的滥觞，逃离这娱乐工厂。

跃进

经过两年惊人的胜利，汤普森向他真正的目标挺进：曼哈顿。

月球公园在康尼岛的孤立处境使得它成为一个理想的建筑试验场，但同时，这种孤立也阻止了任何试验结果直面现实。

1904 年，汤普森在第六大道，43 街和 44 街之间买下了一个街区，这样，他就可以将他的多种才艺发挥到对他的理论更为紧要的一个试验上。

（上）参议员威廉·雷诺兹——房地产业的鼓吹者，"梦境"公园的总统。

（下）"梦境"公园的隐喻性入口——整个公园都在"水下"。

桌子

当汤普森正在计划从康尼岛上月球帝国的领地向曼哈顿发动征讨时，参议员威廉·雷诺兹（William H. Reynolds）在曼哈顿崭新的熨斗大楼（Flatiron Building）[24]顶层，坐在他的桌子后面筹划着万园之园（the park to end all parks）。这将是由障碍骑行和月球公园开始的进程的小结。

雷诺兹是前共和党的州议员，一个房地产的鼓吹者，"总是将自己鼓吹进麻烦里"[25]；他认为"奇境"（Wonderland）离题太远而否决了，为他的事业取名"梦境"（Dreamland）。

提尤、汤普森和雷诺兹的个性和职业所组成的三重奏——娱乐业专家、职业建筑师和开发商／政客——在三个公园的特色之中得到了体现：

障碍骑行公园，它的形式是在歇斯底里的娱乐需求的压力中产生的形式，一切近乎偶然；

月球公园，它的形式灌注了主题和建筑学的一贯性；而最终——

在"梦境"之中，先前的突破被一个职业政客提升到了意识形态的高度。

雷诺兹意识到，如果想要成功，梦境必须不囿于它折中的出身，成为一个后无产者的公园，"康尼岛娱乐史上的第一次，有人努力提供一种愉悦所有社会阶层的娱乐"。[26]

从先驱者们建立起的娱乐类型中，雷诺兹提炼出了许多梦境的要素，但是，他将它们置于一个单一的程式构图之中，在其中，每个兴趣点都不能脱离他者的影响而存在。

梦境位于海上。它不像月球公园那样，围绕着一个不定形的小池或环礁湖。梦境的规划是在环绕着大西洋一个真正的小湾（inlet），一个道地的海洋的蓄水处，拥有屡试不爽的掀起奇想风潮的潜质。如果说，月球公园通过一个令人啧啧称奇的异域，坚持它超凡入圣的品质，那么，梦境则凭借更下意识的和貌似真实的间离效果：它的入口门厅，在一艘有着整块风帆的巨大石膏船底下，如此，隐喻的意义上，整个公园的表面是在"水下"，它是在失落之前就被发现的亚特兰蒂斯（Atlantis）[27]。

这仅仅是雷诺兹参议员将现实驱除出他管治地的策略之一。一晃跃进到现代主义的形式方针，他选择将他的领地定义为一片无色彩的天地。与另外两个公园的花里胡哨相比，梦境的整体粉刷得一片雪白，由此，无论他借鉴的是什么概念，它们都为一个净化形象的程序所淘洗。

制图学

依照潜意识的制图学直觉，雷诺兹在他的环礁湖四周的一个"布杂"式马靴形里，布置了15个设施，并以一个完全平整的超级表面将它们相连，这个表面从一个设施过渡到另一个，一级台阶、一个门口或其他的连接关节也没有——它近乎于建筑学的意识流[28]。

"所有的步道都是平整或倾斜的，公园如此布置，以至于不可能造成人群拥塞，250万名游客可以看见一切，信步游览，不必担心拥挤。"

散布在壮观的路面上的是兜售爆米花和花生的小男孩，他们装扮成摩菲斯特的模样，以便凸显梦境中讨价还价的浮士德本质[29]。他们组成了一支雏形中的达达主义的大军：每天清晨他们的主管玛丽·德雷斯勒（Marie Dressler），著名的百老汇女演员，对他们进行"胡言乱语"的指导——无聊言语、莫名其妙的笑话和口号，这些，将整日里在人群中散播一种不确定性。梦境的设计图没有流传下来，下面，是依据我们最现成的证据对它所作的复原。

1. 梦境的钢铁码头向大洋内伸展1英里，它高达两层，宽阔的步道可以容纳6万人。一艘蒸汽游艇从曼哈顿的炮台（Battery）[30]每小时出发，因此不必涉足康尼岛便可以游览梦境。

2. "激流勇进"的最终宣言："已建成的最大的……

两艘船肩并肩地下降，一个移动楼梯……一小时内就可将7000人送到顶层……"[31]

第一次被放在公园的中轴线上，"激流勇进"增强了梦境的水下隐喻，对于潜入一个世界之下的世界而言，它的平底雪橇是一种完美的交通工具。

3. 坐落于到达码头之上的是"世界上最大的舞厅"（2.5万平方英尺），如此大的一个空间，以至于传统舞厅舞蹈的亲密样式变得毫无意义。在那个技术狂热的时代，人类身体的自然运动显得缓慢笨拙；旱冰搅和进了舞厅精细的形式结构中，其速度和曲线状的轨迹，逼迫得旧有的规矩近于崩溃，舞者们如原子般分离了，创造出男男女女、分分合合新鲜随意的节奏。

运动中的舞者们所忽视的，是一个独立了的建筑卫星，它描摹着自己抽象的轨迹穿过这一片喧嚣，"一种新奇的机巧装置，由一个马达驱动的平台构成，它承载着一群（乐队和）歌手在地板上移动，以便所有人都可以欣赏这种娱乐。"[32] 这个平台是一个真正的活动建筑的先驱，是第一代有自我驱动结构的机械卫星，它们可以被召唤到这个星球上的任何一处执行它们的特殊使命。

4. 小人国（Liliputia），侏儒的城市：如果梦境是曼

74

"梦境"的平面：

1. 钢铁码头
2. 延展向半岛的"激流勇进"
3. 舞厅
4. 小人国
5. 庞培的末日
6. 潜水艇之旅
7. 哺育室大楼
8. 世界末日
9. 马戏团
10. 创世纪
11. 曼哈顿上空的战斗
12. 威尼斯运河
13. 瑞士滑行之旅
14. 驯火
15. 日本茶馆和桑托斯·杜蒙 9 号飞艇
16. 跳蛙铁路
17. 灯塔

（上）小人国——远景为国会。

（下）装模作样的"尊贵"侏儒们：不检点行为的体制化。

哈顿的一座实验室，小人国则是梦境的实验室。这块大陆上曾经在各个世界博览会招徕眼球的 300 个侏儒，在此找到了一个永久的试验社区，"有点 15 世纪旧纽伦堡[33]的意思"。

　　既然小人国的尺度只是真实世界的一半，建筑这座纸壳乌托邦的造价只有后者的四分之一，至少理论上是如此，因此，异乎寻常的建筑效果就可以廉价地试验。梦境中的侏儒有他们自己的国会，配备了侏儒救生员的他们自己的海滩，以及"一个微型的小人国消防站，（每小时）都在应付假装的警报"——对提醒人们与生俱来的无聊而言，这招非常管用。

　　然而，小人国的真正奇观是社会试验。在小人国首都的围墙内，惯常的道德律法被系统地忽视了，这一点被广为宣传以吸引参观者。放荡、同性性爱、慕男狂，诸如此类，它们受到鼓励，拿来炫耀：婚姻刚刚被庆祝，几乎就立刻瓦解了；80% 的新生儿都是私生子。为了增大这种有组织的无法无天引发的震悚，侏儒们全都冠满了贵族头衔，凸显出了意谓和实际行为间的沟壑。

　　小人国代表着雷诺兹对不检点行为的体制化，对一个打算摆脱维多利亚时代[34]余荫的社会而言，这是一种持续的"叶公好龙"。

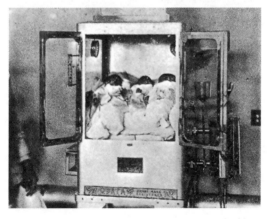

（上）庞培的末日——"刚刚投入实用的新发明"。

（下）哺育室中的"早产儿"—— 一个私有的族群的诞生。

5. "庞培的末日"是一系列模拟灾难组成的完美主义的高潮，很明显，这些灾难已经让大都会的公众们上了瘾。在康尼岛的一天之内，人们可以经历旧金山大地震、火烧罗马和莫斯科、各种海战、布尔战争的场景、加文斯顿（Galveston）的洪水[35]，以及（在一间饰有休眠火山壁画的希腊神庙内）维苏威火山的爆发，这些都是"以布景和机械的装置，配合最非凡的电气展示以及……刚刚投入实用的新发明"[36]来实现的。

每个在"梦境"之中被驱除的噩梦，都是曼哈顿避之唯恐不及的灾祸。

6. 潜水艇中模拟的航行——以及和"深处居民"的邂逅。

7. 哺育室大楼（Incubator Building）：此处搜集了大纽约地区的大多早产儿，他们被置于一个优于当时任何医院的哺育器设备里照护直至无恙，算是弗兰肯斯坦主题仁慈的变奏。一个企业如此公开地插手生死的问题，为了使得这种激进主义放柔和些，这幢建筑的外表被打扮成"一间古老德国农舍"，它的屋顶上是"一只俯瞰小天使之巢的鹳"——古老的神话认可新的技术。

建筑内是一座格外现代的医院，分为两部分，"一间洁净的大房间里，几乎毫无动静的早产儿们在哺育器里小睡着"[37]，以及一间为"哺育器毕业婴儿"准备的育婴室，这些婴儿已经在最初性命攸关的几个星期中存活下来了。

"作为一种对哺育衰弱婴儿生命的科学展示，它是……一种实际的、教育性的救生站……"[38]

马丁·阿瑟·康内（Martin Arthur Couney），巴黎的第一位儿科医生，在19世纪最后十年试着在那里建立自己的哺育机构，但是医疗保守势力使得这个计划半途而废。深信他的发明对于进步至关紧要，他在1896年的柏林国际展览会展出他的"Kinderbrut-Anstalt"（婴儿孵育器），这个展品追随着进步理念／展览熟悉的环球漂泊路线，先到里约热内卢，然后去莫斯科，曼哈顿是它命中注定的归宿。

只有在这新的大都会中，康内才得以发现和利用齐备合适的条件：源源不断地供应的"早产儿"，对于技术的热情，以及——尤其在康尼岛的中区——未成熟的曼哈顿，一种意识形态上的同情心。

康内的装置为不可抗拒的人工化提供了一种新的维度，借此，它直接影响了人类的命运。

"梦境"在早产儿之中哺育了一个它私有的族群（private race），他们每年在"梦境"重聚庆祝他们的幸存，雷诺兹出钱。

创世纪。

8. 9. 10. 到了世纪之交，显而易见的是，创造和毁灭成了定义曼哈顿消磨文化（abrasive culture）领域的两极，三种不同的奇观显示了这种意识。

10. 蓝色创世纪穹顶（Bule Dome of Creation），"世界上最大的穹顶"，它代表着整个宇宙。"参观这个幻境的游客乘坐一艘奇形怪状的游船向后滑行了 60 个世纪，他们沿着一条全长 1000 英尺环绕穹顶的人工水道，经过这些世纪的活动的环幕图画直至一个宏伟壮观的戏剧高潮，对创世纪本身的描绘……水面分开了，陆地上升了，非动物和人类生命出现了。"[39]

8. 创世纪的镜像，是"世界末日——如但丁之梦所说的那样"。在梦境，世界的开始和结束仅仅有 150 英尺之遥。

9. 马戏团，特色是"集地球上受训动物的大成"，扮演的是一个缓冲的角色。

三种奇观明显独立，同时展开，但它们的舞台由地下通道连接，因此，演员、人和动物都可以来回自由运送，从一场演出退下的可以在数秒之后在另一处出现，诸如此类。

三个剧院——就建筑学意义而言，它们在地面上是彼此分离的——通过不可见的连接组成了一个戏剧性的渊薮，一个剧组多台演出的雏形。地下交通引入了一种新的剧院经营模式，同一个剧组的轮转可以完成无限次同时演出，每出戏既独立于其他演出，又彼此相互呼应。

雷诺兹的三台大戏于是成了大都会生活精准的隐喻，大都会的居民正是以单一的剧组上演着无数出大戏。

11. 在第一架飞机上天之前，曼哈顿上空的模拟飞行。

12. "威尼斯运河"是一个巨大的威尼斯模型，它位于尺度打了折扣的公爵宫——"梦境"内最大的建筑——内部，公爵宫里面总是夜晚，"有'水街'常见的柔和月光……这是新发明的电气设备的功劳"。

"复制的大运河有惟妙惟肖的细节，真实的贡多拉[40]从河上载来一批游客。"微型宫殿是一个建筑缩微室："在5.4万平方英尺的画布上……所有的著名建筑在这里复制"，并且被安置在运河两岸渐次远去的平面上。

这里也复制了威尼斯的生活，"沿着（贡多拉）前进的线路是这个城市各行各业的居民，来来往往，就像旅游者寻常所见的那样……"[41]

激流勇进、爱的隧道、潜水艇、创世纪穹顶，都依赖在水中轨道的移动。对这种旅行模式的耽溺，明显反映了大都会栖居者的一种深层需求；威尼斯的运河是满足这种需求的典范，不过只是暂时的。

84

威尼斯运河。

"梦境"是一个实验室，雷诺兹则是一名都会的营造者：包裹在重重画布交织而成的茧壳里的这座室内的威尼斯，将成为一种都市模式，在日后改头换面重现。

13. 瑞士滑行之旅（Coasting Through Switzerland）是雷诺兹设计的一种弥补曼哈顿地形和气候不足的机器。它是第一座完全机械化的度假胜地，缩微复制的瑞士。

"曼哈顿夏日骄阳中挨着酷热的人们步入梦境的……领地，造访冰雪覆盖的'瑞士'清凉的群山，顿感解脱"。一个本该密不透风的盒子的立面上画着"带来欢愉的雪峰图画"，来访者一旦登上"小红雪橇"便能体会。

如同曼哈顿那样，这瑞士是焦虑和狂喜的复合。"扑入眼帘的第一个特色是所有造访过阿尔卑斯山的人们都熟悉的景象……系着绳索的登山者们在危险的攀缘之中，碰到……'噼啪'折断的导向绳索，登山者看上去似乎正坠入深渊"。然而，当小红雪橇通过一个"盛产瑞士生活"的山谷，揭幕场面的影响已经"消失在著名的勃朗峰的开阔远景之中"。

现在，雪橇穿过500英尺长的隧道进入了雷诺兹的阿尔卑斯。"一个显著的特色就是一个能将冷气四散到整个结构中的制冷设备"。

"巧妙地隐藏在各种雪堤里的有开口的管道，从制冷设备里散发出冷气，屋顶的抽风机产生穿堂风，使得这人工的'瑞士'冰冽甘醇的气息，可以和在如画的瑞士群山之中媲美"。[42]

通过"瑞士"的经营，雷诺兹充分发挥了技术的潜能，这技术是人类想象力的工具和延伸，支持和生产奇想。康尼岛就是这异想天开技术的实验室。

14. 在"瑞士"雷诺兹展示掌控的技术，"驯火"（Fighting the Flames）则构成了他对于大都会的情境自身最令人信服的评论和展示。

这是一座没有屋顶，250 英尺长，100 英尺深的建筑。立面的每个立柱上都挺立着一个消防员的形象，屋檐一线则是消防水管、头盔和消防斧的繁复主题。

古典主义的外表毫不透露内部戏剧的信息，里面"开阔的地面上建筑着一个城市广场，现出房屋街道，还有前景之中的一座旅馆"。四千名消防员永久地居住在这座城市的"布景"之中，他们"是从这座以及邻近的数座城市的消防局中招募来的，对这一行驾轻就熟"。在这个人工街区的两翼中待命的是一支预防灾祸的驱逐舰队："灭火装备包括四部马达和消防管道车，一部云梯车，一座水塔，一部救护车和一部消防指挥车。"

但是都市舞台上的主要角色是这街区本身：街区是驯

康尼岛夜景鸟瞰中的驯火，掌控之中的末日景象："整个奇观将大都会的黑暗侧面定义为道高一尺，魔高一丈，防御灾祸能力的极大增强只是刚刚超过灾难潜在的巨大增长而已。"

（上）桑托斯·杜蒙9号飞艇。

（下）跳蛙铁路，在平行的轨道上目击使人惊悚的灾难。

火推出的演员："警报响起；消防员们将从他们的床上跃下，顺着铜杆子滑下……前景中的旅馆着了火，里面有人。火苗是在旅馆的第一层发现的，切断了他们的去路。簇集在广场上的人群叫喊着、比画着。马达运来了，然后是水塔、水管车、云梯车、消防指挥车和"——再一次地强调了营救和损失之间的关系——"救护车，在救援的奔忙中撞倒了一个人。

"火光直冲向上一层……窗户旁的灾民们被烟火赶向一层又一层。

"当他们到达顶层时，听到了一声爆炸，建筑的屋顶崩塌了……"[43]

然而，歇斯底里的酒店住客们终于无恙，火被扑灭了，街区又开始准备它的下一场演出。

整个奇观将大都会的黑暗侧面定义为道高一尺，魔高一丈，防御灾祸能力的极大增强只是刚刚超过灾难潜在的巨大增长而已。

曼哈顿便是这种永无尽头的短兵相接的结果。

15. 经过一年尽可能少的改装，日本茶馆变身为飞艇大楼（Airship Building）。自 1905 年开始，在两层高的日本寺庙内部展览桑托斯·杜蒙（Santos Dumont）9 号飞艇，"一个雪茄形的气球……60 英尺长的油布表面，悬垂下一个 35 英尺长的框架。一具三马力的汽油引擎操作着一个两叶片的推进器……"[44]

早在 1905 年初，桑托斯·杜蒙就已经为法国总统和作战部演示过这种运载工具了，仅仅数月之后，雷诺兹已在计划一个"一日跨越康尼岛的飞行"。为了稳固梦境自治领地的夸口——使之拥有自己的智识阶层——他将飞行器发明家桑托斯·杜蒙，现在是他的雇员，介绍为"著名巴西科学家"；事实上，这小小的飞行器确实在日本寺庙后院里的基地进行科学试验。

在"梦境"中与这种一日跨越康尼岛的飞行同时进行的，是显然自相矛盾的一小时内跨越曼哈顿的模拟飞行。现实如今正取代梦想，增强了"梦境"的意涵，未来缘起于奇想的追逐，"梦境"将是两者实际交接的地方。

16. 跳蛙铁路（Leap Frog Railway）是一个特别的驳岸铺设有不通往任何地方的轨道，雷诺兹在此演示了不可能发生的事情。两辆子弹似的列车在同一轨道上全速对开，直面一种马克·吐温所谈论过的荒唐挑战："洋基（Yankee）的天才只有一件事情还没有做到……在同一轨道上让两辆列车对开而过。"

跳蛙列车依赖的是一种模仿动物交配的技术发明。列车背负着一对弯曲的铁轨，如此，便允许它们上下互相滑过（回来的时候，列车交换位置）"在屏神凝息的激动瞬间，乘客们与预知的灾难相遇，意识到他们的生命正岌岌可危，互相抓紧了以策安全，对即将来临的危险闭上双眼……"

"两辆列车互相撞向对方，32 名乘客被猛抛在 32 名乘客的上头……瞬时间，他们如梦初醒，意识到他们确实和另一辆列车相撞了，却安然无恙……他们正朝着出发时的同一方向前进……" [45]

在跳蛙铁路之中打着的幌子，是一种"减少铁路相撞死亡率"的技术原型，然而，在这种避免灾祸老调的神化之中，雷诺兹以一种蔚为可观的方式混合了性的机理和迫在眉睫的死亡。

17. 灯塔，平面上它最小，却可能是"梦境"最重要的建构。

它"在一个轩敞的公园之中拔地而起 375 英尺，是统摄全局的标志，整个方案的中心……方圆几英里内最醒目的建构……超过 10 万个灯泡将它点亮时，30 英里以外就可以望见它的身姿。灯塔拥有两部电梯，最顶端有壮丽的海景……可以鸟瞰整个岛屿"。[46]

有一年时间，作为"已建的最佳塔形建筑"，它的存在相对平淡无奇，这以后，确凿无疑地，雷诺兹把它变成

夜晚的灯塔（雷诺兹议员日后将鼓吹他的克莱斯勒大厦）。

了使外部世界系统短路的最佳工具，这才是"梦境"真正的使命。

雷诺兹为它装备了东部沿海最强大的探照灯，1906年，美国灯塔管理局不得不"处分了梦境公园……难道公园没有意识到灯塔红白交替的灯光与诺顿角（Norton's Point）[47]的相同吗？"[48]——后者标志着正式进入纽约港。这种与现实的超现实角力，正是雷诺兹的大手笔：探照灯将船只诱离轨道，"梦境"的灾难名册上因此多了真的沉船，它不仅迷惑，也要弄了"梦境"边界外的世界。

（二十五年之后，作为克莱斯勒大厦的开发商，雷诺兹将不顾他的建筑师的反对，坚持为大厦加上一个银色的皇冠。）

短缺

在障碍骑行公园之后仅仅七年，"梦境"就已开张。打着致力于提供无上娱乐和愉悦的幌子，事实上，提尤、汤普森和雷诺兹的作为是建筑行业前所未有的，他们已经将一部分地表从自然进一步分离出来；并且成功地将这表面变成了一块魔毯，它可以复制经验，凭空生出几乎所有的感性；维持任何数量的仪式演出，以此开脱大都会境遇的末日惩罚（《圣经》晓谕了这种惩罚，在美国人反都市的情感里，这种意识根深蒂固）；并且，可以在每天超过百万的参观者的蹂躏后幸存下去。

在不到十年的时间里，他们发明并建立起了一种基于异想天开的新技术的都市主义：一种针对外部世界现实的永久图谋。它彻底定义了基地、程序、形式和技术之间的新关系。基地现在成了一个缩微国度，程序是它的意识形态，建筑则安置那些补偿现实物理性损失的技术装备。

这种心理—机械的都市主义，已经将它的触须伸展遍及康尼岛，其疯狂的步伐证明一种真空的存在，这种真空必须不惜一切代价填补。

一块划定的草地，要不想被啃得光光，只能饲养一定数目的奶牛；自然的现实如今却在文化与密度的同时突进之中，于同一块领地被大张旗鼓地消耗了。

大都会导致"现实的短缺"（Reality Shortage）；康尼岛多样化人工合成的纷繁为现实提供了一个替代品。

标杆

康尼岛的异想天开技术的新都市主义，让美国各地，甚至是那些并不会立刻成为密集都市的区域，纷纷效尤（spin-off）。作为曼哈顿主义的标杆，它们是对大都会境遇自身的宣传。

障碍骑行、月球公园和梦境被忠实地复制：过山车、坍塌的字母（Collapsing Alphabet）和驯火被移植到前不着村后不着店的所在，在那些本来安静无事的地平线上，火光和浓烟数英里之内就可以望见。

它们的效果令人惊奇：那些从未见过城市的美国乡下人前来游园，他们所见的第一座高层建筑是一个着了火的街区，第一尊雕像是一个摇摇欲坠的字母。

革命

大众既然已经解决了娱乐的问题，现在他们向那些精英们提出了岛上别处的大众问题。

在相对健康有益的障碍骑行的群岛和月球公园之间，是永远破败的社区。"在它的永久居民中间，很难找不到某种被遗弃的人类渣滓……贪污的收银员（default cashier）、私奔的情侣、有自杀念头的男人女人……都从陆地上的每一角落里蜂拥而来"，面对"一个所有卑鄙、下作、堕落的假货集大成的所在，这些无行和虚伪一直伺伏着，觊觎着人性……"[49]

对于大都会生活最无望的受害者们，海滩本身成了最后的胜地，他们掏出最后几个铜子儿买票去康尼岛，在他们家庭乘坐的破船上抱作一团，等待末日的来临……凝视着无情的海洋，伴着海浪拍打沙滩的声响。

"月光下，穷鬼们搞出了一派什么样的景象！"[50] 带着一种审美的战栗，面对着这个终点站的前沿，记录大都

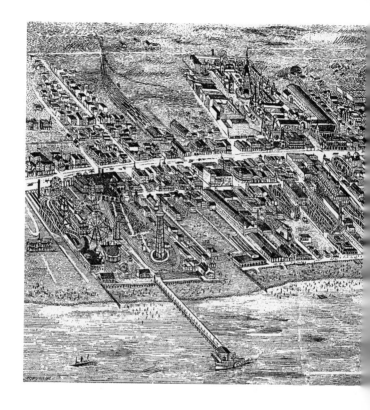

1906 年左右康尼岛中间地带的鸟瞰—— 一座非理性的大都市：障碍骑行（最左边）、月球公园（后面中间，冲浪大道的北边）、梦境公园（右前方）。异想天开的都市主义的雏形非常不稳定——呼应最新的技术进展，设施时常被更改与替换；图中所有曲线都是过山车。

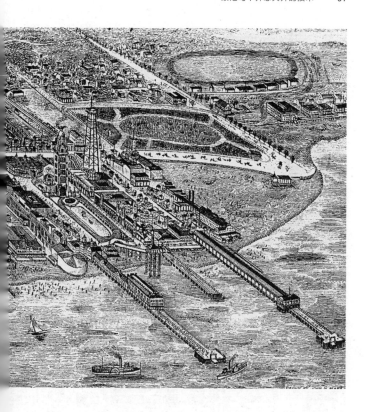

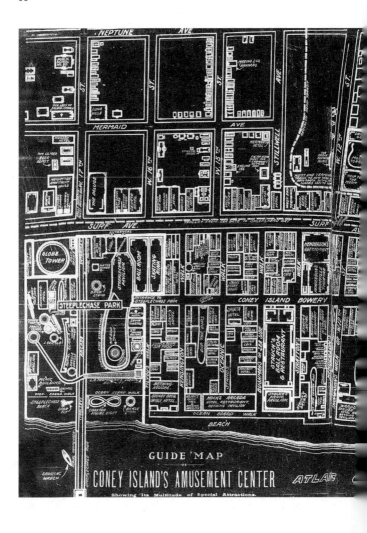

1907 年的康尼岛中间地带平面图：障碍骑行（左下）、月球公园（右上），以及梦境公园（右下），每个方块表示一种不同的产生愉悦的单元；整个大众非理性系统的结构为岛屿的网格所设定。

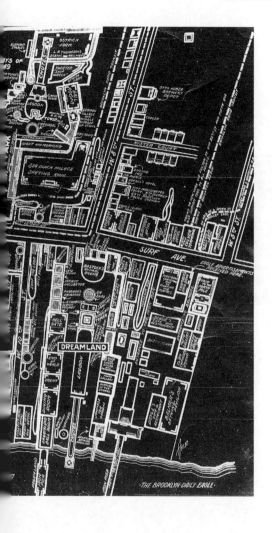

在外省的大都会的标杆，安大略湖上的公园和着了火的街区。

会突变的生活样式的编年史作者嘟囔着。每天早晨，康尼岛的警察都要搜集尸体。

不管如何令人愤慨，对于现在孤立于岛的东端的改革者们而言，破坏他们心境平和的真正威胁并不是潦倒的穷人们，由于中区的勃兴，这些改革者们被迫缩进度假旅馆文明尚存的壁垒里。

现实的短缺的欢腾战场，障碍骑行、月球公园和梦境所生产出的娱乐，引发了憎恶。贯穿着探戈舞运动的机器，引诱无辜船只的灯塔，月光下钢铁轨道上的大众，比地球上先前所见的任何东西都美丽的幽灵般的电气城市，这一切看起来都在喧哗着要立即篡夺文明的尊位，这个文明花了数千年的时间才臻于成熟。

它们是革命的征候。

东部惊惶失措，它变成了一个拯救岛的其余部分的战役司令部，这战役为时已晚，它的最后一根稻草是保护，甚嚣尘上的保护和公园们的成功亦步亦趋。

这些问题、策略和解决方案——以一种赤裸裸的方式——预言了官方文化和大众文化之间、精英趣味和通俗想象之间使人挠头的误解，这误解将困扰着接踵而至的世纪。这场辩论是若干争议的彩排，尊贵的文化将用这些来污蔑它可能的替代品：潜在的崇高却被批评为廉价和不真实。

惨败

1906 年，月球公园开放两年之后，马克西姆·高尔基[51]，一个社会主义的报道者访问了美国。

特别是纽约报业者们在这个"苦涩者"（the Bitter One）下榻的时报广场旅馆前面组织了一次抗议之后，他的到访成了一次惨败。为了让他开心，朋友们带俄国人去了康尼岛。在题为《厌倦》的文章里，高尔基勾勒出了康尼岛给他的惊怖和它怪癖的文化。

"这座城市，从远处看神奇壮美，现在看上去是一堆荒唐的、成行树木组成的丛林，它是低劣的、匆忙盖起来取悦孩子们的玩具屋。

"许多座白色的房屋，邪灵般地纷繁，没有一座哪怕是有点美的意思。它们是木头造的，涂覆着斑驳脱落的白色油漆，看上去似乎是得了症状类似的皮肤病……

"冷冰冰的光线将任何东西都剥得光溜溜的。这明光四处流溢，暗影无地容身……参观者惊奇得无语，他的意识在强光下凋零了，他头脑中的思维被掏空了，他变成了人海之中的一分子……"

高尔基的厌恶代表着现代知识分子们的两难：在理论上，他仰慕他所面对的大众，可是在灵魂深处，他却因极其厌恶而痛苦；他不能承认这种厌恶；他只有粉饰它，他将外部的剥削和腐败确定为大众乖张举止的原因。

"在这座城市之中，聚集在一起的人们实际上成千上万。他们像黑苍蝇一样蜂拥至这牢笼里。眼花缭乱的孩子们，张口结舌无语地走来走去；怀着如此强烈的情感，如此严肃的态度环顾着，所见的光景在他们小小的灵魂之中注入了丑，他们却误以为是美，这一切诱发了一种痛楚的遗憾……

"满足的无聊占据了他们，复杂迷乱的运动和使人晕头转向的火光摧残着他们的神经，熠熠的眼睛变得更加明亮了，就仿佛在白闪闪的木头的荒唐混乱之中，大脑已经晕厥失血。这种无聊是在自我厌恶的压力之下产生的，似乎变成了一种苦恼的缓慢病痛循环，将数以万计的人们拖进它阴郁的舞蹈中，又将他们扫作丧失意志的一堆，就好像风吹过街头的垃圾……"[52]

控诉

高尔基控诉异想天开的技术、控诉中区对付现实的短缺的武器，他认为它们本质上是庸俗虚假的，对旅馆区那些源自偏见和轻蔑的恐惧而言，他的控诉正是最可观的展示。这种根本的误判，以及随后的一系列误读，确保了那些营造趣味的当权者早早地在曼哈顿的试验中淘汰出局。"斑驳脱落的白色油漆"冒犯了他们的情感，这情感垂怜被摆布的大众，贬损中区那些和他们自己虚无缥缈的完好

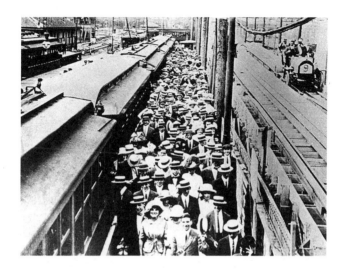

大都会的密度抵达了康尼岛。

乐园恰成映照的活动。他们在康尼岛的立面背后张望，因此什么也看不到。

基于一个错误的分析，他们的解决之道注定牛头不对马嘴：为公众利益打算，康尼岛将被改造成一个公园。

为反对自发的大众都市主义而开出的常用药——驱除大众非理性的邪魔——他们提议夷平塔之城，根除那臭名昭著的基础设施的一切痕迹，就仿佛它们是一种有毒的杂草，并将地表恢复到它的"自然"状态，一层薄薄的草皮。

棚舍

然而，早在 1899 年，善意都市主义降贵纡尊的清教徒式行为就已经被更敏锐的观察者所揭批，他们觉察到康尼岛鬼魅般改变的天才之处。

"（康尼岛上）那些娱乐的所在……为组成我们称之为'大众'的人们所自由光顾，这些人，是人道主义者和改革家们乐意安置在涂了白石灰的棚舍里的人们，以及拥有一种如画的感性的人们，我乐意将他们托付给潜在的赞助者认真考虑……

"就在当下，大量的这些改革家和人文主义者们，以及他们通常自目为'优越分子'（better element）的代表们，正大声嚷着要把这块大陆上最如画的、最受欢迎的夏日胜地改造成公园……

"那些对此一无所知的人们以极大的热情赞成并批准了这个提议,我对这种热情感到忧虑,我们市声名狼藉的、对无理搅三分软耳根子的权力部门,可能会最终在那块比醋栗丛高的任何灌木都活不了的地上建起这个公园……

"大众喜欢康尼岛现在的这个样子,虽然,他们终会默然忍受,听凭这一地区转为沥青步道和片片有醒目'止步'牌子的草坪,但他们一定会对新形式的康尼岛背转身去,在别处寻找他们夏日的开心去处……"[53]

关于公园的辩论,是推行健康活动的改革派都市主义和追求愉悦享乐的都市主义的遭遇战。它也是后来现代建筑和曼哈顿主义建筑之间的决斗的预演。

为了即将到来的世纪,战线已经划好。

圆团

为中区的竞争所掩没,在机械和自然表面的冲突之上,真切地升起了一个幽灵般巨构的圆形身影,如果它不能证明别的,至少说明了康尼岛这革命性建筑原型孕育场持久的生命力。

1906年初,纽约的新闻报纸上便出现了如此的广告,它宣称环球塔(Globe Tower)是"在有史以来最大的钢铁建构"之中"分享受益的优先机遇……全世界最大的娱乐企业,最好的房地产投资"。[54]它耗资150万美元才能建起，公众鼓励投资，股票每年将有百分之百的回报。

人类历史上所提议过的最大容量的建筑，它将对立物——针和球——凑合在同一个有机整体（gestalt）之中，这对立的两极，自从 1853 年拉丁瞭望台和水晶宫的圆球并置在一起以来，就是曼哈顿形式语言的极致了。

一个圆球是不可能成为一座塔的。

广告的一幅素描画着一个圆球主宰下的天际线，展示了环球塔的概念：圆球如此巨大，因此，只要放在地上它就能——通过它的巨大直径的高度——同时成为一座塔，因为它至少"比当今纽约的奇迹熨斗大楼，高上三倍"。

球体

球体在整个西方建筑史的出现大致和革命的时刻同步。对欧洲启蒙运动而言，它是整个世界的模拟物，是大教堂世俗的对应物；一般而言，它是一座纪念碑，而且它整个儿都是空的。

美国天才塞缪尔·弗里德（Samuel Friede）是环球塔的发明者，一系列严谨的实际步骤，他利用了柏拉图式的体。

对他而言，被无情地划分为各楼层的球体只是无限的使用面积。球体越大，它内部的平面也越多，既然球只需要一个可以忽略的点与地面相接，那么最小的可能基地便将支撑最大的可用地皮。正如展示给投资者的那样，塔的

（上）《纽约先驱报》1906 年 5 月 6 日上的广告：环球塔的外观。

（下）第二版的环球塔剖视图，自上而下：屋顶花园、层层的剧院、旋转餐厅、舞厅、分隔的房间、几大洲之一的非洲和马戏团、大堂、入口，等等。特别的重力电梯将内部与地下的城市干道相联系。

蓝图现出一个巨大的钢铁星球，它一头栽进了埃菲尔铁塔的复制品，整个建构设计为"700 英尺高，是世界上最大的建筑，巨大的升降机可以将参观者送到不同的楼层"。[55]

脚柱

一共八根脚柱支持环球塔。除此之外，这个悬浮着的纪念碑并不直接与大地上的生活发生直接关系，只有它特别设计的重力升降机刺破地壳，将球的内部和大地的内部相联系。地下将是各种模式的交通的多层交换：总合了停车场、地铁和铁路车站，其中一个分支伸出至海面，作为游船码头。从建筑程序上而言，环球塔是障碍骑行、月球公园和梦境的聚合，它将这些全都吞没到一个内部体积之中，层层堆叠在连续的楼层上，而整个这些栖身之地，是弗里德从提尤那里租来的障碍骑行的一个小角落。

停靠站

环球塔同时可以容纳 5 万人。它每往上 50 英尺高度就有一个停靠站，由嵌入附属娱乐设施中的主要看点组成。

地表之上 150 英尺："一个大众经济饭馆、不间断的杂耍剧场、旱冰场、保龄球馆和老虎机等的架高屋顶花园（Pedestal Roof Garden）。"

地表之上 250 英尺："可坐 5000 人的空中竞技场……

世界上最大的竞技场，有四个圆形马戏场，四个巨大的动物笼子"——关着大量不同种类的野生动物——"它们持续不停地演出"。每个圆形马戏场代表一个大洲：世界之中的世界。马戏场四周环绕着"自助望远镜，自助歌剧望远镜，老虎机，一条微型铁路……"

地表之上 300 英尺：在圆球的赤道位置集中着"正厅，世界上最大的舞厅，以及一座玻璃罩着的旋转餐厅……"一条 25 英尺宽的旋转带载着"桌子。厨房和主顾们在塔的外缘旋转，产生一种在空中餐车就餐的效果"，并且"看得见康尼岛、大西洋、乡村以及大纽约地区的全景"。

为了鼓励 5 万名暂时居民昼夜不停地连续使用环球塔，中区还包括一个旅馆层，小型的有豪华装备的软垫套间、标准间和小室。

连着主停靠站设施的是"一个圆形的展览厅，糖果售卖装置，老虎机，玩具售卖装置，各种展示，看客们可以观看生产货品的操作过程，并购买货品作为纪念物"。

地面之上 350 英尺：空中棕榈花园。

弗里德的水平布局里隐含的是一种社会层级：随着在圆球之内的上升，设施也变得精美和雅致起来。

"往高处去，将有更昂贵的餐馆，桌子散布在棕榈花园里，梯级瀑布的各级之间掩映着灌木，它们艺术地布置在意大利花园的平面之上"。弗里德的雄心中透露出他要搜集每一种人类所知的植物：餐馆是一座伊甸园。

地面之上 500 英尺：瞭望平台，"包括自助望远镜，纪念品摊和各种小的专卖，大纽约地区最高的平台"。

地面之上 600 英尺：美国气象观测局和无线电报站，"美国最高的观测台，装备现代气象记录设备、无线电报，等等，配有世界上最大的旋转探照灯"。

"在夜晚，数以千计的电灯将使这座建筑变成一座巨大的火塔"。

差异

因为它全然不属于此世，环球塔可以不顾它的前驱者们关于不连续性的隐喻策略。第一座宣称自己是度假胜地的单一建筑——"全世界最受欢迎的度假胜地"——它已经切断了和自然的任何联系，它巨大的内里事先断绝了任何和外界现实发生干系的可能。

最好用数学来解释弗里德量子飞跃的完整理论衍生：

1. 设定环球塔的直径是 500 英尺；

2. 进一步设定它的楼层间距是 15 英尺；

那么，它的全部建筑面积的公式是：

$$\pi h^2 \sum_{k=0}^{n} k(n-k)$$

（h = 15 英尺高，n = 楼层数 + 1）

结果是共计 5000000 平方英尺。

设定其中 1000 平方英尺是八个脚柱占据的面积，那么比例是：

$$\frac{人工表面面积}{基地面积} = \frac{5000000}{1000}$$

环球塔可以 5000 倍地复制它占据的那基地。

就这种巨大的差异而言，必须将环球塔看作摩天楼核心思想的所在，对于摩天楼复制地表和创生另一世界的潜质而言，它是最极端和最直白的宣言。

基础

最初的广告提到"芝加哥的雷蒙德混凝土桩基公司（Raymond Concrete Pile Co.）已经开始弗里德环球塔的基础工作，按合同规定，将在 90 天之内完成，然后便开始加班加点地完成钢铁结构的工作"。

作为彼时还在自由悬浮的星球未来的着陆点，柱脚被赋予了特别的神秘感。

1906 年 5 月 26 日，"奠基活动将成为当天岛上的盛事，将举办乐队演奏的音乐会、燃放烟火和演讲会予以庆祝……日后人们会骄傲地宣称'奠基时我在那里'"。

在第一只脚柱旁建起的环球塔公司办公室一度挤满了投资者。

1906 年底，基础依然没有完工。

投资者开始焦虑。1907 年初又是一次奠基仪式，另外一只脚柱完工了，"作为塔的初始工作的几根钢梁……（在脚柱之上）升起"。

1908 年到了，一切已经清楚，人类设想出的最惊人的建筑项目原来是个骗局。

提尤受了打击，如今那些半途而废的基础阻碍了他的扩张障碍骑行。"因为康尼岛的地基是沙质的……长混凝土柱被沉到 35 英尺深的地方，八个这样的柱体组成一组，大约 3 英尺厚的坚实的混凝土块置于其上，将它们结为一体……那块地上大约沉入了三十个这样的基础……这些混凝土的基础无比巨硕，相信只能大量使用炸药才能将它们移去"。[56]

大火

在他素朴的社会—现实主义抨击的结尾，高尔基揭示了康尼岛一种别样的出路，比起"优越分子"们吵嚷着要重新恢复起自然来，这种出路更有想象力。"灵魂渴求着一场生动、美丽的大火，一场崇高的大火，它将人们从各色使人厌倦的奴役之中解脱出来"。[57]

1911 年 5 月，"梦境"中的"世界末日"，它的装饰立面上那些妖魔的照明系统短路了，火花引起了一场大火，强劲的海风使它愈演愈烈。

仅仅几周之前刚刚装置了一套超级灭火设备，地面被再次掘开，增加了新的总水管和消火栓，然后不知怎么的，新的水管没有和大西洋这个不会枯竭的灭火器连上。在惊惶之中，"驯火"的消防队员们是第一批逃离他们的宿舍和"梦境"这块领地的人们。

当真正的消防员抵达现场时，他们发现消防系统中的压力还不如"一个花园的水管"。

热浪使得消防船不能靠近。只有小人国的侏儒消防员——经过正负 2500 次的虚假警报之后见到了真情况——和这场浩劫展开了一场真正的抗争；他们挽救了他们的纽伦堡的一角——消防站——但是除此之外徒劳无功。这场灾难最悲惨的受害者是那些"受训了"的动物，现在它们成了自己不觉悟的本性的牺牲品，它们不是没逃，而是因为等待驯兽师的指令逃得太迟了。大象、河马、马和大猩猩狼奔豕突，"被包裹在烟火之中"。在大开杀戒的惊惶之中，狮子们窜到大街上，在奔向安全地带的途中，终于可以互相残杀了："苏丹狮……沿着冲浪大道（Surf Avenue）狂啸，眼睛血红，肋腹撕裂流血，鬃毛着火……"[58] 浩劫之后的许多年，康尼岛上，甚至是在布鲁克林的深处，还可以见到幸存的动物，它们依然表演着它们先前的把戏……

三个小时之内"梦境"烧成了平地。

结局

最终，"梦境"如此成功地将自己和世界隔绝开来，以至于曼哈顿的报纸拒绝相信这终极灾难的真实性，即使他们的编辑们从办公室的窗子里已经看见了烟火。

他们怀疑那只是雷诺兹为了吸引注意而布置的又一起灾难：24小时之后，这一新闻才姗姗来迟。

在一次客观的事后检讨中，雷诺兹承认，"梦境"的焚毁只是它早些时候衰败的结局。"'梦境'的推动者们追求高度发展的艺术品位……但是他们没过多久就发现康尼岛很难是那么回事儿……对大多数观光者而言，建筑之美实际上是烟消云散了……年复一年'梦境'人丁兴旺，它最初的设计被弃置一旁"。这场灾难为雷诺兹对于曼哈顿原型的沉迷画下了句号。他将现实的短缺的欢腾战场拱手让给了善意都市主义——"纽约市应该接手这块地，把它变成一座公园。"[59]——他转而将精力集中于曼哈顿自身。

欢乐

在一段没了着落的时间之后。

被焚毁的梦境公园。

1914 年，月球公园也燃起了熊熊大火。

梦境变成了一个停车场。

障碍骑行幸存了下来，它的吸引力一年比一年低落。

曼哈顿自身变成了一座建筑发明的剧场。

1919 年，只是在欢乐宫（Palace of Joy）之后，康尼岛才产生出了另一个突破，它化解了密度和尊严之间的龃龉，这龃龉曾经那样地困扰过康尼岛的敌手们。欢乐宫将解决愉悦问题之中的侧重点，由消极娱乐的强制生产，转向了人类活动的建设性经营。

欢乐宫是一座码头，改装之后变成了社会交往的凝集器：两堵平行的墙壁容纳了无数的房间，以及定义了一个线性的公共领域的其他私人装备。

"欢乐宫……将容纳世界上最大的室内游泳池，将由大西洋取来海水，将整年开放"。

在码头的一端，规划了"一个巨硕的舞厅和溜冰场……和游泳池连在一起操作"。

"设备里包括俄国浴、土耳其浴和盐水浴，为安置那些愿意过夜的客人，将有 2000 座私人浴室和 500 个私人房间，配有 2000 个带锁储物柜"。[60]

在寄存柜间里面的舞厅：一座美国式的人民的凡尔赛宫。私密的中央是公共的——这种理论性的逆转，将使得曼哈顿的居民成为一群家庭集体访客。

但是欢乐宫没能成为物理现实。

海滩又回到了它的初始状态：无产者独自统治了这座舞台，使它人满为患，"世界上人烟最稠密的大都会有个巨大的安全阀门"。[61]

征服

1938 年，康尼岛原始的都市主义终于迎来了它最后的征服而荡然无迹，行政长官罗伯特·摩西（Robert Moses）[62] 将海滩和步桥置于市公园管理部门的辖下，他们是善意都市主义的终极工具。对摩西，雷诺兹的反对者而言，康尼岛——再一次地——变成终究是为了曼哈顿的策略的试验基地。

"在梦中镌刻下的，是绿荫掩映的公园大道和修剪整齐的网球场，"[63] 摩西认为，他控制下的海岸条地只是一座前进基地，它将逐步以无害的植被取代康尼岛的街道格栅。第一座遭殃的城市街区是"梦境"，在此，摩西于1957 年建起了纽约水族馆。

水族馆是一座现代建筑，是那座"涂了白石灰的棚舍"的化身，扎根在一座草坪中间，它上扬的混凝土屋脊线费力地抖擞着。

"它的线条干净利索。"[64]

水族馆是现代主义的显意识向无意识的复仇：它的

鱼儿——"深处的居民"——将被迫在一座疗养院中度过余生。

当大功告成之际,摩西将康尼岛 50% 的面积变成了公园。

从母岛到它苦涩的结局,康尼岛成了一座长满草的现代曼哈顿的模型。

乌托邦的双重生活：摩天楼

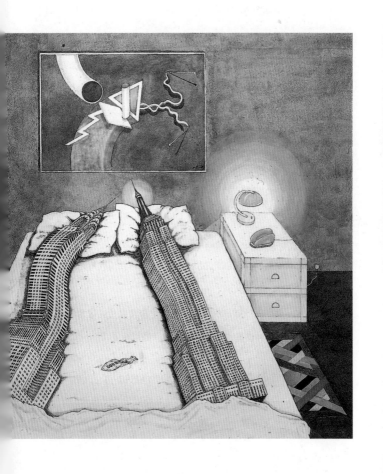

马德隆·弗里森多普《事后》(Madelon Vriesendorp：*Apres l'amour*)。

从地球到群星绝非易事……

终于，在最后一幕，巴别塔突然浮现了，和着新的希望之歌，强人们正在将它造就。在顶端的工事告竣时（或许是奥林匹斯山的），统治者打趣着自己，灰溜溜地逃离，人类突然懂得了一切，他们终于占据了自己应有的位置，带着对所有事物的新洞见，急不可待地开始了自己的新生活……

——陀思妥耶夫斯基《群魔》

我们从你们那儿取我们所需，并将我们弃置之物当面掷回。

我们将一砖一石地移走阿尔罕布拉宫、克里姆林宫和卢浮宫，并将重建它们于哈得孙河的两岸。

——本杰明·德·卡塞雷斯《纽约之镜》
（Benjamin de Casseres, *Mirrors of New York*）

天空的边疆

曼哈顿的摩天楼诞生于 1900 年至 1910 年，它代表着三种都市变革的因缘际会，经过相对独立的发展，这三种变革总汇为一种机制：

1. 世界的再造；

2. 塔的兼并；

3. 街区的独处。

要想理解纽约摩天楼的愿景和潜能（它们有别于如今现实中摩天楼的通常表现），我们需要将这三种建筑的突变分别定义，这三种突变最终被曼哈顿的建设者们锻造为"光辉的整体"。[1]

1. 世界的再造

在楼梯时代，两层以上的楼层都不适于商业用途，五层以上的干脆没法住人。

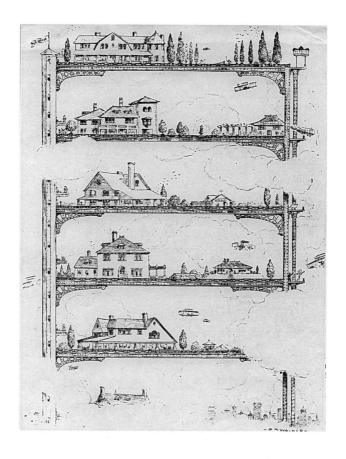

1909 年的定理：摩天楼是一种乌托邦式的装置，它可以在单一的基址上创生无限数目的处女地。

1870 年以降的曼哈顿，升降机成为地上所有水平表面的救世主。

"奥的斯"（Otis）的装置拯救了飘浮在惨淡投机气氛中的数目不详的平面，显示了它们在都会的悖论之中的巨大优势：越是超拔于地面，反倒是越亲近于那些仅存的自然（光和空气）。

升降机带来的是终极自足的预示：爬得越高，受塞促环境的制约便越少。

它也在重复和建筑品质之间建立起直接关系：升降机竖井旁堆积起的楼层数目愈大，这些楼层便愈发自然地聚集成单一形式。升降机建立起了第一种不依赖于刻意而为（articulation）的美学。

在 19 世纪 80 年代早期，升降机和钢框架携手，从此便可独力支撑起新发现的领地，自己却不占空间。

这两项突破相互补益，使得任何建筑基址如今都可以无止境地叠加，使得楼层面积激增，这便是摩天楼。

定理

到了 1909 年，环球塔所宣布的重生的世界，终于以一幅漫画的形式莅临曼哈顿，这漫画其实是一条定理，它描述了摩天楼的理想推演：细长的钢铁框架支撑起 84 层水平的平面，每层都和基址（plot）等大。

"明日的世界大都会。近来关于疯狂的世界中心的一个奇异想法，是将地表间和空中的各种建设可能无止境地堆砌，那时……1908 年的奇观们就会被大大超越，1000 英尺的结构将成为现实；如今在这里每天有将近 100 万人从事着业务；到 1930 年这个数字就会翻一番，使得我们需要有层叠的人行道，高架的交通线和新发明，以补益地铁和地上汽车，需要高耸的结构间架起桥梁。气艇也有可能将我们和整个世界连接在一起。我们的后代们会发展出些什么呢？"（摩西·金 [Moses King] 出版，哈里·珀蒂 [Harry M. Petit] 绘制。）

每一个人工层都如同一块处女地，就好像其他层不存在似的，如此，在一幢乡村住宅和它附属设施——马厩、佣舍——的四周，就可以建立起一块严格的私人地界。这84层平台上的别墅，展现了纷然杂陈的热望，从田园风到宫殿式；建筑风格的着意罗列，园林、凉亭（gazebo）的变化，等等，在升降机每层的停顿，它创造了一种不同的生活样式，一种隐含的意识形态，如此种种，都为这个全然中性的巨大钢架所支撑。

建筑内部的"生活"相应地支离：在82层，一只驴子由空洞里抽身而退，在81层，一对都会的男女正向一架飞机挥手致意。楼层上的事件如此断然地互不相干，以至于难以想象它们是同一图景的局部。这些空中的地皮间的割裂，似乎又与这些楼层本是聚合一体的事实龃龉；这个图解极好地意喻着这个浑然的结构恰到好处，以至于它每一平台的个性得到了保护和利用，以至于这个结构的成功与否还得看它如何界定这些共处的个性，使得它们不干扰结构的最终使命，这一建构于是成为个别私密性的堆栈。84层平台中只有五层是看得见的，云端之下其他的活动占据了剩余的地皮；在施工之前，没人能知道每层平台的用途，别墅可能立起又坍塌，别的设施或取而代之，但是这并不会影响到整个的框架。

对于都市主义而言，这种不确定性意味着一片特别的基地将不再为任何单一的前定目标所左右。自此以往，都市的每块地面所安置的——至少在理论的意义上——都将是不可预见的、不恒久的自发性活动的组合，由此，建筑不再是有先见之明的行为，规划也只能有限度地预见将来。

由此，已经无法为文化设定"情节"[2] 了。

1909 年一个漫画家完成的这个"建筑项目"，发表在旧的《生活》[3]——一本大众杂志上；与此同时，建筑杂志还在孜孜于"布杂"建筑，这一事实，证明了 20 世纪初的"民众"比曼哈顿的建筑师对摩天楼的潜力更有直觉，官方建筑师被排斥在关于新形式的地下集体对话之外。

借口

"1909 定理"的大略将曼哈顿的摩天楼假设为乌托邦式的方程，这方程可以在都市的单一基址上创生无限的处女地。

每一片新创生出的地都面对各自特别的功能使命——这在建筑师的掌握之外——摩天楼因此是一种新式未知的都市主义的工具。物理上摩天楼纵然坚实无匹，它却是都会里巨大的不稳定因素：它注定了永无宁日的程序性波动。

摩天楼本性中的颠覆特征——它的性能归根结底是不

可预见的——对它的制造者却是不可接受的；因此，他们
将这新的巨人植于网格之中的策动总伴随着一种气氛，这
气氛若不是蓄意神智不清，至少也是佯装糊涂。

　　既然"商业"的需求铁定了无可餍足，既然曼哈顿本
是一座小岛，建设者们营造出了摩天楼存在的双重借口，
因而有了必然如此的正当性：

　　"在新大陆的中心（曼哈顿），金融区两边临河的状况
不容许水平的扩张，相反，它激励着建筑的和工程的智巧，
向云端之上发现余地，为巨大的利益寻找办公空间。"[4]换
而言之，除了向空中延展网格自身，曼哈顿别无选择，只
有摩天楼才能为商业提供如蛮荒西部一般的广阔世界，一
片天空之中的边疆。

伪装

　　为了使得"商业"的借口得以成立，异想天开的技
术在它的草创期总打扮成实用的技术。那些营造幻境的道
具——电力、空调、管道、电报，轨道和升降机——刚刚
将康尼岛的自然改头换面为人造的乐园，如今在曼哈顿岛
上它们又现身为提升效率的道具，可以将毛坯空间转化为
办公面积。强压着它们非理性的潜质，它们成了庸常改变
的帮手，像什么改善照明、温度、湿度、通讯……诸如此
类，一切不过是为了生意的便利。然而，1909 年摩天楼

（左）熨斗（富勒）大楼，1902 年，22 层高（建筑师丹尼尔·伯纳姆）。

（右）世界之塔大厦，1915 年，30 层（"建造者和业主"爱德华·韦斯特【Edward West】)。

（左）贝纳森（城市投资）大厦，1908 年（建筑师弗朗西斯·金博尔 [Francis H. Kimball]）。不规则的基地延展到 480 英尺高，"13 英亩的建筑面积，可容纳 6000 名租户的房间……"

（右）恒生大楼，1915 年，39 层，"笔直向上……直至 1931 年为止，它是世界上最有价值的写字楼……"（建筑师 E. R. 克拉汉姆 [E. R. Craham]）

多样性的 84 层平台的愿景依然幽灵般地如影随形，它声称这种生意不过是春风一度，一段暂时的入居终将会迎来另一种文化的君临，如果需要，这种更替会一层层地进行。如此，由不可抗拒的人工合成做主，天空边疆的人造领土，可以在任何一层之中建立起别样的现实。

"我是商业。

"我是利益和损失。

"我是实用的地狱中飘然来临的美人。"[5]

这便是摩天楼在它实用主义的伪装之中的感喟。

全胜

乌托邦地产的这间分号里，不管开发商得以建造的是什么地段，建筑不再是设计房屋的艺术了，而是这地段直冲云端的向上延展。

● 1902 年的熨斗大楼（Flatiron Building），是这种一味成倍叠加的绝好例子——300 英尺的向上延展——恰恰是它三角形基地的 22 倍，六部升降机使之通达。只是它入镜的剃刀式边缘高高拔起，才显露了它突变的本性：土地复制了自己。持续七年，这"世界上最著名的建筑"是乌托邦式双重生活的第一个偶像。

● 西 40 街 40 号，世界之塔大厦（World Tower Building）将它的基地重复了 30 次："在如此之小的地块上立起了最高的建筑之一。"[6] 作为一幅图像，它是一味成倍叠加地面的建筑革命性品质的证言：它看上去匪夷所思，但确实存在。

•贝纳森（城市投资）大厦（Benenson［City Investing］Building）的建设者们 34 番地叠加了他们基地的面积，他们向上延展的基地有着一个不规则的平面；由此产生的建筑更加武断。对这不无缺憾的形状的补偿，是室内的完满："大堂……由坚实的大理石装修成，30—50 英尺宽，40 英尺高，（并）延展到整个建筑的尺度，整整一个街区……"[7]

仅就体积而言，摩天楼内部的生活和外面的世界陷入了敌对关系：大堂和街道相互竞争，在线形的展示之中，呈现了这建筑的虚饰和诱惑，这些虚饰和诱惑由时时的上升之处——升降机——所标定，将来访者进一步地引入了大厦的主观性之中。

•1915 年，恒生大楼（Equitable Building）39 遭地重复了它占有的街区，如它自诩的那般"笔直向上"。它的大堂，是一座富丽堂皇的拱廊街，沿街排列着社交设施：商店、酒吧，诸如此类，邻近的街道却被荒弃了。

摩天楼越高，它越是无法压抑自己潜伏着的变革雄心：恒生大楼竣工时，这种真实的本性甚至让它的建设者也目瞪口呆："一度，我们的 120 万平方英尺的可租

面积简直就像一座新的大陆，它的众多楼层如此广袤空阔……" [8]

比楼层的数字更加耸人听闻，恒生大楼的广告词这样写道："一座自在之城，可容 16000 颗魂灵。" [9]

如同先知的启谕，这广告词导引了曼哈顿主义最执著的主题之一：自此以往，每座新的突变性的建筑都致力成为"城中之城"。这种勃勃的野心，使得大都会成了建筑的城邦国度的聚合之所，每一座国度都在暗中和另一座较劲儿。

模型

到 1910 年，叠加地面的进程已经势不可当。整个华尔街地区正迈向一个全面向上延展的荒唐饱和状态："最终，曼哈顿下城唯一未被巨厦占据的空间就只有街道了……"没有宣言，没有建筑师的争议，没有教条，没有法律，没有规划，没有意识形态，没有理论：这里只有——摩天楼。

1911 年，摩天楼已经跃进到了它概念的瓶颈——100 层："只要房地产经纪人能找到一个适宜的城市街区，人和钱都不是问题……" [10]

西奥多·斯塔雷特（Theodore Starrett）领导下的一组绘图员，他们属于一个营造的王朝，已经造就了半数曼哈顿的摩天楼（这王朝愿在叠加地盘的战斗之中依然引领潮流）——"他们正在解决（work out）100层大楼的平面……"解决是一个恰如其分的词儿；没有"设计"，只有对曼哈顿一往无前的趋向和主题的推展；这个团队里缺乏建筑师绝非偶然。

斯塔雷特亦深信大都会宣言里的使命："我们的文明凯歌前行。在纽约——我特指曼哈顿岛——我们必须不停地建造，我们必须向上建造。一步步地，我们由木屋登上了30层的摩天楼……现在我们务求不同，蔚为壮观……"

100层大厦抵达了概念的平流层，现在，1909年定理中的平台布置程序让人意识到：仅仅在摩天楼中安置商业已经不够启人想象。如果39层的恒生大楼已是一座"自在之城"，那么这座100层的建筑自己就是一座大都会，"一座巨硕的建构直入云端，在它的墙内容纳有整座伟大城市的文化、商业和工业活动……"单单它的尺寸就将平常生活的肌理炸得四分五裂；"在纽约我们既在大地上活动，更向天空漫游，"未来主义者斯塔雷特解说道，"在这100层的大厦里，我们被向上迅疾递送，如同穿行布鲁克林桥迅疾递送的邮件。"

这上升每20层就被公共广场打断一次，这些广场标定着不同功能分区间的界限：最底部是工业，商业在第二段，家居占据了第三区，一家旅馆踞于第四部分。

（左）"在纽约我们必须不停地建造，我们必须向上建造"；1906 年，西奥多·斯塔雷特（Theodore Starrett）提出了这座 100 层大楼的设想。"我们的文明凯歌前行……"

（右）100 层大楼，9 个革命性的"温度和空气调控管"的细节，若不是它们的出现，那些有壁炉的办公套间便会很平常。"A. 含盐分空气，B. 新鲜空气，C. 干冽含盐分空气，D. 干冽新鲜空气，E. 含药性的空气（以对应疾病），F. 温度转换开关，G. H. I. 香氛"。

第 20 层是一座综合市场，第 40 层是一堆剧院，第 60 层成了"购物区"，整个 80 层是一家旅馆，第 100 层则是"一个游乐园、一个屋顶花园和一个游泳池"。

为了丰富这些功能程序，对效率的经营又回到了当初制造幻境的那些机巧："另一个有趣的特色是我们驯服了的气候。当我们终于大功告成之日，我们将对于室内空气有完美的控制，由此，我们不再需要去佛罗里达过冬，也不必去加拿大避暑了，在曼哈顿我们的巨厦里将应有尽有……"

"总体建筑！"这便是斯塔雷特反人文主义的计划，一个图解显露了他曼哈顿项目的本质：他的建构中，本该配上壁炉的橡木壁板处呈现出的，是"调理气温的管道"。

这种身心调理机制的出口，是理解从享乐主义到医疗的一系列体验的关键。

不可抗拒的人工合成无孔不入；在它们私密的存在之旅上，每一个房间都已整装待发；整座建筑成了一座实验室，它承载着情感和心智的冒险。

即刻间，它的住客们既是研究者，也成了研究的对象。

斯塔雷特 100 层大厦这般的建构具有决定性的意义；它们指示着曼哈顿的生命力指标哑口无言的所在——"纽约之声将它的传统随风抛撒，并吞没了它自己的地标"。[11]

没了这般的振聋发聩，100层大厦需要一种新的指标来衡量自己的成就。

"现有的这些摩天楼以后该怎么办呢？"报道者若有所思地发问。"它们中的一些将被夷为平地了，但是毫无疑问，它们中许多在街角上的，可以被用作新的建构。"斯塔雷特再次肯定地说道。

这一切和慷慨无关；把100层的大厦拴在大地上，需要考古那些相形见绌者，使得大厦自己的规模更无可置疑。

2. 塔的兼并

● 1853 年，拉丁瞭望台为曼哈顿人提供了第一次全面检视自己领地的机遇，使得他们直面这小岛的狭隘，由此也有了随后发展的借口。

● 1876 年，费城的百年塔是第二座朝贺进步的针状体。1878 年，这座塔被运到了康尼岛，从此便使得这小岛向着异想天开技术控制的非理性狂奔。

● 1904 年，月球公园成了塔的繁殖场，在群塔的冲突之中，它发现了建筑戏剧的来源。

● 1905 年，梦境公园的灯塔试图将无辜的船只诱离正途，它招摇着雷诺兹对于所谓理性的轻蔑。

● 1906 年，环球塔显示了塔的潜质——名副其实——是一个自足的世界。

（左）分两阶段建造的胜家大楼：底部 14 层建造于 1899 年，那座塔楼则是 1908 年叠加上去的（建筑师欧内斯特·弗拉格 [Ernest Flagg]）。
（右）在两次运作中构想出的大都会人寿保险大厦：主要的 10 层体块是在 1893 完成的，大都会塔则是 1909 年兴建的（建筑师拿破仑·勒布伦 [Napoleon LeBrun] 父子）。

五十年之中，塔已经集聚起了自己的意义：它是意识的催化剂，技术进步的象征，娱乐区域的标志，常规惯例的短路与颠覆，归根结底，它是自在的天地。塔如今标示着均质日常生活模式中的断然决裂，是一种新文化星散的标杆。

楼群

曼哈顿早期的高楼常常高过这些塔的大多数，不过，它们中规中矩的轮廓似乎和塔无甚干涉。它们的名称一以贯之：大楼，而不是摩天楼。但是 1908 年，欧内斯特·弗拉格（Ernest Flagg）在他 1899 年已建成的 14 层胜家大楼（Singer Building）[12] 上，又设计加建了一座塔楼，这种建筑的马后炮，一下便赢得了"1908—1913 年美国最著名的建筑"之名。

"成千上万的旅行者特意到纽约来瞻仰这座现代的巴别塔，他们欣然支付 50 美分上到它的'观察台'。"呼应于大都会黑暗的一面，这平台也是第一座"轻生之巅"（Suicide Pinnacle）——"对那些生活满怀酸楚的人们而言，它似乎有别样的吸引力……"[13]

大都会人寿保险大厦（1893）是一座早期的"高拔街区"——麦迪逊广场上的这座大厦十倍于它的基址。1902年熨斗大楼建成之后它相形见绌。管理阶层于是决定：扩增，向上；1909 年他们将邻近的一块小地皮叠加了 39 倍。因为基址有限，他们就复制了威尼斯圣马可广场上的钟楼，它内部的深井为商业而活泼起来，通体遍凿了窗窿以便日光进入。在大楼顶端，他们兼并了一项更现代的功能：加了一盏探照灯，还有从灯塔原型直接抓来的其他小配件。在人们的想象中，通过事先安排的信号，大西洋上的海员该看得见楼顶上红宝石色奶嘴状结构罩，向他们报告的时间和天气状况。

如此这般，一味叠加的进程窃取了塔在此前五十年内积攒起的意义。

大楼变成了塔，一座搁浅在大陆上的灯塔，貌似向海洋招摇着它的光柱，其实是为了诱使大都会的众生向它靠拢。

3．街区的独处

马事协会（Horse Show Association）——"它的会员是社交名人录的精英"——是麦迪逊广场花园的主人，这座建筑位于麦迪逊大道以东 26 街和 27 街之间，占据一个街区。

1890 年协会要为一座建筑立项——70 英尺高的一个方盒子，占满整个街区，方盒子内部一无所有；它有已知最大的观众厅，可以坐得下 8000 名观众，这观众厅夹在一个 1200 座的剧院和一个 1500 座的音乐厅之间，由此整个街区的表面成了浑然一体的演艺场。这场馆为了协会的赛事而设计，但它也租给马戏、运动和其他奇观；屋顶上还安排有一座露天剧院和餐馆。

斯坦福·怀特（Standford White）坚定地跟随世界博览会的传统，他在大厅屋顶上建起一座西班牙塔，将这盒子标定为一个值得一看的场所。

作为麦迪逊广场花园的鼓吹者之一，即使在建筑完成之后，怀特也负责建筑内的娱乐编排程序，这是一种永无止境的建筑设计。

然而，仅仅是高雅的表演，并不足以保证这庞然巨馆的财政运转；它所期许的社会层次承当不了它的巨大尺寸："从开放伊始，这幢楼就是一桩赔钱买卖。"

为了挽救危局，在这室内的数英亩地内，怀特被迫尝试打开和稳定新的"局面"，以广泛博取大众的欢心。"1893 年，他建起了一个巨大的芝加哥博览会的全景厅 [14]，纽约客不必长途跋涉到西部去了……"后来，他又将这巨馆改造成了"环球剧院、旧的纽伦堡、狄更斯的伦敦，以及威尼斯，参观者乘着贡多拉……在展览和展览之间游移"。[15]

高雅文化和大众趣味先前在康尼岛已交上了火，现在怀特被它们夹攻，无论对哪一方，他的奇观都是如此

"毫无品位"，以至于体面人避之不及，而大众却觉得不够劲儿。

梦境公园靠轨道推进的机械贡多拉和真的贡多拉之间的区别，决定了怀特将进退两难：他是个有品位的人，却要勉为其难。他没时间去摆脱这个困境了：1906 年，在他自己作品的屋顶上，一个疯男人开枪打死了他。

舌头

1905 年，汤普森厌倦了月球公园，于是在第六大道东边买了一块 43 街和 44 街之间的街区。第一次，康尼岛异想天开的技术有了嫁接在网格中间的机会。

一年之中，汤普森建造了他自己的竞技场，另一个 5200 座位的盒子，上面覆盖着"继万神殿之后的世界最大穹顶"。从月球公园的森林之中移植来的两座电气塔指示着第六大道的入口，将这片街区标定为另一个缩微王国，在其中创建了一片别样的现实。

舞台自身是汤普森领地的核心：它突破了传统框式舞台（proscenium）[16] 的视阈，像一个巨大的机械舌头伸展进观众席 60 英尺。这块"台口"（apron）长于瞬时的变化：在种种变幻之中，"它能将舞台的这部分变成一条小河，一片湖泊或是山间的溪流……"

月球公园的穿越把戏是月球旅行，汤普森的曼哈顿首演则叫做"火星上的一个洋基马戏团",在其中他雄心勃勃地要把他的整个街区变成一座空间飞行器。"执法吏本打算拍卖一个陷于困境的马戏团,但是火星来的一个信使为他的国王买下了它……"一旦踏上火星,"火星人让(表演者)永远地留在那里成为那座遥远星球的居民……"汤普森的剧情大致就是如此,于是造访他的剧院的人们也在另一座星球上身陷绝境。马戏团的火星表演的高潮便是一出玄妙的群舞:64 名"潜水仙子"(diving girls)八人一组地拾阶而下,"她们如同一体"。机械舌头变成了一片17 英尺深的湖泊。女孩们"步入湖中,直到她们的头逸出视界",不复回还湖面(水下有一个反转的接受装置,储有空气,并连接向后台区的走廊)。

这奇观有着如此无以形容的情感,以至于"夜复一夜地,男人们坐在前排,默默地抽泣……"[17]

控制

在自由经济企业的传统中,控制只是在个人的规模上展开。有了麦迪逊广场花园和汤普森的马事馆,控制的领域愈发和整个街区相契了。

街区自身装置了种种机巧,可以摆布和扭曲未被认可的现存境遇,建立起自己的律令,甚至意识形态,以和其他街区抗衡。延续着康尼岛的传统,街区成了一个"公

（上）从康尼岛到曼哈顿：第六大道上弗雷德里克·汤普森的竞技场（1905）。

（下）"火星上的一个洋基马戏团"一幕——整个城市的街区被移置到了另一座星球。

园"：它提供了一个咄咄逼人的别样现实，这现实意欲贬抑以及置换所有"天然"的现实。

这些室内公园的尺寸从来超不过一个街区的尺寸：那便是孤身的"规划师"或单个"愿景"掌控中的最大增幅。

既然，在网格未曾明言的哲学中，曼哈顿的所有街区都莫分轩轾，刻意求同，单一街区内的突变只潜在地影响他者：理论上，每一街区如今都可以借由不可抗拒的人工合成，成为一块自在的"飞地"。

这一潜力于是也意味着本质上的疏离：城市不再由或多或少同质的肌理所组成了——不再是彼此呼应的都市碎片的马赛克镶嵌——如今每一街区都独处如孤岛，彻头彻尾地属了自己。

曼哈顿成了一片街区的陆上群岛。

定格

1909 年的一幅明信片展示了上述建筑演进的定格画面——三种主要的进展在麦迪逊广场聚首：熨斗大楼的叠加、大都会人寿大楼的灯塔，以及麦迪逊广场花园的孤岛。

明信片制作之时——这幅多灭点的明信片绝非简单的摄影——麦迪逊广场"是大都会生活的中心，纽约前所未见……时装、俱乐部、金融、体育、政治和零售商业在此汇聚，蓬勃发展……据说，在第五大道和 23 街上站得

Madison Square, East, New York.

（上）多重进展之外的三重僵局：1909 年的麦迪逊广场，经过处理的照片（doctored photograph）：从右开始，熨斗大楼、大都会人寿保险大厦、麦迪逊广场花园——在它们合为一体组成真正的摩天楼之前，是三种各具特色的建筑突变。

（下）"商业的大教堂"：伍尔沃思大厦，1913 年，60 层（建筑师卡斯·吉尔伯特 [Cass Gilbert]）——第一例建成的三种突变的聚合物。

时间够长的人，将会遇到世界上所有的人……从‘旧的’熨斗大楼的岔口观望麦迪逊广场，是万花筒式的巴黎风致……"[18] 作为曼哈顿的社交中心，这纷乱的岔路口是一个剧场，在此商业和繁多的活动此消彼长。在明信片之中，占据前景的广场构成了激发着新潮流的都会活力所在，但是，除了将这多重突破记录在案，明信片的图景也关乎三重僵局：就它们自个儿而言，这三种潮流都是没有前途的。

熨斗大楼的简单逐层叠加缺乏意义；大都会人寿保险大楼有意义，但是，它虚妄的孤立和它基址的现实自相矛盾，使得这意义被打了折扣，它只是同一街区里无数可能基址中的随便一片，其他的可能性虎视眈眈，抢了它的风头；麦迪逊广场花园则无法赚到足够的钱，以开脱它那异乎寻常的隐喻。

但是，当所有这些被合为一体之时，它们的弱点化作了力量：塔赋予了逐层叠加以意义，逐层叠加为地面层的隐喻埋单，对整个街区的入据，则使得孤立的塔成为它的岛屿唯一的主宰。

真正的摩天楼将是这三者融合的产物。

大教堂

第一例建成的聚合物是伍尔沃思大厦（Woolworth Building）——上述定格之后四年的 1913 年完工。它下部的 27 层是基址直截了当的延展，支持着上部 30 层的塔楼；这个嫁接物占据了整整一个街区。但是，这个"出乎人类想象之外的光辉整体"只是部分地实现了摩天楼的潜力。仅仅就物质主义而言它才是一件杰作，挖掘新范式程序性潜质的承诺无一兑现。从头到脚，伍尔沃思大厦注满了商业，塔由此划分为点缀互不关联的装饰母题的办公室套间——帝国式样的房间，与混合佛莱芒和意大利文艺复兴风格的董事会议室彼此为邻，底层则安排了现代的管理运营：文件、电传机、股票行情发报机、空气压缩管道、打字员室。

如果大楼的内部仅仅是商业，那么它的观瞻则是纯然的精神性。

"夜幕来临时，它沐浴在电灯光里，如披上了一件轻纱，或者，在夏夜微明之际的清爽空气中，它穿透空间，如同圣约翰所目睹的天堂的城堞，它鼓舞起如此深挚的情感，使人垂泪……作家仰望着它，即刻惊叹：'商业的大教堂。'"

伍尔沃思并不曾对城市的生活做出极端的改变或冲击，但通过它的物理观瞻让奇迹显现；这个建成的巨大体块，前所未有，它同时也被视作脱离现实，反地心引力："粗野的材质被褫夺了它们的密度，从而扶摇直上，欲与天空一竟妖娆……"

1913 年 4 月，这座大楼通电使用，"威尔逊总统在白宫按下了一个小小的按钮，瞬时间，八万盏灯光闪耀整座伍尔沃思大楼……"

基于它伟业的存在，两种东西占据了伍尔沃思大厦，第一种具体——"1.4 万人——一座城市的人口"，第二种则无形——"通过改变和商贸，人类的精神将彼此陌生的人群笼络进大同的空间，减少了战争和流血的可能……" [19]

自体的纪念碑（Automonument）[20]

超越一定关键体量时，每个结构都将成为一座纪念碑，即使实质上，它所包容的个别活动不足以担当纪念碑式的表达，至少它的尺寸，也足以引起纪念碑式的期待了。

对于象征主义传统而言，这一纪念碑的门类呈现了一种极端的，道德上有创伤感的决裂：它的物理表现并不再现一种抽象的理想，一种非同凡响的体制，一种社会等级秩序的三维的可识别的表达，或是一个纪念物。它仅仅是它自己，纯然体积而已，它不可避免地只是一个符号——一个空洞的符号，像广告牌等待客户那样等待着意义。它是一种唯我论（solipsism），只对自己不合宜的存在以及毫无自省的自我创生沾沾自喜。

20 世纪的这一纪念碑，是自体的纪念碑，它的最纯粹的宣言便是摩天楼。

要使得作为自体的纪念碑的摩天楼宜于人居，需要采取一系列辅助的措施，以便解决它常常面对的两种互相龃龉的需求：作为纪念碑，它需要恒久、坚实、安详；与此同时，它又要富于包容、追逐效益、有生活所期许的变化，诸如此类，本质上是与纪念碑格格不入的。

脑白质切断术

建筑物们既有内部也有外观。

在西方建筑之中，人文主义者的假设是，这两者之间如果有一种道德关联，是值得称道的：外观多少反映室内，室内也应和着外观。"诚实"的立面透露出它隐匿的内部活动。然而数学上讲，建筑内部三维物体的体积呈立方级数增长，而外面的包裹只是平方级数的变化：如此，越来越少的表面，将表征越来越多的内部活动。

越过一定的关键体量，这种内外的关系就得在断裂点之外考究了；这种"断裂"是自体的纪念碑的征候。在容器和容物故意的龃龉之中，纽约的建造者们发现了一片前所未见的自由领域。他们在一种建筑学式的脑白质切断术之中，探索并规整这片领域：他们将脑前叶和后脑的联系切断，使得思想过程脱系于情感，借此减缓精神错乱的症状。

建筑学式的脑白质切断术使得建筑的内部和外观互相脱离，如此这般，"大块头"（Monolith）使外面的世界免受它接连不断变化内部的烦扰。

它由此隐匿了日常生活。

实验

1908 年，在西 32 街 228—232 号，如今名唤"梦街"的地方，发生了这种新的艺术领域的最早的，也是最富于临床性的探索。

实验场所是一幢既存建筑的内部。建筑师亨利·厄尔金斯（Henri Erkins）如此正式描述他的项目："默里的罗马花园"是"毫厘不爽的复制，很大程度上是直接拷贝、翻造，等等。……是对古代世界人们最奢侈的家园——罗马恺撒时代住宅的重建……"[21]

在内部，厄尔金斯一贯使用的镜子使得人们不可能准确地感知空间和物体——"如此全面和艺术的处置，使得所有关节都隐而不现，确乎，很难发现实体消隐于何处，镜像又在何处开始……"厄尔金斯"别墅"的中央是每边有柱廊的开放庭院——一座通过最先进技术实现的人工"露天"花园："装饰后的天花板代表着一片蓝天，电灯闪烁其中，与此同时，通过令人叫绝的光学装置，创造出了云朵拂过天空的效果……"一个每晚掠过苍穹几次的人工

（上）默里的"禁地"：通过屏风、墙、照明、镜子、声音、装饰的摆布，"阳台房"（Terrace Room）的尺度变得不清楚了，维苏威火山的烟雾不祥地悬浮在希腊—罗马的田园诗意上空，它成了大都会生活爆炸性品质的一个隐喻。

（下）默里的罗马花园，通过建筑的脑白质切断术产生的第一例大都会室内："中庭"一景，有着反射驳船（reflected barge）、喷泉和人造天空。不可抗拒的人工合成愈演愈烈，成就了一部捏造出来的曼哈顿居民的历史："带走那四百名穿着晦暗的晚礼服的公子王孙，他们看上去就像是些稻草人或殡殓工，带走那些神情肃穆的侍者，他们的表情和他们的衣着一样肃穆，把他们换成用古时候五颜六色衣服装扮成的角色们……把笨头笨脑的私人司机换成罗马战车的骑士，把穿着蓝色大衣的保安换成身披甲胄的罗马军人，多亏了机器进步给我们带来的这些革新，默里的罗马花园的参观者们会很自然地'回溯'到两千年以前，回到这座恺撒的城市，它的财富和辉煌正如日中天……"

月亮，使得视觉效果更上层楼。镜子不仅使人迷途，它还使人顿感周遭无物，它们亦"两倍、三倍、四倍地复制了室内的奇境"，使得这胜境成为经济型装饰的楷模：中庭之中电气化的"罗马喷泉"也只有四分之一是真的，"驳船"则有一半。没有镜子的地方，投影屏幕，复杂的照明效果和隐藏起来的一个乐队的声效，揭示出别墅中可达部分之外的一个无垠的禁地。

默里的罗马花园将成为"罗马人所知的、所征服的和所抢掠过的世界一切美好之物的仓库"。

名家所藏是厄尔金斯为借鉴和摆布记忆而收割过去的公式。

俯瞰花园的，是通往两个分离公寓的中二楼，公寓之中有精美的三维壁画，密密麻麻改头换面的物件和各式装饰母题，它们分别代表埃及／利比亚和希腊：方尖碑成了一盏灯，棺材化作了一辆把菜肴从桌子一头运送到另一头的"电气列车"。这种并置混淆了时空感，依次展开的时代如今同时登场。在这个三维的皮拉内西（Piranesi）[22] 式装置里，原本纯净的图像学彼此渗透。埃及浮雕之中的人物在罗马的场景中弹奏着音乐，希腊人出现在雅典卫城脚下的罗马浴室之中，"一个侧卧的半裸女性从一根管子里（吹出）彩虹般的泡泡，空中楼阁"：古意之中洋溢着现代的性感。

改装后，这些攒集起来的战利品向大都会的观众们传递着当代的信息：例如，尼禄（Nero）[23]就被作了别解，"虽然据说他对大半烧毁的城市（罗马）漠然视之，但是更高明的见识是，他其实感兴趣的是大火带来的改造城市的机遇，而不是它所导致的损失……"

对厄尔金斯而言，这种异体受精代表着一种真正的现代性——一种创生出的"境遇"，让一种此前从未存在过的东西看上去像那么回事。似乎历史提供了一种旁枝别叶，所有的情景都可以在倒叙之中重书另绘，抹去了所有的错误，纠正了一切的偏差："过去时代艺术的最新革命，致力于打造真正现代创造的场所，这是现代的或者是现代化了的艺术……"默里的罗马花园是过去的第二次机会，一种事后打造出的乌托邦。

住宅

默里花园的装饰中凝聚的欲望蠢蠢欲动，其中最独到的要算它始终如一的准三维立体感了：所有住客（别墅的最初居民）被沿着墙罗列，以便使得房间和公寓之中的社会交易活跃起来。

在他们的感官帝国里，他们让"上边十个……衣着色彩甚是肃穆"的入侵者占据了神圣的位置，公众仅仅是些客人们。为了增强"住宅"这个意念，人满为患的楼下所

缔结的露水姻缘可以在楼上功德圆满："建筑上部是 24 间
豪华单身公寓，以及提供包括单独浴室设备在内的各种方
便设施的卧室……"

厄尔金斯和默里的罗马花园将住宅的私人形式延展
了以吸纳公众。这便是曼哈顿的集体领域：它散落各处的
花絮终不过是一系列胀大了的、收容"住宅访客"的私人
"飞地"。

自豪

在建筑的脑白质切断术之后，厄尔金斯作为一个成功
的外科医生而自豪。

"所有天才的计划，精工细作的艺术财富和四处流溢
的美轮美奂装饰都在这产业之中得以显现，它们被'嫁接'
于一幢本质上是平淡拘谨的建筑，这幢建筑规划建造之初
的目的和今天的使用功能完全不同。这一事实给结果的产
出增添了额外的趣味，它印证了设计师的杰出业绩，以及
这现代趣味和技巧卓越体现的独特性。

"亨利·厄尔金斯……不得不将一幢原来计划用于学
校的建筑改装，作为这幢美丽建筑的基础，但是厄尔金斯
先生天才的魔法，却如此令人愉悦地将它改头换面，以至
于在它现下的配置、装备、装修和饰品之中，没有任何细
微的一处，以任何方式，可以显现它的最初目的……"

通过产生两种不同的建筑，脑白质切断术满足了自体的纪念碑面对的两种互不相容的需求。

一种是大都会外表的建筑，它的责任是为城市提供雕塑般的经验。

另一种是室内设计的突变，采用最现代的技术，它回收利用、转化和制造记忆，以及辅助这些记忆的图像，印证和摆布大都会文化中的各种更替。

一种默里花园式的系统在整个曼哈顿生根。34 街上，一座意大利花园公寓和默里新百老汇公寓——"整整 3 英亩的楼层面积被用作餐厅"——计划于 1909 年落成。

自 20 世纪伊始，建筑的脑白质切断术便允许了都市开发之中的一种革命。通过建立起罗马花园这样的飞地——大都会大众的情感避难所，代表着消失在时空中的理想世界，帮助他们抵御现实的侵蚀——异想天开成了曼哈顿实用主义的替身。

除了用一种浓烈的私人意味充实它们室内的领地，这些次乌托邦的碎片并无领土要求，因此格外有诱惑力。在外面，对传统都市风景营造的假象毫不触动，这种不露声色的革命保证会顺利通行。

网格是建构这些片断的中和机制，在它垂直交叉的网络内部，运动成为每个街区的声言和前景冲突之间的一种意识形态导向。

洞穴

1908 年，一个美国商业代表团在巴塞罗那访问了安东尼奥·高迪（Antonio Gaudí），请他在曼哈顿设计一座大饭店，这个项目没有提到基地的情况，这些生意人没准只是需要一张设计草图来募款，以后再找一个地段配合。高迪不大可能未意识到曼哈顿主义已经产生的跃变和突破，商人们自己却一定注意到了高迪的歇斯底里和曼哈顿的疯狂之间的密切联系。

但是身处封闭的欧洲，高迪就像柏拉图的洞穴人，在商人们的描述和要求的阴影之中，他不得不重构出一个洞穴外的世界，一个理想的曼哈顿。他合成产生出了一种真正的摩天楼的前兆，将脑白质切断术和室内设计的突变不仅仅用于地面层，还遍及内部的各层。

他的旅馆是一丛石笋，簇成圆圆尖尖的一束，明确无误的是座塔。在其中栖居着一座平台，或说岛，以桥和其他岛屿连接，它孤傲地屹立着。[24]

高迪的设计为社会活动对于摩天楼层层的征服提供了一种样板。在这结构的外围表面，底部的楼层是旅馆房间，提供个人的住宿；旅馆的公共生活则安置在核心之中，在不见天日的巨大内部平面上。

大饭店的这个内部核心是六座层叠着的系列餐厅。第

（上）高迪的大饭店剖面。通过建筑的脑白质切断术，饭店的内部和外面的现实断裂开了，断裂点是一圈卧室构成的皮。正如1909年的定理，中央这种楼层逐层叠加，构成了基本上无序排列的平面，每个平面都有自足的主题。通过这种垂直方向的断裂，可以影响图像学、功能和使用上的局部改变，而不至于影响整体结构。

（下）高迪的大饭店，位于5层的欧洲餐厅。

高迪的大饭店和帝国大厦、克莱斯勒大厦、埃菲尔铁塔的尺寸比较。

一座汇集装饰着欧洲神话，并由菜单选项以及一个大交响乐团演奏的欧洲音乐加以强化。其他每个餐厅都有自己的寓意图像，分别代表另一大洲，它们堆集一处，代表整个世界。

餐厅世界的上方是一座剧院和展览厅。在这一切之上，是一座小型的瞭望球，它等待着对重力的征服不再是隐喻而是事实的一刻。

分裂

楼层之间将不会有象征主义的彼此渗透。事实上，主题平面的自我封闭意味着一种规划摩天楼内部的建筑策略，通过脑白质切断术，这种策略变得独立自主了：垂直分裂（Vertical Schism）是对于楼层之间刻意断裂的系统探索。

排除了每个楼层间的相互依赖，垂直分裂使得单一建筑内的楼层分配变得随心所欲。对于发展摩天楼的文化潜质而言，这是一个基本的策略：它接纳多层摩天楼明确构图中的不稳定性，与此同时，在每个已知的目标之内，它又容纳了最大限度的确定性——如果不是过于确定的话——两者互成犄角之势。

阴影

一度，像伍尔沃思大厦那样"真正的"摩天楼和老版本的摩天楼同时拔地而起，在后者，向上延展建筑基址的简单操作采取越来越怪诞的比例。1915年，恒生大楼的地块复制过程金融上和环境上都使得周遭严重衰败，让它失去了信誉，光它的阴影便让广大邻近地区的房租下跌，它的内部空白充实了，它的邻居们却付出了代价，它的成功以它文脉的毁坏来判定。是时候了，该对这种形式的建筑僭越予以管制，"日趋明显，大的项目不仅让个人关注，也让社区侧目，必须采取某种形式的限制了……"[25]

法规

1916年的区划法（Zoning Law）[26]，在曼哈顿每一片地产或街区上描绘出了一个想象中的外廓。它定义了最大可容许建设范围的外缘。

这个法规是拿伍尔沃思大厦作为标准：容许一味叠加的进程至一定高度，然后建筑必须从地皮边界以一定角度向后退缩，以便使得日光照进大街。一座塔楼由此可以将25%的用地面积递增到无限高处。

法规的最后一句鼓励了单一建构谋取最大可能面积——亦即，整个街区——的趋向，以便让那25%的面积成为最大（获利）的塔楼。

事实上，1916 年的区划法是追认的出生证，它使得摩天楼有了马后炮的正当性。

村庄

区划法不仅仅是一纸法律文书，它也是一个设计项目。在一片欢腾的商业气氛里，一切最大容许的体量都被立即转换成了现实，法律上的三维"限制"规范揭示了一种崭新的大都会理念。

如果起初曼哈顿只是 2028 个街区的集成，它现在便是同样多的不可见建筑外廓的集合了。即使它依然是未来的幽灵城市，终极曼哈顿的概貌却一劳永逸地勾画出来了：

1916 年的区划法将曼哈顿永续地定义为 2028 个巨大的幽灵般的"住宅"的集成，它们构成了一个超级村落（Mega-Village）。即使每座"住宅"都注满了空前独创和复杂的住所、程序、设备、基础设施、机械和技术，最初"村庄"的形式却一如既往。

这个城市爆发的尺度，是由强烈主张的人类共居的最原始模式所控制。

对于概念的极端简化，是使得城市的无限增长不至于无法辨认、丧失亲密感或一贯性的秘方。

（正如一个简单的剖面所显示的那样，每个建筑外廓都是最初荷兰人山墙住宅的显著放大，它有一个像无穷无尽的烟囱的塔。区划法的城市——超级村落——是原型的新阿姆斯特丹的奇想放大。）

1916 年的区划法的理论外廓，见于市政大厦和伍尔沃思大厦之间（效果图为休·费里斯所作）。

"一群技术专家所制定的纽约法规基于纯粹的实际考量之上……通过限制一座建筑的体块限制了居民的数目；需要进出的人更少了；邻近街道的交通负担减轻了。当然，体量限制的结果，还为街道以及建筑自身带来了更多的光线和空气……对建筑可能影响的考虑，全然不是区划法规的灵感来源……"（费里斯《明日的大都会》）1916 年之后，曼哈顿再无一座建构可以超越这种幽灵般的形状的限制，为了在给定街块上获得最大的金融回报，曼哈顿的建筑师们不得不尽可能地趋近这种形状。

摩天楼的理论家们

> 我们的作用不是缩回地下陵墓，而是在摩天楼之中变得更加人性。
>
> ——纽约区域规划协会（Regional Plan Association of New York）[27]
> 《城市建筑》（*The Building of the City*）

困惑

20 世纪 20 年代早期，个性鲜明的人们开始从曼哈顿主义集体奇想的星云中抽身，扮演更多的个人角色，他们是摩天楼的理论家。

然而，每种为摩天楼，为它的使用和设计创造出清醒意识的尝试，不管是写下的还是画下的，都不过归结成了一种困惑中的操演：在曼哈顿主义——无限期搁置了的清醒意识的教条——的名下，最伟大的理论家是最伟大的蒙昧主义者。

雅典

休·费里斯（Hugh Ferris）还是一个男孩的时候——"人们说偏见就是在那时形成的"——过生日的他得到了一幅帕提农神庙的图画。

它成了他的第一个范本。"这座建筑像是以石头砌成的，它的柱子看上去是设计来支持房顶的。它看上去像座什么神庙……到后来我发现这些印象都是正确的……"

"它是一座坦诚的建筑"，它建成于"一个幸运的时代，那时候工程师和艺术家一起热情洋溢地工作，大众热忱地欣赏和欢迎这种合作……"

帕提农神庙的图像启发了费里斯成为一名建筑师，他拿到学位之后便离开了他的家乡圣路易斯，来到曼哈顿。对他而言，纽约代表着一个新的雅典，新的帕提农神庙唯一可能的诞生地。

"人们要上大都会去。在纽约……一种真正的美国建筑正在制造，工程师和艺术家热情洋溢地一起工作——甚至也加上热忱地欣赏和欢迎这种合作的大众……"但是费里斯在卡斯·吉尔伯特（Cass Gilbert）事务所——当时正在设计伍尔沃思大厦——的第一份工作却"让他初启的热情小受打击"[28]曼哈顿的当时建筑并不包括建造新的帕提农神庙，它只是剽窃过去的"帕提农"们有用的元素，

"自主领航员"在操控中：休·费里斯在他的工作室工作，为"未来的街景"添上点睛之笔；他的画作整体上构成了一部系列寓言，《1975：巨人之城的愿景》(*Vision of the Titan City—1975*)，这本书基于诸如科比特、胡德和费里斯这样的曼哈顿主义激进思想家们的研究。靠着墙半隐半现的，是"建筑师们的胶泥"(Crude Clay of Architects)没有完成的版本。在书架上，是见证新雅典诞生的帕提农神庙的遗馈。

退缩建筑的演进：费里斯基于 1916 年的区划法所做的变化，分为四部分。

第一阶段："展现在区划法下，在城市的整个街区中可以建设的最大体量……它并非是哪一个建筑师的设计，它只是一种能带来法律细则的形式……"

第二阶段："建筑师迈出的第一步是在体量上雕凿，以引入日光，（他）不容自己有任何对于最终形式的前见……他只接受一个他掌控之中的体量；他计划一步一步地修改它……他已做好不偏不倚地对待进展的准备，无论最终会达到什么样的结果，他都会遵从……"

第三阶段：第二阶段产生的巨大崚嶒"切割成直角的形式，从而产生更多传统意义的室内空间……"

第四阶段："将那些结果不讨人喜欢的部分移走之后，得到最终保留的体量……这并不算完成，也不是可以住人的建筑；它依然有待在具体设计师手中得以明确……"渲染画家成了总建筑师，尽管他话里透着谦逊，费里斯的界定间接地把具体建筑师的角色变得可有可无，很清楚，这位"绘图员"希望有他和区划法就足够了，建筑师们不要碍事。

再把它们重新组装包裹在钢铁框架的四周。

费里斯发现的不是新的雅典，而是赝品古董，与为不诚实的建筑设计添砖加瓦比起来，费里斯更喜欢技术化的和中立的渲染画家角色，他成了吉尔伯特公司的"绘图员"（delineator）。

领航员

到 20 世纪早期，费里斯已将自己打造为一名拥有个人工作室的独立艺术家。作为一名渲染画家，费里斯是宽容的折中主义联盟的禁欲工具（puritanical instrument）：他的作品越是使人信服，他便越是鼓吹那些他不喜欢的计划的实现。

但是费里斯发现了一种从这种两难之中逃离的可能：一种将他自己的意向和他的主顾们的意向分离开来的技术。

他用木炭，一种不精确的、印象式的媒介作画，它更依赖于暗示性的平面表现，以及基本上是涂抹晕染（smudge）的摆布。

用一种媒介不足以描绘出曼哈顿建筑师信奉的折中主义表面的那些零碎，费里斯的画不仅渲染，也剥离，他的每一个视觉表征都将一座"诚实的"建筑从它冗余的表面之下解放出来。

费里斯的描绘即便意在引诱曼哈顿建筑师的客户们——由他们再引诱大众——这些描绘是对他们假意包装的项目的批评，是对他们所基于的反动蓝图的激进"修正"。曼哈顿建筑师们普遍只有依赖费里斯的服务，由此，加强了这些修正了的项目渐增的影响。他们合在一起成为浑然一体的未来曼哈顿图景。

这种图景逐渐在曼哈顿的居民们中间深入人心——以至于单单费里斯的图画就代表了曼哈顿的建筑，而设计每个项目的建筑师却被弃之不顾。在它们经意的暧昧之中，费里斯的图像精确地造就了"热忱地欣赏和欢迎着"的大众，它们是他少年时代发现的新雅典创立的条件。这个伟大的绘图员从一个敲边鼓的人变成了一个领导者。

"他可以用透视的诗歌灌溉无生机的构图……利用他的天赋的最好方法是将平面图扔到一边，上床睡觉，明天早晨起来一看，设计已经完成了。"

"他是一名完美的自主领航员……"[29, 30]
• • • • •

研究

在完成商业工作的同时，费里斯和几位激进的建筑师，比如雷蒙德·胡德（Raymond Hood）、哈维·威利·科比特（Harvey Wiley Corbett）一起调查了曼哈顿主义的真正议题。对于 1916 年区划法以及它描述的曼哈顿每一个街区理论上的建筑外廓，这个研究的中心是它们未经探索的潜质。

费里斯的图画是基本法律框架内——同时是形式的和心理的——无限变化的第一次显露，在穷尽了每个单独门类之后，他第一次画出了它们最终组装在一起时的具体图像：超级村落，曼哈顿最终的宿命。

对费里斯而言，有着未经探究的形式的新城市是真正的新雅典："当人们沉思于这些形状时，图像或开始在心灵之中形成建筑的新颖样式，它们不再是熟悉式样元件的拼凑，粗略的体块开始变得微妙起来……"

这座城市将使他扬名立万，渲染画家费里斯成了它的总建筑师，它断然的赤裸裸正是他的炭笔媒介所通常预期的效果。

它即将莅临的征兆在弥漫，传统的建筑师们备感困惑，"保守的建筑标准陷入了混乱，一点一点地，设计师们发现，他们面对的种种限制使得他们不可能再建造传统的形式……"

劳动

1929 年，费里斯发表了他的劳动成果《明日的大都会》。

这本书分为三个部分：

"建筑师们的胶泥"：曼哈顿是一座"未来的幽灵城市"（Ghost Town of the Future），费里斯的超级村落的第一个影像。"如果在一座城市所有的街区上……可以矗立起最大的体量，那么我们就会领略到与这幅画面神似的风貌……"

"今日的城市"搜罗了他为其他建筑师所作的渲染图；

"发展趋势"，是他就 1916 年法规的主题所做的变化；以及

"一座想象的都会"，费里斯的新雅典。

书中有 50 幅绘画，每幅都有一段文字"解释"，是与炭笔绘画的含混性旗鼓相当的文本。

书的结构基于一座连绵云雾正在散却的堤坝：从"又是拂晓了，晨雾笼罩着这一幕"，经过"雾气开始散却"到"稍后，雾气大体散去，使我们能注目于自己的第一印象……"

这条"情节线索"对应着这本书的三部分：一个不完美的过去——为其他建筑师所作的作品；一个来日可待的现在——1916 年区划法的超级村落宣示和理论性详述；以及这村落的版本之一，费里斯想象的都会的闪亮未来："一片广袤的不乏植被的平原，以可观的间隔，平原上升起伟岸的群峰……"[31]

子宫

但是，事实上所有这些半明半昧的图像的区别远不如它们的相似来得重要。费里斯作品的天才之处在于他的媒介本身，它们创造了一片人工的夜色，一层厚薄有致的炭笔微粒，将所有建筑事件置于含糊和暧昧之中。

费里斯的子宫，曼哈顿主义的母腹。

费里斯对于曼哈顿的理论最重要的贡献，正在于他在一个宇宙容器——晦暗的费里斯空洞——之中创造了一个被照亮的夜：一个漆黑的建筑子宫，它在一连串的，有时是互相重叠的受孕之中，生育了摩天楼连续的舞台，它保证一定推陈出新。

费里斯的每一幅绘画都记录了这永无终止的妊娠的一个瞬间。

费里斯子宫的滥交让父亲归属的问题模糊不清。

通过许多的异域和外来影响，这个子宫吸纳了多重的受孕——表现主义、未来主义、结构主义、超现实主义，甚至功能主义——所有这一切都不费吹灰之力地安置在费里斯扩张的图景之中。

在费里斯的子宫内孕育了曼哈顿主义。

崩盘

费里斯的书印行于股市崩盘的 1929 年。

这并不是全然负面的巧合。"很快便已很清楚……大萧条至少还有一个好处：如果建筑师暂时不能设计任何真的建筑的话，至少他们还可以进行许多现实的思考。摩天楼的狂欢已经过去，一个冷静反思的时刻来临"。

从他的工作室，费里斯现在俯瞰着"一个出奇地安静的曼哈顿。轰隆隆的机器声在空气中消失了，大都会的建筑洗尽铅华，它如今讲述着一个故事，一个先前沉迷于如画品质的心灵绝不会预料到的故事……没有留下一丝长期计划的残迹……"[32]

费里斯的时代已经来临。

澄清

在 20 年代晚期，大多数曼哈顿的思想家和理论家们组成了一个委员会——为纽约区域规划协会——准备一卷《城市建筑》。他们正式的任务是为它未来的发展制订实际的导则。但是事实上，他们的活动却使得曼哈顿主义进一步陷身在未知的云雾中，挡住客观性的光芒。和费里斯一样，他们假装对规划有兴趣，以掩盖他们鼓吹那种使得摩天楼勃兴的暧昧氛围的努力。这复杂的雄心——致力于澄清的同时却煽动迷惑——标志着曼哈顿主义的转换阵地，它从无意识的初始阶段转移到半意识（quasi-conscious）的第二阶段。

在他们深思熟虑后写下的第一个篇章里，区域规划协会的思想家们事业的歧义性就已确立：这将是刻意地避免合乎逻辑结论的一次调研。

"所有人都同意摩天楼是服务于人类需求的某种东西，但在评判这种服务的价值时他们的看法却有所不同。所有人都知道摩天楼已经成了美国大城市的结构组成中显著的

曼哈顿主义的"规划"：为区域规划专员所做的研究。模型展示了中心区域、次中心区域、城郊区域和郊区的商业建筑的最大体块。摩天楼的适当性从未被质疑，它只是随着局部的压力变化，变得更高或是更矮。

特色。但是，它是否同样是美国所有城市生活社会组织中的显著特色呢？——如果我们试图回答这个问题，我们将不得不更大胆地深入一步，进行区域的调查和规划……"

一上来的这个开脱为这本书打下了基调：除了摩天楼未经触动之外，所有的东西都可以放在区域规划的框架里予以考究。理论，假如有理论的话，将是为了适应摩天楼而写，而不是反之。

"我们将不得不承认摩天楼是不可避免的，进而考虑它如何才能变得健康和美丽……"

流沙

在"摩天楼的宏伟和局限"的章节之中，区域规划协会的思想家们更深地沉进了他们自相矛盾的流沙。为了保证摩天楼继续创造拥挤的能力，他们煞有介事地展开了一场消除拥挤的征讨。

"纽约的摩天楼有两点无可置疑的神奇之处，它孤立的塔楼高耸入云，为开放空间或是非常低的建筑所环绕，如此它的阴影便不会妨碍四周的建筑。在一个艺术家的手中，它可能成为一种尊贵的结构。

"第二，群山似的建筑体块效果，例如，从宽展的上湾（Upper Bay）观望曼哈顿下城的效果，被认可为人工创构的世界奇迹之一。

　　"遗憾之处并不是塔楼们高逾 800 英尺，而是它们彼此挨得太近了；不是曼哈顿有它的人工山脉，而是它们太密集了，以至于它们建筑的独个单元里缺少光线和空气。

　　"这两种特色的长处都可以保留，甚至还可以有所增益，只要更好地安排单个建筑，相应于更高的建筑许可高度保留更多的开放空间。

　　"像现在这样……相形于可观的建筑形体所获取的壮丽，更多的东西丢失在摩天楼间锁合的天空里；丢失在随之变得肮脏龌龊的街道和楼房里；丢失在更多美丽的低层建筑的毁弃里，有了摩天楼，这些房子要么相形见绌，要么被取而代之；丢失在单个摩天楼和其他值得一看的建筑的展示需求里……" [33]

威尼斯

　　一百种深邃的孤寂组成了威尼斯这座城市。那就是它的魅力所在，未来人类的楷模。

　　　　　　　　　　　　　　　　——弗里德里希·尼采

　　然而纽约，除了是许多其他事物之外，还是一座正在建起的威尼斯，使得这种建造缓慢推进的所有丑陋小玩意儿，所有令人不悦的进程，物理的、化学的、结构的和商业的进程，都必须得到认可和表达，并且由诗

哈维·威利·科比特，曼哈顿和摩天楼的杰出理论家，毕生致力于创造"愿景"。

性想象的光芒，使它们成为美和浪漫的一部分。

——门罗·赫莱特（J. Monroe Hewlett），

纽约建筑联盟，《纽约：美国的都会》

（*New York: The Nation's Metropolis*）

解决拥挤问题的最精确的书面计划出于哈维·威利·科比特，曼哈顿和摩天楼的杰出思想家，哥伦比亚大学年轻一代的导师。

在他关于高架拱廊步行道的方案（1923 年首次提出）里，整个城市的地面——如今是一片混乱的各种形式交通——将逐渐全部让位给机动车交通。从地面凹下的沟壑将使得这种快速交通更快速地驰过大都会，如果汽车依然需要更多的空间，现有建筑的边缘可以向后退缩，创造出更大面积的通路。行人在第二层沿着建筑中辟出的拱廊步行，这种拱廊在街道的两面组成了一种连续的网络；天桥使它延续下去。沿着拱廊，商店和其他的公共设施嵌入建筑。

通过这种分离，原来街道的容量至少增加了 200%，如果道路可以占据更多部分的地面，这个比例还会更高。

按科比特的算计，最终，整个城市的地面可以是块单一的交通平面，一片汽车的海洋，可以将交通的潜力提高 700%。

"我们看到的是一座人行道的城市，建筑红线内的拱

（上）哈维·威利·科比特，《通过人车分流减轻纽约交通拥堵的建议》，各剖面：

1. 现状；

2. 第一步：将行人从地面移至从建筑中出挑的步行桥，汽车占领前者曾经的领地；

3. 第二步："展示建筑内的切入，六辆汽车并排行驶——路两边各有两辆车的停车位……"

4. 最终状态："行人在天桥上穿越街道，未来城市变成了群岛城市（City of the lagoons）的化身……"

（下）"1975年纽约和新泽西间的哈得孙河大桥上的塔楼，依循哈维·威利·科比特的构想和设计。"

"极为现代化的威尼斯"：在一个由2028种孤独组成的系统之中，有着20车道的大街，行人从"岛屿"步行到"岛屿"。

大都会中心意想不到的静谧，科比特雄心勃勃的演变后曼哈顿的两景——"1975年俯瞰纽约的未来街道"，以及"一座城市广场的全景，展示了十层建筑高度上第二层退缩为步行交通带来的额外可能"。

廊，比现有街道平面高上一层。在所有的街角我们看见桥梁和拱廊等宽，有坚实的护栏。我们看到更小的城市公园（我们相信未来将有多得多的这样的公园）抬升至人行道的相同高度……所有种种变成了一个极为现代化的威尼斯，一座由拱廊、广场和桥梁组成的城市，街道是它的街道运河，只是这运河中注入的不是真的水，而是自由流淌的机动车流，阳光闪耀在车辆的黑顶上，建筑映照在这种飞驰的车流之中。

"从建筑学的角度，相应于形式、装饰和比例而言，这种想法表达了威尼斯所有的迷人之处，甚至还有更多的东西。它没什么不调和的地方，一点都不奇怪……"[34]

科比特关于纽约交通问题的"解决方案"是曼哈顿历史上最明目张胆的虚伪案例，如此扭曲的实用主义反倒化作了纯粹的诗意。

理论家从来就没打算过要纾解拥挤，他真正的雄心是将它变本加厉，以至于产生出——正如在量子跃变中的那样—— 一种新的情形，在其中拥挤的意义诡秘地变得正面了。

这非但不解决任何问题，对若非如此便高深莫测的大都会，他的方案是种隐喻，使得大都会秩序化，并可以得到解释。

有了这种隐喻，许多曼哈顿潜在的主题变得充实起来了：在科比特"极为现代化的威尼斯"里每个街区都变成了有着自己灯塔的岛屿，变成了费里斯的幽灵"住宅"。最终——在街区之间旅行的——曼哈顿的人民，将名副其实地住进自行建造的 2028 个岛屿组成的大都会群岛。

拥挤

费里斯、科比特和区域规划的其他作者，发明了一种以本质上的非理性来处置理性问题的方法。

他们凭着直觉知道，解决曼哈顿的问题无异于自杀，正是受惠于这些问题他们才能存在，他们知道应该义不容辞地使问题永远得不到解决，他们知道曼哈顿的唯一出路便是将它的疯狂历史予以推展，曼哈顿是座永远一往无前的城市。

这些建筑师们的规划——在区域规划委员会拼凑起来的——必然是客观性的反面。曼哈顿这个爆炸物是一系列隐喻性的模式——既原始又有效——它们代替了任何时候都不起作用的名义上的组织机构，这些建筑师们的规划则在爆炸物上施以一种诗意的控制形式。

1916 年区划法的"住宅"和"村落"，费里斯"群山似的建筑"，最后是科比特那个"极为现代化的威尼斯"的曼哈顿，它们一起一本正经地组成了一种轻浮的阵列，一种诗歌套路的词汇，取传统的客观规划而代之的，是一

种新的隐喻性的规划学科，应对一种基本无法量化的都会
情形。

拥挤自身是使得这些隐喻在网格的现实之中得以实
现的基本条件。只有拥挤才能产生出超级住宅（Mega-
House）、超级村落、群山，还有现代化的汽车的威尼斯。

这些隐喻一起构成了一种拥挤文化的基石，这种文化
才是曼哈顿建筑师们真正的业务。

文化

"拥挤文化"打算以单一的结构去征服各个街区。

每座建筑将成为一座"住宅"——一片扩充后对来宾
开放的私人领地，但它的供应品类还不至于伪装成一切通
吃。每座"住宅"将呈现一种不同的生活方式和意识形态。

每一层，拥挤的文化将以空前的组合安置新的和令人振
奋的人类活动，通过异想天开的技术，它将可能复制出任何
"境遇"——从最自然的到最人工的——无论何时何地。

每座城中之城都是如此独特，它自然将吸引它自己的
居民。

在黑色豪华轿车车顶的无尽川流中映照出的每座摩
天楼，都是一座岛屿，属于"极为现代化的威尼斯"——
一个由 2028 种孤独组成的系统。

"拥挤文化"是 20 世纪的文化。

1931

在大崩盘的寒意中，费里斯和曼哈顿的理论家成功地达成协议使曼哈顿由前意识的阶段转向半意识。在驱除神秘化的所有迹象之中，他们保存了未经触动的基本神话。现在，曼哈顿的其他建筑师不需要屈从于自我意识，也有了一个同样精致的"现代化"仪式可以表演。

十一场"布杂"的化装舞会贡献了怀乡的历史景片（"古代法国巡行"、"凡尔赛的花园"、"拿破仑"、"北非"），它们为纽约的"布杂"毕业生与法国文化鸳梦重温提供良机。1931年，这种向后看的潮流被逆转了，组织者承认再也不能耽搁未来的莅临。

这次他们决定用舞会的形式来探究"未来"，对1931年而言它是个恰如其分的开端。

大崩盘——先前疯狂生产的强制中断——亟求新的方向。历史风格的水库终于枯竭了。以逐渐增长的紧迫感，各种形式的现代主义宣告着自己。

"现代的节日（Fête Moderne）：火焰与白银的奇想"，是将于1931年1月23日举行的第12届舞会的主题：邀请"布杂"建筑师和艺术家们，参与一场对于"时代精神"的集体搜寻。

它是打扮成化装舞会的研究。

"什么是艺术中的现代精神？没人知道。它是许多人孜孜以求的东西，在这种探索过程中，将发展出有趣好玩儿的事情……"

为了防止肤浅地解释舞会的主题，组织者警告说："现代精神不是设计建筑、雕塑和图绘装饰的新配方，而是对表达现代活动和思想更有特色、更至关重要的追求……

"在装饰中和在舞会装束中，期求的效果将是一种有节奏的、奔放的品质，热情洋溢的活动，这些活动标定了我们的作品和我们的戏剧，我们的商店橱窗和我们的广告，现代生活的泡沫和呓语……" [35]

数星期之前，一个新闻发布会便向公众告知了这篇宣言，"'现代的节日'将是现代主义的、未来主义的、立体派的、无私的、神秘的、建筑艺术的和女性化的……奇想打上节拍，独创性将受到嘉奖……" [36]

空洞

舞会的当夜，3000 名客人来到百老汇大街上的阿斯特酒店（Astor Hotel）参加"这有着多彩活动和可喜乐事"。旅馆熟悉的室内消失了，取而代之的，是漆黑的空洞，暗示着无限宇宙，或者说费里斯的子宫。

"上空的黑暗之中，五颜六色的灯笼刺破了晦暗，像从天而降的炮弹……"

身着银色和火焰色装扮的来宾们一路形成火箭般的轨迹。空中飘浮着各色无重量感的装饰。"立体派的主街"看上去是现代主义变形过的明日美国的片段。几乎看不见的黑衣服务生们默默地奉上"未来主义的开胃品"——一种看上去像液体金属的饮料——和"小陨石"——烤棉花糖。熟悉的旋律和疯狂的都市之声互相较劲儿:"乐队将由九部铆接机、一个三英寸的蒸汽管、四具远洋汽笛、三把大锤和几台钻岩机伴奏,凭借着现代式的不和谐品质,音乐将穿透这一切。"

某些隐约却严肃的消息四处飞舞,在那些过量的暗示信息里面依稀可辨。它们提醒着纽约的建筑师,在现实中这舞会其实是一次全体会议——它是大西洋另一边CIAM(国际现代建筑会议,全称"Congrès International d'Architecture Moderne")全体会议的曼哈顿对应版本:遵循"时代精神"及其对于逐渐妄自尊大的建筑行业的意义,这是一次疯狂的探询。

"画在和第三层阳台等高的巨大垂幕上的,是朦胧的巨大人物前行的队列,银色的箭头使他们看上去像是在空间飞行,那些是空洞的护卫,上层空间的居民,他们的职责,是为我们雄心勃勃的建造者们飞腾近群星的作品设定界限。"[37]

曼哈顿的建筑师表演"纽约天际线"。左起：斯图尔特·沃克扮演富勒大楼，伦纳德·舒尔策扮演新的沃尔多夫—阿斯托里亚旅馆，埃利·雅克·卡恩扮演斯奎布大厦（Squibb Building），威廉·凡·艾伦扮演克莱斯勒大厦，拉尔夫·沃克现身为华尔街1号，D. E. 沃德扮演大都会塔，约瑟夫·弗里德兰德扮演纽约市博物馆——研究，打扮成了化装舞会。

芭蕾

现在，曼哈顿的建造者聚集在小舞台的两翼等待今晚的高潮到来：他们将表演"纽约天际线"的芭蕾舞，自己成为摩天楼。

像他们的塔楼一样，男人们的装扮基本特征是相似的，只有在无谓的部分才陷入激烈的竞争。他们雷同的"摩天楼装"向上缩进，意欲和 1916 年的区划法一致，只在顶部才有所不同。

对一些参与者而言，这种一致是不公平的，约瑟夫·弗里德兰德（Joseph H. Freedlander）只设计过一幢四层的、绝非摩天楼的纽约市博物馆，然而他认为和其他人共享尴尬的摩天楼装胜过孤单而诚实地做个晚装中的另类。他的头饰代表着他的整幢建筑。

伦纳德·舒尔策（Leonard Schultze），即将开张的沃尔多夫—阿斯托里亚旅馆（Waldorf-Astoria Hotel）的设计师，不得不用一件头饰代表双子楼结构，他只有以这么一件作数了。

斯图尔特·沃克（A. Stewart Walker）的富勒大楼（Fuller Building），它典雅顶部的开口如此之少，为了忠实于它的设计，它的设计师只好暂时失明了。

埃利·雅克·卡恩（Ely Jacques Kahn）的头饰和摩

天楼装相当契合，反映了他的建筑的实质：绝不奋力拔尖，它们是平顶的山岭。

拉尔夫·沃克（Ralph Walker）现身为华尔街1号，哈维·威利·科比特是他的布什车站（Bush Terminal）；詹姆斯·奥康纳（James O'Connor）和约翰·基尔帕特里克（John Kilpatrick）像布杂双子公寓（Beaux-Arts Apartments）一样难舍难分，托马斯·吉莱斯皮（Thomas Gillespie）做到了不可能的事：他打扮成空洞，以代表一座无名的地铁车站。

雷蒙德·胡德作为他的每日新闻大厦出现。（他为设计洛克菲勒中心夜以继日地工作，这是一座如此复杂和"现代"的建筑，以至于无法转换成单件摩天楼装。）

勃发

从1929年开始，在曼哈顿中城的舞台上使得这一切都黯然失色的，是克莱斯勒大厦。

它的建筑师，威廉·凡·艾伦（William Van Alen），拒绝了摩天楼装：他的装扮——和他的塔楼一样——是细节的勃发。"整个装扮，包括帽子，是用黑色漆皮掐边的银色金属布制成的；腰带和衬里则是用火焰色的丝绸做的，披肩、绑腿和袖口用的是具柔韧性的木材，来自世界各地（印度、澳大利亚、菲律宾群岛、南美、非洲、洪都拉斯和北美），这些木材有柚木、菲律宾桃花心木、美国核桃树、非洲紫葳木、南美紫葳木、胡亚木（Huya）和山杨、枫树和乌木、花边木和澳洲银橡。'柔木'，一种有织物衬底的薄木墙壁贴面材料，使得制作这件衣装成为可能。它被设计来代表克莱斯勒大厦：准确摹写这幢建筑的顶部而成的头饰体现了建筑构图上的显著特色；大楼水平和竖直的线条则用衣服前面和袖子周遭环绕的上好皮条带来表示；披肩体现了第一层电梯门的设计，它使用的是与电梯门同样的木材，披肩前面则是建筑上部楼层电梯门的复制；肩饰是在建筑 61 层退台上出现的鹰头……" [38]

这个夜晚是凡·艾伦的天鹅之歌，一次险胜。在这舞台上尚未彰显的，但在 34 街的网格上已无可否认的，是已经主宰了曼哈顿天际线的帝国大厦，将克莱斯勒比下了（1250 － 1046 ＝）204 英尺。除了那根每天都会拔高的恣肆的飞艇泊杆，它几乎已经完工了。

女人

建筑，特别是曼哈顿的突变，一直都只是男人们的追求。那些志在苍穹、远离地表和自然的人群中，未曾有女性同行。然而，在舞台上的四十四个男人中间，却有一个孤单单的女人，埃德娜·考恩小姐（Miss Edna Cowan），"水盆女孩"（Basin Girl）。

"新的时代是……女性化的"：埃德娜·考恩小姐扮演"水盆女孩"——从男人们的潜意识里径直出现的幽灵。

她端着一个水盆，那像是她腹部的延展，两个水龙头似乎进而与她的体内交缠。她是从男人们的潜意识里径直出现的幽灵，站在舞台上她象征的是建筑的内脏，或者更确切地说，是人类身体生理功能引发的持久的尴尬，这种生理功能已经证明是抵御高扬的理想和技术升华的。男人们向第n层的疾趋，永远是"深入"（plumbing）与抽象肩并肩的赛跑，像是一个挥之不去的阴影，"深入"总是紧随抽象之后。

比赛

回头望去已经清楚，化装舞会的法则也统治了曼哈顿的建筑。

只有在纽约，建筑才成了时装设计，它们绝不展现重复的室内的实质，只是平滑地掠进了潜意识，完成了它们作为象征的功能。化装舞会是一种正儿八经的聚会，在那里对个性的渴望和极端的独创性并不危害集体的表现，它们实际上是后者的条件之一。

像选美比赛一样，它是极少见的一种形式，集体的胜利可以和激烈的个人竞争相辅相成。纽约的建筑师通过驱动摩天楼引人入胜的竞争，已经将所有人变成了他们的评判团，那是这座城市持久的建筑悬念的秘密。

一个街区的身世：
沃尔多夫—阿斯托里亚旅馆和帝国大厦

妥善规划的生活应该有一个有效的高潮。

——保罗·斯塔雷特《改造天际线》
（Paul Stattett, *Changing the Skyline*）

基地

1811 年专员们所规划定义的 2028 个街区之一，位于中央（第五）大道的西面，33 街和 34 街之间。

在不到 150 年的一个时段，这个街区由原初的自然变成了曼哈顿最具决定性的两座摩天楼——帝国大厦和沃尔多夫—阿斯托里亚旅馆——的发射台，这种转变代表着曼哈顿都市主义的一种阶段性总结，囊括了使得曼哈顿主义坚定不移前行的所有策略、定理、范式和雄心。它过往的

最初的沃尔多夫—阿斯托里亚旅馆：沃尔多夫建于 1893 年，阿斯托里亚（高出的部分）是三年之后加建的——"美国都市文明的显著改变"。

占用者所形成的层次，依然作为一种不可见的考古学在这片街区上存留着，它们已经解体，却不失真切。

1799 年，约翰·汤普森（John Thompson）购得（以2500 美元）20 英亩荒野里的土地——"肥沃、部分是树林，格外适合种植各种作物"——开垦为农庄。他建造了"一座新的方便的住宅，谷仓和几座配房"。[39]

1827 年，经过其他两任业主，这块地以 2 万美元的价钱落入了威廉·B. 阿斯特（William B. Astor）的手中。

阿斯特家族的神话活灵活现："起于寒微之中，约翰·雅各布·阿斯特（John Jacob Astor，威廉·B. 阿斯特的父亲）[40]奋发向上，将他的家庭推到了财富、影响、权力和显赫社会地位的巅峰……"

当威廉·B. 阿斯特在新的地产上建造第一座阿斯特府邸时，神话与街区相会了。尽管只有五层楼高，它是步入上流社会的纪念碑，"确立了在这著名基地上的恒久声望"。它的出现使得这个街角成了纽约主要的看点之一。

"很多移民视阿斯特府邸为美国同样将许给他们的希望，只要通过工作、激情和决心……"[41]

分裂

威廉·B. 阿斯特死了。

他家族的分支瓜分了这个街区。他们争吵、逐渐疏远，并最终断绝往来。但他们依然共享着这个街区。

19 世纪 80 年代，原来阿斯特大厦占据的 33 街街角现在住进了他的孙子威廉·沃尔多夫·阿斯特，另一个第五大道的街角安置了几乎一模一样的住宅，住着他的堂兄弟雅各布·阿斯特。隔着一座有墙的花园，堂兄弟们互不搭理，这个街区的神髓就是分裂。

1890 年将至，威廉·沃尔多夫·阿斯特决定去英格兰，新的命运等待着他的半个街区。

气质

整个 19 世纪，阿斯特府邸的气质吸引了一堆相似的住宅，这个街区已经成了曼哈顿中心抢手的地段，对于纽约的上流社会而言，著名的阿斯特舞厅是他们的"震中"。

但现在阿斯特和他的谋士们感到"社会阶层将会发生一种异乎寻常的发展——不管是在东部还是西部，富人们已经像雨后的蘑菇一般冒出来——加快的节奏将会影响这个城市的生活……90 年代开启着一个崭新的时代"。[42]

只是通过一个举措，他既凭借旧日名声，又利用迫在眉睫的新时代：住宅将为一幢旅馆所取代，但是在阿斯特的指示下，这旅馆依然是"一幢住宅……以人力所及，显而易见的典型旅馆特点尽可能少"，所以，它依然保存着阿斯特的气质。

对阿斯特而言，摧毁一幢建构并不排除保存它的精神，他的沃尔多夫旅馆在建筑中注入了重生的概念。

在找到一位营运他新式"住宅"的经理——乔治·博尔特（George Boldt），"一个可以凭一张旅馆的蓝图预见到在前门人们蜂拥而来情景的人"——之后，阿斯特终于动身去了英格兰。关于旅馆的进一步建议，通过莫尔斯电码传达。20世纪正在到来。

孪生子

13层的沃尔多夫旅馆刚刚竣工，博尔特就把目光投向了街区的另一半。他知道，他只有把两部分联合起来，这个地段和基址的潜力才能充分实现。

经过数年的协商，他说服了雅各布·阿斯特出售他的产业。现在阿斯托里亚，沃尔多夫难产的孪生兄弟，可以建造了。（博尔特已经暗地里预先修正了第五大道方向的斜坡，"使得沃尔多夫的主层足够高，恰好和34街的铺地一样平……这意味着合在一起的旅馆的地面层绝对在同一个平面上"。）

1896年，沃尔多夫开张三年之后，16层的阿斯托里亚也落成了，它地面层的主要特色是孔雀巷（Peacock Alley），一条室内的长逾300英尺的拱廊和34街平行，由一条室内的马车道通往第五大道上的玫瑰厅（Rose

Room）。

在地面层，两个连接起来的旅馆共享穿透分隔墙的设施：两层高的棕榈厅（Palm Room）、一条孔雀巷、厨房。在第二层和第三层是舞厅——著名的阿斯特舞厅的普及放大版——以及阿斯特廊（Astor Gallery），"巴黎历史悠久的索碧（Soubise）舞厅的几乎一模一样的复制"。

从阿斯特府邸——名副其实，或者只是名义上移植的这些，显示着沃尔多夫—阿斯托里亚旅馆的筹划者们的构思，为一幢神宅，住满它前驱者的幽魂。建造这么一幢为其本身和别的建筑的陈迹所萦绕的房子：这是曼哈顿主义者生产历史、"时代"和声望的仿制品的策略。在曼哈顿，新颖和革命总是呈现在亲切熟悉的虚假光辉之中。

战役

正如威廉·沃尔多夫·阿斯特意欲的那样，"（联合的旅馆）恰逢其时地到来，看上去标志着美国都市文明的显著改变"。尽管重申了它的形象，新旅馆的程序却将其卷入了一场改变和摆布新的大都会社会模式的战役，通过提供服务无形中侵袭了个体家庭的领地，以致质疑这种家庭存在的理由。

对那些在自己公寓里没有空间的人，沃尔多夫—阿斯托里亚旅馆提供娱乐和社交功能的现代化设施场所，对那

（左）化旧为新的沃尔多夫—阿斯托里亚旅馆，"劳埃德·摩根（Llyod Morgan）绘制"。

（右）"如今——帝国大厦，一座办公楼，理所当然地站在了这块基地上"；最终的摩天楼被描绘成这块街区的所有前任使用者的总结（广告）。

些为自己家宅所拖累的人，无微不至的服务使得他们的精力从经营小私人宫殿的琐务之中摆脱出来。

日复一日，沃尔多夫将社会从它的隐蔽场所里拖出来，拖进了一个巨大的集体沙龙里，事实上，它是在展示和介绍新的都市风尚（比如妇女独自——并显然得体地——在公众场合吸烟）。

在几年之内沃尔多夫旅馆就成为"受欢迎的场所，有着极其多样的音乐会、舞蹈、晚餐聚会和戏剧演出"，此时它可以宣称自己是曼哈顿的社交重心了，"一个极尽都会生活奢华，设计来为纽约都市区富裕居民服务的半公共机构"。

街区大获成功：在20世纪沃尔多夫—阿斯托里亚旅馆成了约定俗成的纽约之宫。

死亡

但是两种平行的趋势宣布了这座旅馆的死亡，或者至少是它躯壳存在的终结。

沃尔多夫已经激发了一种自相矛盾的诀别传统（[tradition of the last word] 在物质享受、后台技术、装饰、娱乐、都市生活样式等方面），为了保存自己，就必须先自我摧毁，不停地脱胎换骨。任何将自己绑在一个基地上的建筑容器，或早或晚，都会枯竭成一组过时的技术和气氛装置，这倒防止了轻易地倒向变化，它成了传统之所以存在的理由。

自信地存在快二十年之后，双子旅馆突然被诊断出——商业直觉和公众意见一致同意——"旧"了，不再适合容纳真正的现代性。

1924 年博尔特和他的合作伙伴，卢修斯·布默（Lucius Boomer）提议逐步"重建沃尔多夫—阿斯托里亚旅馆，使它大幅度地现代起来"。在阿斯特庭院（Astor Court）——将旅馆和街区的其他业主分离开来的缝隙——上空，建筑师设计了"一个玻璃和钢铁的穹顶……在整个纽约创造了最壮观的拱廊街之一"。[43] 舞厅比它的原尺寸扩大了两倍。

最终的良方是为双子旅馆的陈旧部分做整容手术，这样沃尔多夫就可以和阿斯托里亚等高了。但是每一项提议都是增加一个理据把旅馆推近它的死期。

解放

沃尔多夫—阿斯托里亚旅馆真正的问题在于它不是一座摩天楼。

旅馆的成功越是提高街区的价值，一座有着决定性的建构的实现就越迫在眉睫：它是威廉·沃尔多夫·阿斯特定义沃尔多夫概念的一个新化身——保存了私人府邸气氛的巨大"住宅"———一座在区划法允许范围内获取金融丰收的摩天楼。

在图里，街区如今由两个同样虚无飘渺的用户竞争：第一个是终极的摩天楼，它奋力向上，几乎要超出人的控制，朝着充分地利用 1916 年模式的方向前行；第二个则是沃尔多夫概念的再次化身。

第一幅图景被描绘为一系列使用的高潮——从原初的自然到汤普森的农场，到阿斯特的府邸，到沃尔多夫—阿斯托里亚旅馆，到最终的帝国大厦。它暗示着曼哈顿都市主义的模式现在已经成了一种建筑的同类相食：通过吞噬它的前驱者，最终的建筑积攒了基地所有前任使用者的精神和力量，并且以它自己的方式，保存了它们的记忆。

第二幅图景，揭示了沃尔多夫的精神将再一次地逃过物理性的毁弃，在网格的另一个地点上凯旋。

帝国大厦是纯粹的、毫无思想进程的曼哈顿主义的最后宣言，潜意识的曼哈顿的高潮所在。

沃尔多夫则是显意识的曼哈顿的第一次充分显现。在其他任何的文化之中，拆除旧的沃尔多夫都将是一种无知的毁弃行为，但是在曼哈顿主义的意识形态之中，它构成了一种双重的解放：基地自由地走向它革命性的归宿，而沃尔多夫的概念也得到了揭示，它被重新设计为一个清晰的拥挤文化范例。

内容

帝国大厦将成为"一座在高度上超越人类以往所有建构的摩天楼，就它单纯的美而言，超越任何已经设计的摩天楼，室内设计上，它满足了最苛刻的租户的最挑剔的要求……"[44]

正如它的建筑师威廉·兰姆（William F. Lamb）所描述的那样，帝国大厦的建筑内容是如此粗放，以至于有些像滑稽短诗："（它）够简略了——有限的预算，任何空间从窗到走廊不超过 28 英尺，要尽可能多的楼层和空间，外表是石灰石，1931 年 5 月要完工，意味着从设计草图开始，只有一年半时间……

"平面的逻辑非常简单。在中央的一定数量的空间里包括竖向交通、卫生间、井道和走廊，安排得尽可能地紧凑；围绕中央的是 28 英尺进深的办公空间，电梯的数目下降时，楼层的面积也减少。实质上，它是一个可出租面积的金字塔形环绕着非出租面积的金字塔形。"[45]

卡车

在规划帝国大厦时，欧洲先锋派正在试验自动写作，一种不为作者的批评机制所阻碍、听命于过程的写作。

帝国大厦是一种自动建筑的形式，集体建造帝国大厦的人们——从会计到管子工——叹为观止地向建筑过程投降了。

除了把抽象的金融变得具体——也就是使它们存在——帝国大厦没有其他任何建筑内容。它的所有建造事件都为无可置疑的自动主义法则所主导。

街区售出以后，有一个梦一般的亵渎仪式，卡车和旅馆的表演。"第一次宣布之后，很快，一辆机动卡车（它是不是没有驾驶员？）驶进了宽阔的大门，这扇大门曾经欢迎过总统和王子们，国家的统治者和社会中的未冕之王、王后。这辆卡车像一个呼啸的入侵者，将它粗大的身躯扎进它一定从没见过的大堂，它在地板上兜着圈子，然后转身呼啸直下'孔雀巷'，那条陈设着金镜子和天鹅绒布幔的骄傲的廊道。"

"沃尔多夫的末日已经到来了。"[46]

锯

1929 年 10 月 1 日，拆除正式开始，第二"幕"上演。这次是两位绅士和一把锯，他们用撬棍移走了檐口处的顶石。

沃尔多夫的拆除被计划成建设的一部分。有用的部件都保留了，诸如电梯的核心部分，现在正向帝国大厦还没建造起的楼层延展："我们从旧的建筑里抢救了四部客梯，

暂时将它们装置在新架构里的某个位置。"[47] 没有任何用
处的部分被卡车一车车地装走，装上驳船。在桑迪胡克
（Sandy Hook）[48] 5 英里之外，沃尔多夫被倒进了大海。

　　肆无忌惮的梦境触发了休眠之中的噩梦：这座建筑的
巨重是否会让它沉入地底？不——"帝国大厦并不是岩床
之上的新负荷，相反，自然置于此的怠惰土石被挖走了，
人在这儿放下了一种以建筑形式存在的有用负荷。"

规划梦境

　　按照自动主义的逻辑，工地上的工人可以说是消极的，
他们的出现甚至不过是些点缀。

　　帝国大厦，按建筑师施里夫（Shreve）说的，就像
装配线一样，是将同样的材料，按照同样的关系装了又
装……

　　"规划是如此完满，进度完成如此精确，工人们都很
少需要出去询问下一步该做什么。就像变戏法一样，他们
的供给出现在胳膊肘旁……"

　　既然帝国大厦的底盘占据了整个基地，所有新的供给
在建筑内部消散，现在这座建筑看上去就像吞噬着源源不
断、分秒不差恒常地涌进的材料，犹如自己在建造自己。

　　有一度这座自动建筑的"速率"达到了十天之内建造
14.5 层。

（上）"拉斯科布（Raskob）和史密斯（Smith）先生开始拆除沃尔多夫……"

（左下）"就像变戏法一样，他们的供给出现在胳膊肘旁……"

（右下）"一场妥善规划的梦境……"

　　建筑覆层连接框架："在每一层，当钢框架升高时，就建造一条有道闸和车辆的微型铁路来运载供给。每天早晨都公布一个周详的时间表，每一天的每一分钟，建筑工人们都知道每座电梯上有什么将要运上来，它会运到哪一层，哪一群工人会使用它们。在每一层、每一列小火车的操作员都知道什么将被运上来，又将用于何处。

　　"在下面，在大街上，机动卡车的司机们按类似的时间表作业，每天的每个小时，他们都知道他们运到帝国大厦的是钢梁还是砖头，窗框还是石块。从一个陌生地方起程时，穿过拥挤交通和抵达工地的准确时间都已经计算好了，计划精确，完成及时。卡车不磨蹭，起重机和电梯不懈怠，工人们不磨洋工。

　　"以完美的团队合作，帝国大厦建成了。"

　　完全是过程的产物，帝国大厦没有内容，这座建筑只是一个外壳。

　　"表皮即是一切，或者几乎一切。帝国大厦质朴的美将熠熠闪光，让我们的儿孙惊叹。这种外表来自铬镍钢的使用，一种永不生锈和黯淡的新合金。

　　"深度退缩的窗户常常造成走形的阴影，损害了线条单纯之美，在帝国大厦之中，通过将薄金属窗框与外墙齐平避免了这个问题。因此，即使是阴影也无法破坏塔楼高拔的身姿了……"

建筑完工之后，所有参与者都如梦初醒，他们仰望着这座建筑，不可思议地，它并没有消失。

"帝国大厦看上去像是要飞腾起来，像纽约上空一座有魔力的仙国之塔。如此高拔，如此宁静，如此神奇地单纯，如此灿烂地绚美，它出乎人们的想象，人们看着它就像是回顾一场妥善规划的梦境。"[49]

但是，确乎是它自动建筑梦一般的品质，防止了它成为高等文化征服自体纪念碑的又一个事例。

它曾是，现在也是，名副其实地毫无思想。

它的底层全部是电梯，在电梯井之间没有隐喻的空间。

上层楼面则全是商业用途，为8万人所准备。或许一个生意人会被它的壮丽所困惑，秘书们凝视的则是人类从未见过的景观。

飞艇

只有顶层才是象征主义所在。

"86层是瞭望塔，16层的延展，形状像是一个倒扣的试管，巨大的角柱石将它撑起……"[50]

它同时也是一根系飞艇的桅杆，由此，它解决了曼哈顿的自我矛盾的处境，它不再是搁浅在大陆上的灯塔的城市。

只有飞艇，才能在曼哈顿针尖的丛林间选择它喜爱的

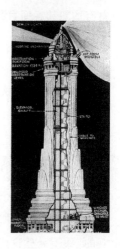

（上）命运的邂逅：飞艇遇到了它大都会的灯塔。
（下）帝国大厦：飞艇泊杆的细节。

港口，它的的确确在那儿停泊，使得这个隐喻再一次名副其实。

错置

与此同时，在它短暂的错置之中，沃尔多夫旅馆的概念继续以它原来的名字存在着，它的最后一位管理者卢修斯·布默现在成了它的主人。现在，该由他来改造诀别传统，来规划和设计沃尔多夫的新生了，它现在是第一座为社交活动所征服的摩天楼。

在超过一个世纪的时间里，曼哈顿的前卫生活方式徜徉于各种时髦之间，寻找它理想的下榻之地。"起初，对富有的纽约客而言独立私人住宅是唯一的住处；然后便有了著名的褐石屋（brownstone）[51]，它有时是'两家人'住的；这以后，套房（flat）的年代到来了，套房在社会范围内增长，成了'公寓'（apartment）。[52] 然后，因为它们经济上或真或假的优势，互助公寓（cooperative apartments）[53] 兴起了，再以后则是复式住宅（Duplex apartments）的走俏，这种住宅有着供娱乐用的大房间，以及许多以前闻所未闻的设施……"[54]

所有这些不同阶段的探索呼应于单个住宅单元的更可观的累积，不管这些单元如何组合，它们都没有失去自己的独立性。然而，在 30 年代早期当拥挤文化上升至顶点的时候，一种最终的回归迫在眉睫了。

　　旅馆的模式经历了一次概念上的翻天覆地，注入其中的新实验的抱负创造出了曼哈顿决定性的居住单元，"住家旅馆"（Residential Hotel）——在此，居住者们是他们自己家的客人，这种设施使得他们解脱出来，全心全意地参与到大都市生活的仪式中。

　　到 30 年代早期为止，过去曾经是日常的生活已经改善到了一个独特的境地，复杂而戏剧化。展开这种生活需要经意的机械和装饰系统的协助，这种系统的不经济在于，装饰、空间、人力、小配件和人工物品的高峰使用只是偶发性的，而它们的闲置又有损于最佳的私密体验。

　　不仅如此，由于时尚——变化是进步的指针——的压力，这种基础结构永远都有过时的危险，这就不可避免地导致逐渐增长的对于置办产业的厌烦。

　　"住家旅馆"超越了这种两难，它们将个别住家的公共和私有功能分离，然后，将它们各自合乎逻辑的结论置于超级住宅的不同部分中去。

　　在这样的旅馆之中，"主顾，不管永久的还是暂时的，对他们有用的不止是超现代的旅馆里的寻常生活设施，而且旅馆的服务还可以轻易地扩展和补充他们自己的生活世界，为他们朋友偶尔的娱乐提供可观的方便……"[55]

公社

如此的一个居住单元分明是一个公社。

它的居民将他们的投资聚集起来，为"现代生活方法"资助了一个集体的基础设施。

只有作为一个公社，他们才能负担得起维系昂贵而耗力的诀别传统的机制。

以同样的逻辑，这个旅馆也成了没有自己地盘的俱乐部和组织们共享的总部。没了后顾之忧，他们便可以以最小的花费、最壮的声势，定期地重组自己。

随着住家旅馆的发展，1916 年区划法意涵的隐喻终于和室内设计的内容发生了冲突：摩天楼是一座单独的超级村落，而 1916 年魅影般的建筑外廓却可能成为一个单独的都市住家。

问题

"规划的一个问题确乎是关于沃尔多夫—阿斯托里亚旅馆，它们兼并了……一座车马如龙的旅馆，一座公寓住宅，一座巨大的舞厅和娱乐设置，一个（纽约中央铁路之外的）私人铁路车辆的车库。一个人所能想象的各种展览室和各种东西，整个高达 40 层……

"建筑师的任务是规划一座古往今来最大的旅馆，一座设计来可以同时兼顾多种功能的建构，令那些没有被邀请去参加某些聚会的住客们完全意识不到在他们鼻子底下发生的事情……" [56]

它的基地并不真正存在：整个旅馆建在嵌于铁路轨道之间的钢铁柱子上，在公园大道和莱克星顿大道，49 街和50 街之间，它占据了 200×600 英尺的一整个街区；它的外形紧凑地追随着费里斯的建筑外廓，不过它有两个塔尖，不是一个，使人回想起 34 街的两座阿斯特府邸，它的缘起。

低的楼层包含三层娱乐和公共设施，每层都和街区等大并进一步划分成圆圈、椭圆、矩形和正方形：没有水的罗马浴场。

旅馆的客人们住在处于通高一半的凸出部的最下四层，通过街区中间的私人隧道，可以到达住着永久住客的沃尔多夫塔楼里面。

孤寂

对于曼哈顿的现代威尼斯概念，沃尔多夫旅馆最低的三层构成了迄今最汪洋恣肆的宣言。

即令所有的空间都很容易去往，它们却并不是全然公共的；它们组成了一个戏剧性的"会客室"序列——一个为沃尔多夫旅馆的房客们准备的室内，它欢迎参观者，但却把一般大众排除在外。这些会客室构成一个庞然的私人

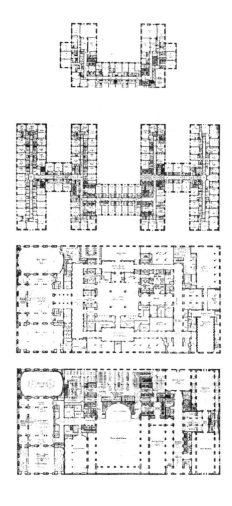

新的沃尔多夫—阿斯托里亚旅馆，沃尔多夫塔楼的典型楼层平面，典型旅馆部楼层平面，第一层和地面层平面。

领地，它们一同造就了曼哈顿的威尼斯孤寂状况系统。

第一层，也就是至尊（Piano Nobile）[57] 层，是一个走道的迷宫（"因为真的，走道不该有尽头"）[58] 通往瑟特厅（Sert Room）——纽约最具品位的人的至爱……装饰着堂·吉诃德故事场景的壁画——诺斯烧烤屋（Norse Grill）——"一个乡野的斯堪的纳维亚空间，它的壁画画着大纽约地区的所有体育活动的场所"[59]——帝国厅（Empire Room）、翡翠厅（Jade Room）、蓝厅（Blue Room）和玫瑰厅（Rose Room）。

第三层是一系列互相关联的轩敞空间组成的系统，这些空间的高潮是一个本身也是剧场的巨大舞厅。

第一层和第三层之间隔着一层实用设施——厨房、带锁储存柜[60]、办公室。

以一种反映整个建筑平面的格局，16 部客梯和 15 部雇员梯—货梯贯穿所有楼层。（其中一部——20×8 英尺——大得足以将一年一度的汽车展上的豪华轿车带进舞厅的中央。）

为了补益像洞穴一样的底层楼面，其他的设施被置于"山体"的峻嶒处，比如 18 层上的星光屋顶，它突然使得各元素间的联系活络起来了。"整个天花板可以用机械装置卷起来……热带风情的背景装饰、植物、花卉、粉红色火烈鸟暗示着热带的佛罗里达……"[61]

历史

从旧的沃尔多夫移植来的孔雀巷和重演各种大名的命名，加强了新沃尔多夫重生的主题，这些命名并将旧旅馆积累的记忆和联想转移到新建筑上来。因此，新沃尔多夫的一部分在它们刚刚建好时就已经有名了。

除了仅仅是"历史"的名称，在拆除 34 街旅馆时保留下来的实际残片和纪念物也安置在新的"山岭"之中，进一步保证了旧有气氛的流传。更多的"历史"是室内装饰师在世界各地买来的，他们将他们的战利品安置在新建筑各处的适当位置：欧洲的分裂为组装曼哈顿的室内提供了足够的材料。

"在沃尔多夫—阿斯托里亚旅馆规划的早期阶段，适值英国的巴斯尔顿公园（Basildon Park）即将被拆除……布默先生到访过一次之后，谈判开始了，结果是买下了精心绘制和装饰的沙龙间。"它被在舞厅那层重新装配起来。

相似的移植——它们导致了大西洋上遭拆除碎片的繁忙搬运——被嵌入塔楼，"楼层间变换着改良的法国和英国式样的装饰，而露台套间则装修成现代式样……"[62]

触角

沃尔多夫并不存在的基地，迫使它的设计师们重新思考许多旅馆规划的常规问题。

　　既然铁路部门不情愿放弃它的一部分轨道，旅馆便没有一个地下层，那是厨房洗衣房这样一些服务设施的传统所在。如此，这些设施只有化整为零，分散在建筑的各处，以最优化的位置服务最大的范围。

　　沃尔多夫没有一个厨房，相反它有一个厨房系统。主厨房在第2层，"章鱼触角一样的服务餐室（service pantry）向四面八方延展，与所有房间和第3、第4层上的私人餐室都发生联系。"在第19层的住宅部分，是一个"家庭厨房"（Home Kitchen），所有厨师都是女人。"假设你想要一顿你自己口味的饭？你思念的可能不是异国情调的法国大餐，而是你家乡的火腿煎蛋，佛蒙特蛋糕和枫树糖浆……由此我在华尔道夫中加入一个家庭厨房。有时候我们都会馋家常菜，所以，假设你醒来之后饿得想吃鸡肉馄饨或是樱桃馅饼，就打电话给这个'美国厨房'……"[63]

　　房间服务的概念也被升级了，为那些情愿留在塔楼里而不是下到会客层的客人们着想，房间服务改造成了一种超越性的服务，每个客人足不出户，就可以选择是做乡下人还是做都会中人。

　　所有这些服务都由电话调配操控，电话成了建筑的延伸。"电话通话的容量，以及电话提供给沃尔多夫客人们

的特殊服务所需要的装备，这些应该可以满足超过 5 万人口的城市的需要……" [64]

这些革命性的编排和设施，"可以照料繁多的私人或公共功能——舞会、宴会、展览、音乐会、剧院演出——所有这些都在自成天地的空间中，包括大厅、剧院、餐馆、衣帽间、舞池，等等。"通过这些编排和设施，沃尔多夫—阿斯托里亚旅馆成了今天我们看到的"社交和市民中心……" [65] 曼哈顿的第一座摩天楼住宅（Skyscraper House）。

电影

在 30 年代——当第二幢沃尔多夫旅馆建成的时候——"旅馆"成了好莱坞的至爱。

某种意义上，旅馆免除了剧作家创作情节的压力。

一座旅馆就是一个情节——一个神经机械学的世界，对于那些在别的地方都本将素昧平生的人们，这个世界自己的法规产生出了随机偶然的碰撞，它提供了切过人群的丰饶剖面，社会等级间纷繁质地的界面，彼此龃龉的举止的喜剧，以及惯常操作的中立背景，这一切使得每个事件栩栩如生。

有了沃尔多夫，旅馆自身变成了一部电影，访客们是它的明星，友情客串的旅馆职员是一支不易察觉的身着燕

新的沃尔多夫—阿斯托里亚旅馆轴测剖面。

尾服的歌队。

在旅馆的一个房间下榻以后，一个访客便购得了通往一部不停扩展的剧本的门径，获得了权利使用所有布景并利用编排好的机遇与其他"明星"们互动。

这部电影在旋转门——无限偶合的惊讶的象征——那里开始，然后，底层楼面更晦暗的退缩部促成了情节的分支——通过一幕电梯的情景——它们最终在建筑上层得以圆满。唯有街区的领地，才框定了所有故事的语境，使故事获得了连贯性。

史诗

剧组人员一同演出了一场抽象的史诗：机遇，解放，加速。

一个（社会学的）情节分支，描绘了在旅馆中停留一晚成了一个野心家向上爬的捷径。"我将我的生活积蓄投资于下榻沃尔多夫，我竭尽所能与金融和商业巨子摩肩接踵……这是我一生中最棒的投资。"后来成为大亨的福布斯这样说。[66]

在这错综复杂的剧情的另一部分，由于旅馆接管了所有恼人的家务活责任，女客们得以自由地追寻自己的前途，这么一来，她们加速的解放，使得突然间被"超级奔放的生灵"簇拥着的男人们惶惑了。"她们的眼睛越蓝，她们越了解爱因斯坦的理论，你可以由一根攀缘的藤蔓（clinging vine）[67]，得到柴油机的内情……"[68]

在一个更为浪漫的故事里，邻家男孩成了楼上的男人，他的膝上舞蹈（lap dance）[69]是摩天楼通讯必不可缺的媒介——由足尖演绎的心灵的莫尔斯电码。

奶牛

到 1800 年为止，在第一座沃尔多夫的基地上放牧的都是真正的奶牛。

一百年之后，大众需求的压力在奶牛的概念里面加进了一种技术维度，在康尼岛上产生出了"不竭奶牛"：僵硬，没有生气，但是它牛奶生产的源源不绝却非常有效。

又是三十五年之后，在这旅馆的最雄心勃勃的一个情节中，华尔道夫见证了奶牛概念最终的（再次）浮现。八卦专栏作家埃尔莎·马克斯韦尔（Elsa Maxwell）——她自称为"旅馆的朝圣者"——自从沃尔多夫开放以来就住在那里，为了促进她的社会联络，她在旅馆某处组织了一个年度聚会。因为她喜欢考验管理者，她让每一个活动的主题都尽可能地与现有的室内不相符合。事实上，"过了一阵，无谓地、疯狂地致力于搞垮威利领班（Captain Willy，他是华尔道夫晚宴部的总管）已经成了我持续的、愈演愈烈的出格化装舞会的唯一理由……"

1935 年，她喜欢的星空屋顶已经被预订了，而只有
翡翠厅——它肃穆的现代室内使她联想起卢克索附近的卡
纳克神庙[70]——还空着，马克斯韦尔发现她提出无法满足
的要求的时机到了。

"威利领班，在这间翡翠厅里，我将举办一个农庄派
对，一场谷仓舞会。

"我打算弄些有真苹果的苹果树，即使苹果得一个个
挂上去。我打算用干草堆覆盖巨大的吊灯。我打算横贯天
花板拴上晾衣绳子，这样就可以挂上家里洗的衣服。我打
算有一个啤酒井。我打算弄些畜厩，有羊，真的牛、驴子、
鹅、小鸡和猪，还有一个乡村乐队……

"'好的，马克斯韦尔小姐，'威利领班回答说，'一定
办到。'

"这出乎我意料之外，我脱口而出，'不可思议，你打
算怎么将这些活的动物运到沃尔多夫的第三层上来？'

"'我们可以给动物们穿上毛毡鞋。'威利领班确定地
说。他是一位穿着燕尾服的摩菲斯特[71]……"[72]

马克斯韦尔派对的重头戏是"酩悦奶牛莫莉"（Molly
the Moët Cow），一头奶牛，在它的一侧流出香槟，另一
侧流出威士忌和苏打水。

马克斯韦尔的农场完成了一个循环：旅馆极其完善的
基础结构，它的建筑独创性，它累积起的技术，这三者一

同保证了，在曼哈顿，最新的即是最初的，但它只是众多
最新型的其中之一。

像沃尔多夫这样的神之宅不仅仅是一个长长谱系的终
结产品，更有甚者，它是这谱系的总和——在单一处所上，
同一时刻——所有"失落"了的舞台的同时存在。有必要
将这些早期的宣言予以摧毁以保存它们，在曼哈顿的拥挤
文化里，摧毁是保存的另一说法。

确定无疑的波动性：下城健身俱乐部

我们在纽约庆贺黑云摧城的物质主义。

我们是具体的。

我们有一副身板。

我们有性。

我们是地道的男性。

我们对物质、能量、运动和改变顶礼膜拜。

——本杰明·德·卡塞雷斯《纽约之镜》

神化

下城健身俱乐部位于哈得孙河的河畔，靠近贝特里公园，曼哈顿的南端。它占据了一个"沿华盛顿街 77 英尺宽，到了西街（West Street）变成 78 英尺 8 英寸宽，两街之间 179 英尺 $1\frac{1}{4}$ 英寸进深……"[73] 的基地。

这座 38 层的大楼高达 534 英尺，建于 1931 年。玻璃和砖形成的巨大抽象图案，使得它的外表深不可测，也很难和四周传统式样的摩天楼区别开来。

这种平静背后是对于摩天楼作为拥挤文化工具的礼赞。

俱乐部代表着摩天楼被社会活动地——逐层地——完全征服。有了下城健身俱乐部，美国式样的生活、技能和倡议，就确定无疑地超越了 20 世纪欧洲先锋派一直在鼓吹的，但甚至都没有试图去推行的各种理论上的生活样式的改变。

在下城健身俱乐部之中，摩天楼被用作了一种构成主义者的社会凝聚器：一部产生并强化人类需要的交往形式的机器。

疆域

在区区 22 年内，1909 年定理的臆测就在下城健身俱乐部成了现实：它是一系列 38 个互相叠加的平台，每一个都或多或少地重复基地最初的面积，它们由一组 13 部的电梯连接，这些电梯同时组成了这结构的北墙。

俱乐部以一个超级精致的文明的改良程序直面华尔街的金融丛林，在这程序中有一整套的设施——它们都煞有介事地和体育有关——修复人类的身体。

底下的楼层都包容着相对传统的体育活动：壁球和手

（上）1931 年建造的下城健身俱乐部（建筑师斯塔雷特 [Starrett] 和凡·弗莱克 [Van Vleck]；助理建筑师邓肯·亨特 [Duncan Hunter]）。成功的建筑脑白质切断术使得这个摩天楼的神化成为可能，它是革命性的大都会文化的利器，和周遭的塔群几乎没有什么区别。

（下）下城健身俱乐部基地平面：一个小方块重复了 38 遍。

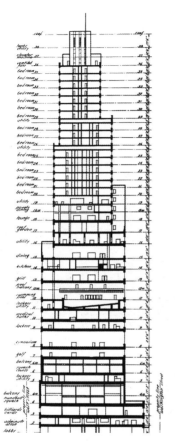

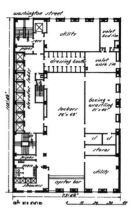

（左）下城健身俱乐部，剖面。

（右）下城健身俱乐部，第 9 层平面："戴着拳击手套吃着牡蛎，裸体，在第 n 层……"

球场、游泳池，等等，所有这些都夹在更衣室当中。然而，这以后沿建筑的上部逐层攀升——它意味着趋近一种理论上的"巅峰"的状态——则通向了人类从未涉足的领域。

自第 9 层的电梯跨出，来访者发现自己身处一个黑暗的前厅之中，它直接通向一个占据着日光照射不到的平台中心的更衣室。然后脱下衣服，戴上拳击手套，走进一个邻近的空间，那里设置着一大堆的拳击沙袋（偶然甚至会遭遇一个真人对手）。

在南侧，同样的更衣室还拥有一个牡蛎酒吧，这个酒吧可以俯瞰哈得孙河。

戴着拳击手套吃着牡蛎，裸体，在第 n 层——这便是第 9 层的"情节"，或者说，一个正在行动中的 20 世纪。

进一步地上升，第 10 层奉献给了预防医学（preventive medicine）。

一间华丽的化妆室一侧，一系列摆布身体的装置围绕着一间土耳其浴室：按摩和搓澡部，一个八张床的人工日光浴台，一个十张床的休息区域；在南侧，六个理发师琢磨着神秘的阳刚气质之美，以及如何将它烘托出来。

这一层的西南角的医学特质才是最清楚不过的：一种可以同时照料五个病人的设施。一位医生在这里照看"灌肠"（colonic irrigation）[74] 的进程：它将合成的细菌培养液注入人的肠道，使男人变年轻的办法就是改善他的新陈代谢。

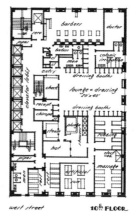

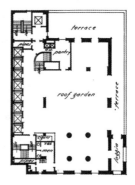

（左上）下城健身俱乐部，第12层，夜间的游泳池。

（左下）下城健身俱乐部，第7层，室内高尔夫球场。

（右上）下城健身俱乐部，第10层平面。

（右下）下城健身俱乐部，第17层平面，室内屋顶花园和大都会的游廊。

这最后一步为连串的机械，对人本性的干预写下了截然的定论，这种干预肇始于那些明显很幼稚的观光项目，就像康尼岛上的"爱筒"那样。

在第 12 层上，一个游泳池占据了整个四方形的楼面：电梯几乎直接通向水中，在夜里，照亮游泳池的只有它的水下照明系统，以至满池的水以及水中狂乱的游泳者们，看上去就像是飘浮在空间之中，悬挂在华尔街塔楼熠熠闪烁的灯火和哈得孙河中反射出的星光之间。

在所有楼层中间，室内高尔夫球场——在第 7 层上——是最极端的尝试：它是"英国式"风景的移植，小山和谷地，一条窄河蜿曲着流过四边形中，绿草、树、一座桥，一切都是真的，它们就像剥制动物标本那样，不过是字面上实现 1909 年的定理所宣喻的"高迈的草坪"。室内高尔夫球场同时抹除和保存：已经被大都会根除的自然如今在摩天楼的内部东山再起，它现在只是摩天楼无限层级的一层，一种延续和更新大都会种族（Metropolitanite）靡费性生存的机械装置。

摩天楼已经将自然（Nature）转化成了一种超级自然（Super-Nature）。

从第 1 层到第 12 层，在下城健身俱乐部内的上升，对应着每层平面所提供的"程序"逐渐增长的微妙之处和非常规性。再往上的五层安排给用餐、休憩和社交，"它们包括餐厅——有各式各样的私人设施——厨房、休息室，甚至一间图书馆。在下层卖力流汗之后，运动员们——对男人们而言是清教徒式的享乐主义者——终于到了可以面对异性——女人——的时刻，在第17层屋顶花园一个小的长方形舞池上。

从第20层到第35层，俱乐部只有卧室。

"平面至关重要，因为楼面上展开的是人类住户的所有活动"[75]，那正是雷蒙德·胡德——纽约建筑师中最具理论家风范者——如何定义曼哈顿的功能主义的、密度和拥挤的要求和机遇扭曲了这种功能主义。

在下城健身俱乐部中每个"平面"都是这种活动的抽象布局，它在每个合成的平面上描述了一种不同的"表演"，这表演只是大都会更浩瀚的奇观之海的一滴。

在一种抽象的舞蹈程序中，运动员们在建筑的38种"情节"之间上下穿梭——穿梭的顺序全然是随意的，只有电梯司机可以解决——每一种情节都为男人们的自我重新设计提供了一种技术—心理的装置。

这样的建筑本身便是"规划"生活的一种无厘头形式：它异想天开地将这些活动并置之后，俱乐部的每一层楼面都分别成了一种永不可测的密谋装置，它们礼赞着，彻底投入了大都会生活中确定无疑的波动性。

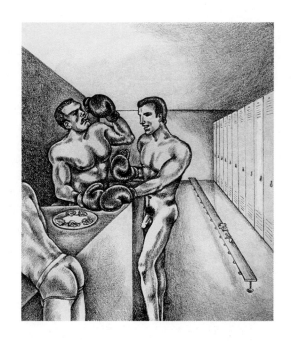

给大都会单身汉们的机器……

哺育器

头 12 层只有男宾可入，下城健身俱乐部看上去就像一个摩天楼尺寸的更衣室，如此，它是那些——精神和肉欲兼备的——形而上学的断然宣言，这些宣言保护着美国男性免受成人世界的侵蚀。但是事实上，俱乐部已经到了如此的境界，"巅峰"状态的概念超越了身体领域成为大脑的思考活动。

它不是一间更衣室，而是一个成人的哺育器，这种仪器允许不耐烦等待自然演进结果的成员，通过洗心革面——这一次依据的是他们自己的设计——达到新的成熟境界。

诸如俱乐部这样的摩天楼是反自然的堡垒，它宣布了人类将分裂为两个部落：其一，是大都会种族——它们名副其实是自我制造出来的——充分利用了现代性装置的潜力而臻于独特的完美境地；另一种将只是传统人类种族的遗存。

经过更衣室洗礼的人们，只需为这种集体的自我陶醉付出一种代价：繁殖力。他们自我诱发的变异无法代代相传。

大都会的魔力止于基因，是它们守住了自然最后的壁垒。[76]

　　俱乐部的经营广告宣称"心旷神怡的海风，居高临下的景观，20个楼层专属会员们居住，令下城健身俱乐部成为男人们的理想家园，无牵无挂，尽享登峰造极的奢华生活"。[77]他们坦诚地揭示着，对于真正的都会人而言，单身是最理想的状态。

　　下城健身俱乐部是大都会单身汉们的机器，他们终极的"巅峰"处境，使那些有繁育力的新娘不可企及。

　　在他们狂热的自我再造之中，男人们正由"水盆女孩"的幽灵那里集体"飞腾"。

· ·

完美能有多完美：洛克菲勒中心的诞生

当见证了完美可以有多完美的时候，我变得如此多愁善感……

——弗雷德·阿斯泰尔《大礼帽》
（Fred Astaire, *Top Hat*）

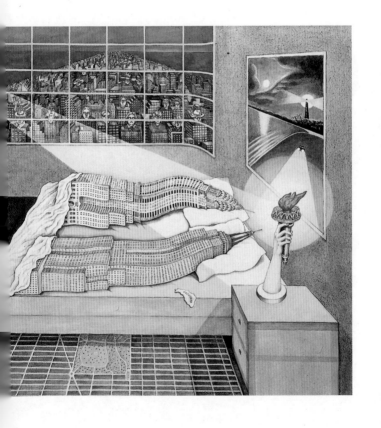

马德隆·弗里森多普《捉奸在床》(*Flagrant délit*)

雷蒙德·胡德的禀赋

建筑是为人类活动制造充足庇护所的营生。

我喜好的形式是球体。

对第一等智慧的考验，是它将两种对立想法在心中笼络一处，而不失其功能的能力。

——斯考特·菲茨杰拉德《崩溃》

（F. Scott Fitzgerald, *The Crack-Up* ）

代表

曼哈顿是可以搁置互不相容的天壤之别立场的都市主义教条；为了在网格的现实中建立起它的定理，它需要一位人类的代表，只有他才能同时构思出如上所述的两种立场，而不在他的心理上出现不能忍受的紧张。

这个代表就是雷蒙德·胡德。[1]

雷蒙德·胡德。

一个富有的浸信会家庭的儿子，胡德于1881年生于罗德岛（Rhode Island）州的波塔基特（Pawtucket），他的父亲是一个盒子生产商。胡德毕业于布朗大学，然后又读了麻省理工学院建筑学院。他在波士顿的建筑公司工作，但却想去巴黎美术学院上学。1904年，他因为缺乏绘画能力而被拒之门外。

1905年，他被录取了。在动身去巴黎之前，他关照他公司的同事说，有一天他将成为"纽约最伟大的建筑师"。

胡德身量不高，他的头发从脑勺上以可观的九十度角直冲头顶，法国人叫他"le petit Raymond"（小小胡德）。

身为一个浸信会信徒，他一开始拒绝进巴黎圣母院，朋友们劝说他喝了他的第一杯葡萄酒，然后他就进了这座教堂。

1911年他在巴黎美术学院的毕业设计是为波塔基特设计一座市政厅。这是他的第一座摩天楼：一幢胖胖的塔楼，用一根怯生生的脚柱单薄地固定在地面上。

他在欧洲旅行——"壮游"（Grand Tour）[2]——然后回到了纽约。

巴黎"代表着思索的时光"，他写道，"在纽约一个人太容易沉溺在习惯性的工作里，而不去考虑将来要做的那一部分工作。"[3]

曼哈顿：没给意识留下时间。

胡德在西42街7号的一幢褐石屋里开设了自己的事务所。在那儿他只是白白地听着"楼梯上脚步的声音"。

他将事务所贴上金壁纸，但是他的钱用光了，只好保持半贴金状态。

一位客户让胡德重新装饰她的卫生间，她预期威尔士王子到访，墙上的一道裂痕可能会使他失望。胡德建议她在裂痕上悬挂一幅画就可以了。

有些稀奇古怪的差事：胡德曾经主管"将八具尸体从一座家族地下墓室移到另一座里去"。

没有工作时胡德也闲不住，他与建筑师朋友埃利·雅克·卡恩（Ely Jacques Kahn，斯奎布大厦［the Squibb Building］）和拉尔夫·沃克（Ralph Walker，华尔街1号）一起"在一堆桌布上留下了软铅笔的痕迹"。

他和他的秘书结了婚。

他的神经系统和大都会的神经系统彼此缠绕上了。

球体 1

在中央大火车站（Grand Central）的大厅里，胡德遇见了他的朋友约翰·米德·豪厄尔斯（John Mead Howells），十名应邀入选芝加哥论坛报大厦设计竞赛的美国建筑师之一，第一名的奖金是5万美元。豪厄尔斯太忙了没法答应，就给胡德机会代他参选。

1922 年 12 月 23 日，他们的 69 号参赛作品，一幢哥特式的摩天楼，获得了头奖。[4] 胡德夫人乘着出租车跑遍了全城，向所有的债主展示了那张支票。

那年胡德 41 岁。

他称月亮是"他的"[5]，并且按照它的球形设计了一幢住宅。

他进一步与摩天楼扯上了瓜葛。

他买了勒·柯布西耶的第一本著作《走向新建筑》[6]，以后的那几本他就只借不买了。

理论

胡德有着一套谨慎的、私人的关于摩天楼的理论，但是他清楚，在曼哈顿，为此声张是不明智的。

在他的愿景中，将来的曼哈顿将是一座塔之城，[7] 对已经存在的一切做微妙修改后的版本，不再是对任意单独地块的一味向上延展。在新的建筑运作里，一个街区内较大些的基地将被拼合在一起，街区内环绕着塔楼的空间将留作空白，这样每座塔楼都可以重新获取它的整体性，以及一定的独立性。这样，真正的摩天楼群可以在网格的框架内精准地缓缓渗入，并逐渐接管整座城市。胡德的塔之城将是一座由独立的、争奇斗艳的尖塔组成的森林，并由网格的规则路径进入：一座实用的月球公园。

金子

芝加哥论坛报大厦建成不久，胡德就得到了他的第一座纽约摩天楼设计——美国散热器大厦（American Radiator Building），坐落在一个面对布赖恩特公园（Bryant Park）的地块上。

在标准的"解决方案"——在区划法的建筑外廓所允许的范围内直接倍增基地——之中一座塔楼的西面将有一面盲墙，因此一座相似的建筑可以紧挨着它而建起来。通过收缩塔楼每层的面积，胡德得以在西立面开窗，这样他便设计了他的塔之城的第一个样本。这种做法自有其实际和经济上的意义，办公空间的质量上升了，那么租金也提高了，诸如此类。

但是塔楼的外表为建筑师提出了不同的——亦即艺术的——议题。很久以来他都为塔楼立面上乏味的窗户烦恼，随着它们高度的增加，一种潜在的无趣也随之滋长——大片毫无意义的黑色四边形，使得高扬的品质有减损的危险。

胡德决定用黑色砖块建造这幢大楼，这样那些窗洞——它们是建筑内里另一现实的尴尬提示——就被建筑主体吸进去了，变得再难辨识。

黑色建筑的顶端镀了金。胡德关于顶端设计的直白的辩词，轻快地切断了金子和狂喜之间任何可能的附会。"让一幢建筑具有知名度，或是让它能做广告，这是时常会考虑的问题。它会激起公众的兴趣和欣羡，被公认为对于建筑的真正贡献，增加了产业的价值，并且和其他方式的合法宣传一样，它让业主有利可图。"[8]

球体 2

1928 年，《每日新闻》的所有者科洛奈尔·佩特森（Colonel Paterson）来找胡德。他要在 42 街建筑一座印刷厂，连带上数量很少的编辑办公室。

胡德算计着摩天楼最终会更便宜。他为塔之城设计的第二个片段（他的客户对此一无所知）是"证明"通过让出街区中的一窄条地带，这种塔楼同样可以在非如此便会成为盲墙的楼壁上开窗，使得便宜的跃层式空间成为昂贵的办公区。

在室内他走得更远：迄今为止还只是塔楼的建造者，他对于球体的迷恋终于在此功德圆满。他设计了"一个环形球状的空间，周长 150 英尺——为一道不被任何窗口打断的黑色玻璃墙包围着，直通到一个黑色的玻璃天顶；在嵌铜的地板中心，光线从一个杯状的井——室内唯一的光源——之中喷涌而出"。

"沐浴在这光线中，一个 10 英尺高的地球将旋转着——它均匀的旋转黑黢黢地映射在上面黑夜一样的天花

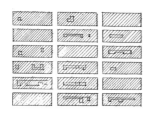
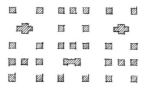

（上）雷蒙德·胡德，"塔之城"，首次发表于 1927 年；图为他为"纽约过度拥挤问题的解决方案"的汇报所做的方案图解。1916 年区划法不能最终控制曼哈顿建筑的体块而只能控制它的形状，从而也就不能定义曼哈顿宿命中向上的限制，和这一法规针锋相对，胡德要"建立起建筑体积和街道面积的恒常比例……法规将为每英尺的街面制定确定的体积。一个业主想超越这一限制，（只有）使得建筑后缩"，这样"每座建筑要为街道交通带来额外负担时，除非提供额外的街道面积……"如此，雷蒙德·胡德给业主们发自本性的贪欲套上了笼头——在想要最大可能的建筑体积这方面，这些人如出一辙，而按照胡德的方案，就等于得在最小的地块上建起最高的塔楼——来遵从一种审美的愿景：由一座座陡峭的、卓然自立的针状物组成的城市。但是这种愿景从没有流露；建议书总是冠冕堂皇地要解决"光照、空气和交通的问题……"（插图中的英文分别为："今日纽约的典型街道平面"和"建筑为塔群所替代的同样区域"。）

（左下）"一座'塔之城'……街区末端的运作……"

（右下）"一座'塔之城'……三种操作造就了同一街区……"

（上）曼哈顿在驶向"塔之城"的中途：模型展示了街区末端、中部和整部分的各种运作；大变局逐渐地展开，没有显著的脱落和概念重组。

（下）哈维·威利·科比特，"分离塔楼的建议"，1926 年。胡德提议的类似之作。作为他的"威尼斯"提议的补充部分，科比特在此预见了一种"大都会的郊区"，呼应于区域规划协会所提出的"商业建筑最小限度的最大体块"。这些塔群由穿过一个公园的步行道相连，步行道有着轻佻的几何形态，大量柔美的形式使它们焕发出生气，但这一切却由网格的常规性所切断——科比特的大都会郊区有着随机配置的塔群，再加上微型摩天楼亲密、郊区化的尺度，使得它成了所有曾提出过的公园之塔（tower-in-the-park）方案中最富于魅力的一种。

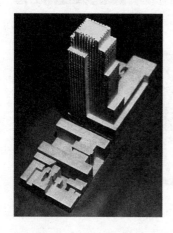

（左上）每日新闻大厦基地上理论性的区划外廓，研究模型，1929 年。"它是法规交在建筑师手中的形状，他无从增减，但是他可以随心所欲地变换它的细节……"（费里斯，《明日的大都会》；小沃尔特·基勒姆［Walter Kilham Jr.］制作模型并摄影。）

（右上）每日新闻大厦，第二个群塔之城的原型，由区划外廓塑造而来的中间状态模型："黏土显现为了实际的形态……"

（下）每日新闻大厦，定稿模型。

板上"：带着可以理解的愉悦，费里斯在《明日的大都会》里描写了每日新闻大厦的大堂。[9]

这个大堂终于在三维上实现了晦暗的费里斯空洞——曼哈顿主义漆黑一片的子宫，木炭画笔晕染出的宇宙——它们已经生育了摩天楼，现在，终于造就了球体。

"在如此实用的一座建筑之中为何弄了这么一个古怪的设计？"带着明知故问的天真，费里斯征询道。那是因为雷蒙德·胡德现在是对立瓦解的头牌代理人，那是曼哈顿真正的野心。这座大堂是曼哈顿主义的教堂。（胡德自己承认这个下沉装置的原型是位于巴黎荣军院［Les Invalides］的拿破仑墓。[10]）

冰山

随着麦格劳—休（McGraw-Hill）摩天楼（1929—1931）的设计，胡德的狂热变得越发肆无忌惮了，他在为塔之城配制享乐主义的最后一剂。呼应于它切面上的后缩，这幢建筑安置了三种活动类型：底部的印刷工厂，中部书籍生产的高敞空间，以及在狭长楼体中的办公空间。

一度，只要他感到适意，胡德假装对色彩没有感觉："什么颜色，让我看看，那儿有多少种颜色——红的、黄的，还是蓝的？我们就让它是红的吧。"[11] 现在他考虑给建筑施以黄、橙、绿、灰、红、中国红和黑色，加上橙色的掐边。

雷蒙德·胡德，麦格劳一休大厦，1931年：曼哈顿主义的火焰在现代主义的冰山之中奔腾着。

塔楼将从底部以深色调开始着色，直至顶部的浅色，"建筑最终和蔚蓝的天空混为一体……"

为了使塔楼的隐身得以实现，在工地对面的一扇窗户里，胡德的一名助手用望远镜检查了每一片面砖的位置——以及它与"消失"的总体计划里的匹配程度。

结果使人惊异："建筑的外表整个用多种颜色包裹……水平窗间墙（spandrel wall）的表面是长方形施蓝绿色釉的陶瓷块……金属覆盖的窗户侧柱则漆成深蓝绿色，近乎全黑……金属窗户漆成苹果绿色……窗户顶端的横边框涂着一窄条朱红（vermillion），并纵贯金属覆盖的侧柱的表面，朱红也用在顶层阁楼（penthouse）水平出挑的下面和前入口的上面。金色的窗帘有效地衬托着建筑的冷调子，这些窗帘的边上有蓝绿色的宽竖条对应着总体色系，它们的色彩是外观设计中非同寻常的重要成分。

"入口的门厅以钢板条装修，交替地涂上深蓝色和绿色的釉彩，用饰以金色和银色的金属管子间隔……主过道和电梯过道的墙壁都施以绿色釉的钢板。"[12]

如此肆意的色系透出迷恋的气息。

胡德再次在单一整体之中并置了两种互不协调之物：它的金色窗帘拉下来反射着日光，麦格劳—休大厦看上去像一座冰山里奔腾着火焰：曼哈顿主义的火焰在现代主义的冰山之中。

分裂

就像通俗小说里的惯例那样，20 年代中期的某一天，一位牧师跑来胡德的办公室找他。他是一个教会的代表，他们要建一座世界上最大的教堂。

"教会是商人们办的，基地的价值极高……因此，他们希望不仅仅建造一座世界上最大的教堂，同时也要将它与能带来财政收入的企业结合在一起，包括一座酒店、一座基督教青年会、一座带有游泳池的公寓住宅，诸如此类。街面那一层将是能收取高额租金的商店，在地下室是俄亥俄州哥伦布市最大的停车场。停车场非常重要，因为如果给教会成员在工作日上班时一个停车的地方，那牧师就真的使得教会成了他们生活的中心……"

牧师先去找了拉尔夫·亚当斯·克拉姆（Ralph Adams Cram），一位传统教堂的建筑师，克拉姆拒绝了他，尤其气愤牧师提议的停车场。

"汽车根本不该占地方，因为这个尊贵的建筑将建在巨硕的花岗岩柱础上，支持着它……从此以往都是信徒们信仰的纪念碑。"

纽约——胡德——是牧师的最后一根稻草。他不能就这么回去，告诉那些生意人占满地下室的将是柱础，而不是汽车。

（左上）中央卫理公会主教教堂，第一层平面：中央的教堂与（顺时针）糖果店、主日学校、酒店厨房和餐厅共享一层地面。

（左下）雷蒙德·胡德，中央卫理公会主教教堂，俄亥俄州哥伦布市，1927 年。"垂直方向上的分裂"甚嚣尘上：教堂的正下方是"基督的国度里最大的停车场"——实际上只有 2×69 辆车的泊车位。

（右）中央卫理公会主教教堂，这幅全景展示了胡德的第一座多功能摩天楼里搜集的异质成分如何相处，尽管全景的庄严面貌，这种共生使人不安，它包含了一种地地道道的世俗配置：基督教青年会（YMCA）、游泳池、公寓、酒店再加写字楼。教堂被表达成了一种半自在的体积。

胡德安慰他说:"和克拉姆先生有麻烦全是因为他并不信仰上帝。我将为你设计一座世界上最伟大的教堂。它将包括你想要的所有的酒店、游泳池和糖果店。这还没完,地下室里将有基督的国度里最大的停车场,因为我将把你的教堂建造在牙签的上面,我对上帝的信仰足够坚定,因此相信它一定能立起来!"[13]

胡德第一次设计多用途的建筑。对建筑程序的层级结构无动于衷,他只是将山岭的各部分赋予了所需的功能。他公然地将两层楼面——教堂和停车场用薄薄数英寸的混凝土分隔——兑现了他向牧师夸下的海口并且再现了对脑白质大切断不可或缺的最终一步的实施:"垂直方向上的分裂"(Vertical Schism),这种分裂创造了将这些风马牛不相及的活动直接摞在一起的自由,而用不着考虑它们象征意义上的相容性。

精神分裂症

教堂一事很能说明 20 年代中期胡德及他的同事的心理状况,他们慢慢得了一种精神分裂症,使得他们既从曼哈顿非理性的异想天开中获取能量和灵感,又同时能以一系列严格理性的步骤确立它前所未有的定理。

胡德成功的秘密来自他对虚幻—实用主义语言的精通,这种语言使得曼哈顿主义的雄心——在一切可能的层级上创造拥挤——有着客观的面貌。

胡德的巧言令色让最头脑冷静的商人——尤其是他自己——也无可救药地陷于其中。他是建筑领域迷人的山鲁佐德（Scheherazade，《天方夜谭》里国王的那位妻子），用 1001 个庸俗实例的传说故事将房地产商们俘虏。

"所有这些美化都是空谈，"[14] 或者"随之，当代建筑便打开了思路，建立了逻辑……"[15]

或者，如诗如画地："平面至关重要，因为楼面上展开的是人类住户的所有活动……"[16]

胡德以对理想建筑师的描述为他的故事写下最后一笔——那个理论上的曼哈顿主义的人类典范，他一个人便足以利用商人们具实用性的奇思异想和建筑师们的拥挤文化之梦的契合，——这简直就是在描绘他自己个性中值得羡慕的特征：

"设计在美学上可以接受的建筑的建筑师，必须拥有一种分析和逻辑的头脑；熟知建筑的各种成分，它们的目的和功能；想象力丰富，养成了内在的形式感、比例感、对品位和色彩的判断力；富于创造、冒险、独立、决断和勇敢的精神，还有，要有大量的人文主义的直觉和普通常识。"[17]商人们不得不同意：曼哈顿主义是效率和崇高携手的唯一平台。

前兆

在塔之城以及为他的行业重新发现了将教堂和车库完满结合的分裂主义之后，胡德再次承担了两个更理论性的项目。

这两个项目共有着新时代的前兆，这种前兆就藏身在它们引领的潮流的推展之中，植根于对于隐喻性的现存基础结构的持久信奉，它拒绝考虑网格魔毯的任何一部分作为重新检讨的主题。胡德要把新的时代适应于真正的曼哈顿，而不是倒过来。"一个屋顶下的城市"[18]（1931），这些项目中的第一个，便"建立在这样的原则上，大都会区域里的集中……是种可喜的情形……"

按照自我诱发的神经分裂症的谋划，方案实际上回应着它决意要推波助澜的情形："城市的扩张已经失去了控制。摩天楼创造拥挤，建了地铁结果带来了更多的摩天楼，依次类推，螺旋上升。什么时候才是个头？这里是答案……"

胡德知道。

"大势所趋是城市中的社区走向相互关联——社区的活动局限在一定的交通范围内，这样人们就无需长途跋涉去收集供给和采办货品。对我而言，对纽约的拯救将取决于对这种原则的广泛运用。

雷蒙德·胡德，"一个屋顶下的城市"，就典型的中城环境而制作的模型（烟雾是后加的），"……建立在这样的原则上，大都会区域里的集中……是种可喜的情形……覆盖三个街块地盘空间的单元楼（Unit Building）将包容整个工业和它的辅助商业，只有电梯井和楼梯才伸展到街面。第一个十层包括商店、剧院和俱乐部，在它们之上是这一建筑致力于的工业。工人们在更上面的楼层居住……"胡德的第二个理论方案放弃了群塔之城的公式，转而青睐于更大的都会结构，这结构超越了单个街块的局限，并且——由于它们巨大的尺寸——吸纳并内部处理了所有交通，以及由此而来的拥挤——在诸如胡德的塔群那样的更小的结构之间，会产生这些交通和拥挤。

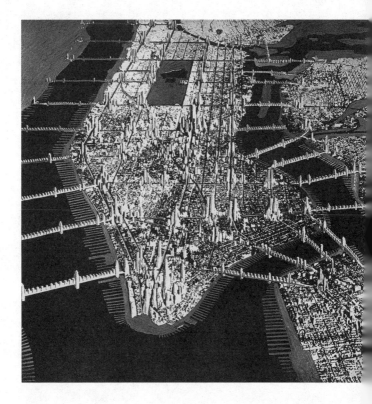

"1950年的曼哈顿"，拼贴。"岛群向外抛出触须……曼哈顿1950年的鸟瞰，在交通线上是摩天楼的山岭，在每个入口之处是工业的峰巅……"关于断然的曼哈顿，胡德的第三种"理论"是对于"一个屋顶下的城市"主题的变奏，通过将自治的、人造的新宇宙的超大尺度移植到城市的现状中，它打破了"拥挤的屏障"。这一次，胡德成功地混淆了实用主义和理想主义之间的界限，使得他的同时代人迷惑不解。对商业利益看似实事求是的安置——对于无法阻挡的趋势的简捷外推——如何能够产生出如此艺术性的图景？"这些愿景强调在曼哈顿发生着的呈上升势头的集中，显然，它们呼应于该城市富于特色的增长，就这种契合的程度而言，它们不应该被看成虚幻的而应被认作是实际的；然而，就所应用桥梁的巨硕尺度以及大胆性而言，它们又该是很可质疑的。然而，它们的意涵中对于城市增长中的拥挤法则的默认，相当程度上损毁了它们作为乌托邦体系的价值……"（《创造性艺术》[Creative Arts]）

"城市中的每位生意人都必须意识到，住在他办公室所在的同一座建筑中，将有如何的好处。地产商和建筑师们必须朝着这个理想努力……

"整个工业必须和俱乐部、旅馆、商店、公寓甚至剧院联合在一起，互相依存地发展。这样一种安排终将会带来强劲的经济，同时也会减少人类神经的磨损和撕裂。将工人们置于一个统一的体制之中，他几乎就整天不用踏上人行道……"

在胡德的一个屋顶下的城市之中，造成拥挤的所有的运动——水平地横贯地表——都被建筑内部的垂直运动取代了，在那儿，这些运动解除了拥挤。

山岭

同一年，胡德进一步拓展了他城中之城的篇章。在他的项目"1950 年的曼哈顿"[19]中——它进一步彰显了网格的不容冒犯是曼哈顿的先决条件——他提议将新的尺度常规地、合理地施之于网格内择定的地点。一共 38 座山岭被交替地置于网格中大道和宽街的交点，大约每十条街一座。

每座山岭的体量超出了单个街区的面积，但是山岭和网格都没有妥协：网格只是简单地切过山岭，创造出虚 / 实的布局，四座峰顶隔着十字路口彼此相望，并逐渐向着周边阶梯状地下落，像100层的大厦一样，它们和昔日都市风景的遗迹相连。

次一级的触角沿着曼哈顿岛伸出：载满了公寓的悬索桥——道路变成了建筑。胡德的桥像环绕城堡的吊桥，它们标定了曼哈顿的入口。

"1950年的曼哈顿"提议的是特定的、有限数目的山岭，它自身是曼哈顿主义的新阶段到来的证明：一个把握之中的曼哈顿。

屏障

以创造更多拥挤来消除拥挤的自相矛盾倾向，暗示着这样的理论前提：一定存在一种"拥挤的屏障"。志在一种庞大的新秩序，一个人会打破这种屏障，突然现身在一片完全安宁和静谧的世界，在这里，所有曾经在外面发生的歇斯底里和破坏神经的活动，比如地铁，现在全部都被吸收到建筑自己的内部了；拥挤从街上移去而且现在被建筑吞下。这座城市是永久性的，没有理由替换这些建筑了，脑白质大切断保证了它们古怪冷静的外表；但在里面，垂直的分裂主义包容了所有可能的变化，生活变成了一种连续的疯狂状态。现在，曼哈顿是一片寂静的大都会平原，由众山岭自成一体的世界标定着，真实的概念被确定无疑地抛在脑后，被更替了。

入口定义着一个滴水不漏的曼哈顿，一个没有外部出口的曼哈顿，一个仅仅拥有内部愉悦的曼哈顿。

在改变的曼哈顿之后，是永恒的曼哈顿。

这些山岭，是 1916 年区划法的最终实现：超级村落，在拥挤屏障另一边的终极的曼哈顿。

各式各样的洛克菲勒中心

美国人是抽象的物质主义者。

——格特鲁德·斯坦因

（Gertude Stein）

悖论

洛克菲勒中心的中心——最终的、确定无疑的曼哈顿的第一幢产业——是一个只有曼哈顿才可以超越的双重悖论：

"中心必须集最大限度的拥挤、最大限度的光和空间于一体"，以及"所有规划……都应该基于'一个极尽绚美的商业中心，且与可发展的最大收益并行不悖'"。[20]

洛克菲勒中心的建筑程序便是使得这些不相容之物相容。

天才们组成了一个前所未见的团队为这项事业工作，无论是这个团队的人数和组成都极不寻常。正如雷蒙德·胡德所描述的那样："致力于解决复杂问题的正式工作人员无可计数；估算那些琢磨过问题的非正式人员数目就更没有意义了。建筑师、建造者、工程师、地产专家、金融家、律师——都以他们的经验，甚至以他们的想象做出了某种贡献。"[21]

洛克菲勒中心是一座没有一个天才的杰作。

既然它的终极形式不是出于某一个独创的头脑，洛克菲勒中心的概念、创立和现实就被——按照建筑判断的传统衡量体系——解释成了一种经意的妥协，一种"委员会建筑"的范例。

但是曼哈顿的建筑无法用常规方式来衡量，常规方式的阐释荒唐可笑：将洛克菲勒中心解读成妥协是瞎说。

曼哈顿的本质和力量在于它的所有建筑都是由"委员会"创造的，这个委员会就是曼哈顿的居民们自己。

种子

洛克菲勒中心的种子，是 1926 年开始的、为大都会歌剧院新方案所做的一项调研。

在一次建筑的漫游之中，新歌剧院的理论容器游荡穿越网格，寻找它的合适地点。

商定建筑细节的情景一瞥："科比特的一着"，还是"委员会来设计"。建筑师协作组和开发商们玩弄着缩微的洛克菲勒中心。从左至右："站着的：J. O. 布朗（J. O. Brown）、韦伯斯特·托德（Webster Todd）、亨利·霍夫迈斯特（Henry Hofmeister）、休·罗伯逊（Hugh S. Robertson）。坐着的：哈维·威利·科比特、雷蒙德·胡德、约翰·托德、安德鲁·莱因哈德（Andrew Reinhard）、J. M. 托德博士。"

（上）本杰明·威斯塔·莫里斯 1928 年所做的大都会广场（Metropolitan Square）方案，它基于现在的洛克菲勒中心基地，一根轴线从第五大道一直延展到大都会歌剧院前的广场。49 街和 50 街从两座前列的塔楼之间通过。写字楼被塑造成一座"禁城"，富于保护性的城墙模样，而四座摩天楼则是纪念碑式的图腾物，它们定义了高等文化的壁垒，如此，化解了文化设置对招揽钱财的商业建构间的两难。在此，除了中央的广场，许多另外的特色也已呈现了，它们在日后其他建筑师的想法中将会重现：对于屋顶花园的暗示，穿越 49 街和 50 街，以科比特号称反拥挤的提议中的那种方式，在第二层的高度上连接起高架拱廊和步行道系统的桥梁。

（下）小约翰·洛克菲勒正用他的 4 英尺尺子测量将来的 RCA 大楼的平面。办公室内的装潢原购自西班牙，在洛克菲勒的私人办公室里重新装置起来后，它又被拆除，并在 RCA 大楼的 56 层上再次建起。

它未来的建筑师，本杰明·威斯塔·莫里斯（Benjamin Wistar Morris），面对着一个曼哈顿本质上的悖论：20年代晚期的曼哈顿，实际上已经不可能再采取常规模式了，即使决意如此也不行：作为一个有派头的单体，莫里斯的歌剧院只能在网格的最不被看好的位置孑然而立；在更好的地段，地皮如此昂贵，以至于要附加商业功能才能让这个产业在财务上变得可能。

基地越好，这理论上的歌剧院就越有被强加的商业运作——物理地和象征地——湮没的可能，最终，在这些商业运作的威势下，歌剧院原有的概念会崩盘。

歌剧院选址的旅程开始于第八和第九大道间57街上的一块基地——在那里的贫民窟中，它可以自成一体，之后抵达哥伦布环形广场——在那儿它已经被结合进一座摩天楼了。

最终，1928年的某时，莫里斯发现了一块三个街区的地皮，哥伦比亚大学是这块地皮的主人，它位于第五和第六大道，48街和52街之间。

在那里，他设计了最终的方案，以他"布杂"式样的固执，莫里斯将歌剧院弄成了对称景观尽头处一个卓然自立的象征性单体。他的基地中央如今是一个广场，他将歌剧院的盒子置于那里，第五大道上的两幢摩天楼夹峙着一条富于仪式感的大道通向歌剧院。歌剧院和广场周围，环绕着

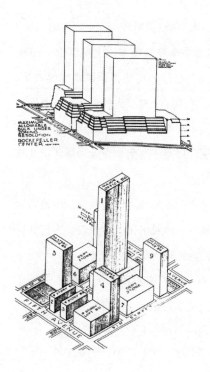

（上）图解展示了按照 1916 年区划法，在无线电城（Radio City）的三个街区的基址上可以建成的体块。莫里斯的项目牺牲了中间街区的体积，以利于他"布杂"式样的歌剧院的体面。

（下）建筑师莱因哈德和霍夫迈斯特为开发商托德所做的图解，它增加了一个显著的中央塔楼，充分利用了可容许体块的商业潜力，修正了莫里斯的失误。这一图解和建成的洛克菲勒中心的相似程度是可观的，然而，这并不能使得莱因哈德和霍夫迈斯特成为洛克菲勒的"设计师"。这些未加明细的大略形状，只是对费里斯"法规交在建筑师手中的形状"做出了回应。洛克菲勒中心的天才之处正在对这一外廓的明细过程中，这是建筑和程序上的细节"征服"外廓的过程。

十层楼高墙形成的高敞壮阔的空间，在第六大道上另外两幢摩天楼——一座酒店、一座公寓建筑——拱卫着歌剧院。

铆接

大都会俱乐部（Metropolitan Club）的会员是设计的赞助人，当这个方案在俱乐部正式揭幕时，小约翰·洛克菲勒开始对它产生了兴趣。

歌剧院并没有能力建造它自己的新总部，更不要说独立投资那些环绕的山岭了，它们如果建成，将是在曼哈顿构想出的最大的建筑项目。

洛克菲勒提出由他负责进一步规划并实际施行整个项目。

作为领导如此巨大的地产项目的一个外行人，洛克菲勒感到无从着手，他遂把具体事项的职责委托给一位朋友：约翰·托德（John R. Todd），托德是一个生意人、承包商和地产开发商。

1928 年 12 月 6 日，成立了大都会广场公司，作为这项事业的推动工具。

洛克菲勒自己依然负责维护这个项目的理想面貌。

他沉迷于建设的进程，"我怀疑他总有一种被压抑的铆接铆钉的欲望。"[22] 纳尔逊·洛克菲勒如此诊断他父亲的境况。

20 年代晚期，小约翰·洛克菲勒一直都是河滨教堂（Riverside Church）[23]——它鲜明地将精神性嫁接在网格之上，对立于别处的商业狂热——建筑委员会的主席，他亲自参与了所有建筑细节的商定。

与洛克菲勒中心一起，他同时准备着殖民时期的威廉姆斯堡（Williamsburg）[24] 的修复工作，一项是捏造过去的事业，另一项——在濒临崩溃的经济之中——是对未来的修复。

在中心的设计之中，洛克菲勒多年在他哥特式的办公室（后来整个移植到了 RCA 大楼的上区）里"扎身在蓝图之中"[25]。他总是随身带着一把 4 英尺的尺子，以检查成形之中的项目最微小的细节，偶尔提出附加精神性细部的要求，诸如 RCA 板状大楼顶部的哥特式装饰（建筑师接受了这一提议，因为他们知道，仅仅是建筑的高度就会使这些装饰逾出视线）。

火山口

托德有他自己的建筑师，莱因哈德（Andrew Reinhard）和霍夫迈斯特（Henry Hofmeister），两人都年轻并经验不多。

根据将最大限度的拥挤与最大限度的美观相结合的悖论，托德和他们一起仔细检视了莫里斯的方案。莫里斯方案的弱点在于它回避了最大限度的区划体积外廓——现在这已经是投资的先决条件，而且也是势不可当的建筑范式。和费里斯—胡德的山岭——它们是终极的曼哈顿的布局——相比，莫里斯的项目中心有空旷的广场，就像一座熄灭的火山山口。

作势欲做商业和隐喻意义上的修补，托德和他的建筑师们将这火山口换成了一座办公楼的山岭。

这种修正定义并确定了最初的洛克菲勒中心：后来所有的版本都是同一建筑主题的变奏：中央是一座超级塔楼，基地的四角是小的塔楼。莫里斯广场缩了水的剩余部分只有在利于未来规划的情形下才得以存留。

基本的计划成形之后，托德邀请胡德、科比特和哈里森——他们比他的建筑师们更有经验——作为顾问。

崩盘

1929 年的经济大崩盘撼动了洛克菲勒中心赖以立足的前提：它从一个融资合理的事业变成了商业上的不智。但是这种突如其来的金融失重，至少令委员会变得更少生意人气息，更理想化了。

原有的动机——建设一座新的大都会歌剧院——变得越来越不可能，而对于方案提供的办公空间的需要也烟消云散了。然而，洛克菲勒已经和哥伦比亚大学签下了一份租约，每年要向他们支付 330 万美元。

所有预见——以及使预见成为种种可能的建构——都崩溃之后，剩下的就只有区划法规定的中心的体积外廓，一个巨大的容积，如今，通过建筑师和建造者们的独创，它变成值得期望的新形式的人类栖居了。

这儿有一个隐喻——费里斯的山岭。

这儿也有一系列的策略——脑白质大切断，垂直分裂，20 年代以来便磨砺得无所不能的地产盘算——还有一个长于建造的建筑工业。

最后，还有曼哈顿主义的教条——在各种可能层级上创造出拥挤。

事实

托德致力于一种冷面的实用主义和冷血的金融事务的传统。但是因为这项事业融资上的不确定性，本该是一锤定音的实际操作在事实完全短缺的情况下进行着。大崩盘之后的不确定气氛里，那儿简直就是没有任何需求，没有经验上的需求亟待满足——简而言之，没有任何事实来中和这个一厢情愿的概念。金融危机保证了这个项目理论上的整一性。

委员会——充斥着为人所指的各色俗人——没有别的选择，只能变得理想主义。

本来是想经验主义些的，他们的种种规范却只不过聚焦于原型（archetype）的纲要。

测试

对胡德而言，洛克菲勒中心是对他的信条、其实现的策略以及致力此项事业的人们的一次测试。

"我已经，并设想每个建筑师也已经，完成了此前我不完全确定的事情。在一座单体建筑的运作上为了做试验可以冒点险，然而，对一个两亿五千万美元的、也许还会为未来许多人开创榜样的开发项目而言，错误可能代价不菲，甚至导致灾难。不用说，每一个和洛克菲勒中心相关的人都清楚，他正在洛克菲勒城的成功上押下他的职业声誉、他的未来事业。"~ 26 委员会中人们的共同之处在于，他们都经历了先前曼哈顿潜意识的阶段，或多或少地，他们对曼哈顿已经发展出的现有建筑负有责任。现在，他们将不得不发起一场条分缕析的战役，从区划体积建筑外廓构成的不可见岩石中，雕镂出曼哈顿最终的范型：所有不可见的片段都将就以下的方面被具体化：活动、形式、材质、服务、结构、装饰、象征主义和金融。

山岭必须成为建筑。

竞赛

一上来，建筑师协作组（Associated Architects）每个人都要做一个方案，以和其他人竞赛。这一策略带来了过于充盈的建筑形象和能量，当概图（diagram）包括了这些形象和能量的一部分后，它也挤净了个体建筑师的自我。

最著名的两位，科比特和胡德，是建筑师协作组中唯一的理论家，他们提出了先前放弃了的方案的回顾版本。

科比特看到了实施他的 1923 年交通／岛屿隐喻的最终机会，这种隐喻通过将曼哈顿转变成一个"极其现代的威尼斯"来解决拥挤。费里斯的渲染图则将科比特计划中的威尼斯成分表现得更加鲜明：一座"叹息桥"横跨 49 街，圣马可模样的柱廊和一条黑色豪华轿车的闪亮车流占据了人们的视界。计划中的其他轮廓都隐没在炭笔颗粒的雾霭之中。

科比特的洛克菲勒中心位于中城人造的亚得里亚海滨，它兑现了一个潜意识的约定，这是早在梦幻岛的威尼斯运河时就已许下的。

十字路口

胡德的方案同样也证明了他对其沉迷之事的执著；他

想在一个主要的十字路口移植他的一座超级山岭，可是三个街区的基地使他的意向最终受挫，既然如此，他在网格的内部创造出了一个人工的十字路口，两条对角线连接着它的四角，那是在他的"塔之城"中首先运用的交通"捷径"。在这个人工的路口，他安置下四座以平台形式向基地周边跌落的山峰。四座建筑的峰峦集中了服务区和电梯井。沿着这些塔楼以一定的间隔，桥梁连接着四座电梯井，因此拥挤在所难免。胡德的方案在三维上造就了一个永远的交通高峰。

大脑

在洛克菲勒中心之前，托德和他的建筑师们，现在集成为建筑师协作组——莱因哈德和霍夫迈斯特、科比特、哈里森和麦克默里（Harrison & MacMurray）、胡德、戈德利和富尤（Godley & Fouilhoux）——最让人叹为观止的创造是那座剧场，他们以这个设计应对建筑规范的战役。

它的目的不是为了尽可能快地决定洛克菲勒中心的所有细节，正好相反，是为了尽可能拖延它的最终结论到最后一刻，由此，中心的概念依然是一个开放的阵列，可以将能够提高它的最终质量的任何想法吸收进来。

建筑师协作组被组织在托德自己的"灰条楼"（Graybar Building）里的两层楼中，办公室几乎就是摞在一起的创

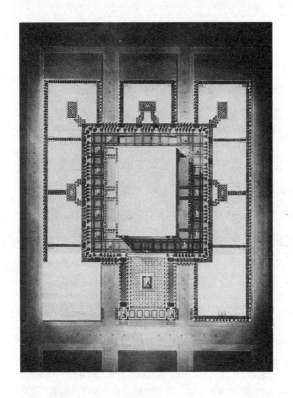

"大都会广场开发建议书"，高架拱廊层的平面，科比特、哈里森和麦克默里1929年所做，或可称为"萦回的记忆（1）"（Persistence of Memory）。科比特为洛克菲勒中心所做的这个个人项目，是他通过隐喻的规划的升华，是为创造"非常现代化的威尼斯"所做的毕生最后一次尝试，它展现为反拥挤措施的一个有逻辑的序列。无线电城的三个街区被处理成"岛屿"；大都会歌剧院占据了中央岛屿的中心，周围环绕着七座摩天楼。他的方案正在人们的意料之中，它的本质是机动车和行人的分离，机动车安排在地面上，为行人，他在第二层上创造了一个连续的高架网络，它的拱廊连缀整个外缘街区的周边，在方案的中心地带，造就了一个环绕歌剧院的广场，一个大都会的回路，它的电流以穿越49街和50街的半弧形高架桥运输——桥的宽度就是广场的宽度。从这座广场，衍生出的桥延展向歌剧院的入口，拱廊系统还提供了通往7座摩天楼内缩大堂的入口——三座在外缘的街区，一座最高的，在歌剧院西边的第六大道上。在两具巨大的廊架之间，以一个向第五大道逐渐倾斜的斜坡，中央的广场连接向城市里传统的步行层面，也就是地面了。整个安排像是环绕大中央火车站的"圆周广场"（circumferential plaza），只不过火车站换成了歌剧院，汽车换成了人，公园大道一侧的斜坡换成了倾斜的广场。

（左上）"大都会广场开发"，从第五大道一侧所见的剖面／立面，在中央，展示了歌剧院前冲着大都会广场斜下的倾斜广场，夹在两具巨大廊架之间，也展示了两个外缘街区的剖面。此处显露出了科比特方案的一个有问题的方面：不仅仅第2层主要步行楼面的拱廊连缀着商店——富于价值的商业成分——本该与他的方案保持一致，完全留给车辆的地面层，展示了第二个拱廊街，路两边都有。与此同时，方案的其他所有特色都趋同于将行人从地表移开。

（右上）"大都会广场开发"，穿过49街的西—东剖面，中心广场和第五大道上的倾斜广场，由左至右：最高的摩天楼的剪影、歌剧院外观、大都会广场和倾斜广场的切面。

（下）"大都会广场开发"，从东北角看模型所展示的街区北立面，在现今的洛克菲勒大厦基地上，包括三座塔楼以及通向步行广场下被覆盖地区的汽车通道。

1923 年 12 月 19 日至 23 日之间，为胡德工作的小沃尔特·基勒姆，至少绘制了八座洛克菲勒中心。在三维的轮廓内，每一个备选方案都发展成一种图解性的规划，方案 O 的时间可以追溯至 12 月 19 日。像科比特的"个人"项目一样，它为行人提出了一种连续的高架楼面，对三个彼此分离的街区的不连续性做出反弹。在方案 O 中，街区的中心是一座极其高拔的长轴板楼（longitudinal slab），它终结于两端的摩天楼。如此，方案 O 标志着曼哈顿的"板楼"建筑的第一次亮相——这种板楼自身是 20 世纪早期向上延展的挤出型建筑的倒退，该形式很快就要宣告曼哈顿摩天楼的终结。胡德将会宣称——这种建筑纯然是逻辑的产物：获取空气和日光。两个外缘的街区被指派成"百货商店"。面对着中央摩天板楼的是两座大都会阳台，排列在外缘街区的内侧，有桥将它们连接到中心街区周边上两座相似的平台；阳台和平台都连缀着商店。摩天板楼两端的电梯间由一个内部的拱廊街相连。其他的方案是方案 O 的变化，在中心街区高层建筑的元素它们有着另外的安排，它们并重新摆放桥梁，创造出不同的步行网络。

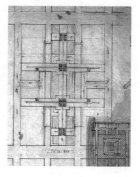

进一步的提议，像"三个纽约街区之上的开敞空间与办公方案"和方案 V、X 的平面，洛克菲勒中心的原型项目和"一个屋顶下的城市"不同，它包括为一个、两个甚至三个南北向的翼所切断的摩天板楼，这些翼横跨 49 街和 50 街，在板楼和低层街区搭接之处有电梯井。这一方案使得项目造就了"网格之中的网格"，就像蒙德里安的《布吉伍吉的胜利》所预见的那样。

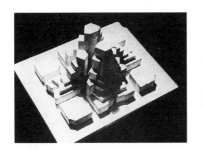

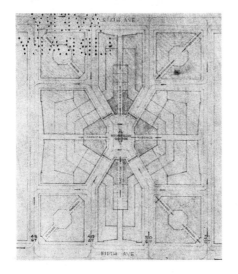

胡德为洛克菲勒中心所做的个人项目模型，此项目可说是"萦回的记忆（2）"：名为"洛克菲勒中心的超级街区方案"，或"抛撒"（The Fling），胡德称述它是"为建造一座金字塔单元所做的尝试"。"抛撒"是他"1950 年的曼哈顿"商业中心之一的几乎不加掩饰的版本。既然这一基地缺乏"峰巅"们所意图的显著交叉点，胡德便将基地外缘角落相连，创造出了一个人为的交叉点，然后将商业中心旋转45 度，刚好放得下。隔着一个微型的洛克菲勒广场，四座摩天楼彼此相望；沿着它们的长度方向，隔着一定间距有桥把它们连接起来。自一分为四的峰巅，"抛撒"向着周边倾斜直下，和城市的现状相连接。

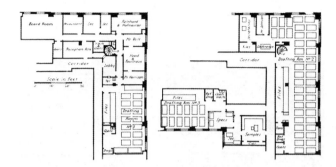

（上）建筑细节商定的所在：办公室成了创造性环节三维流程的图解。"建筑师们的办公室都在'灰条楼'的 26 层，它们连接三个绘图室，其中有两个在 25 层。绘图室 1 号用来设计和做模型，其他两个用来完成一般性的制作……"

（下）中心的体块被拆成碎片，不同团队的建筑师、雕塑家 / 模型师、渲染画家、绘图员和技术规范师对这些碎片进行研究和发展。

雷蒙德·胡德、华莱士·哈里森和安德鲁·莱因哈德（从左至右）:"洛克菲勒中心的建筑师正在检视法国大厦 (The Maison Française) 和英国帝国大楼 (British Empire Building) 的石膏模型……"搁板上烟灰缸似的物件是下沉式广场中的喷泉。

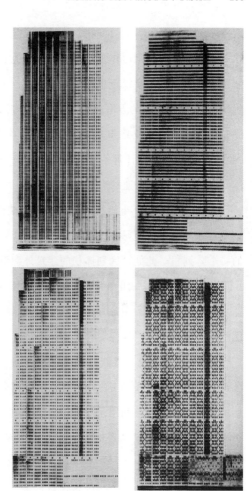

"被绝弃的可能性之宿命"的进一步证据：RCA大楼立面的替换性方案，以漆过的波纹钢板包裹也考虑了。

造性环节的鲜明图解。

在顶层，建筑师协作组的每个人都有他们的小间，他们每日一次在一个会议室里碰头集思广益，使他们单个的想法可以插入集体的方案组合。热勒妮·张伯伦（Renee Chamberlain），一位建筑塑形师，以及1号绘图室里的"绘图员"们赋予设计师们模棱两可的想法一个暂时的实体，以便他们做出快速的决定。

在只是用一部小小旋梯连接的下一层楼——2号绘图室，专业的技术规范师（specificator）被安置在桌子组成的一个阵列里。此处，区划体积的建筑外廓解体成了编号1到13的片段，每一组都有一个指导者和技术员组成的团队。他们将上面来的主意翻译成精确的施工图，并提交给那些将蓝图转化为三维现实的人。

"除了一个主电话接线总机可以与咨询工程师和蓝图公司直接联系之外，还有一个供各办公室间联系的录播电话机系统。各部门之间用录播电话分机相连，并依次和主机相连，主机可以把会议报告同时传送到所有的分机。"

"每个分机都和一个主管办公室相连。这个系统之外还有一伙奔走在各办公室之间传递备忘录、邮件和会议记录的人。"[27] 华莱士·哈里森写道，他是这个类理性回路系统创造的未来主义"管家"。

婚姻

绝弃个人化方案而青睐于委员会集思广益产生的概图，这并未招致怨言。胡德描述委员会的机制时——庸俗解体变成了创造力——一度他似乎不需要言不由衷了，"绝不只是束手束脚，我深信这个行业有义务做出一个金融上站得住脚的项目，时常评判性地分析它的细节和材质，最终成为诚实和统一的设计。受此激励，那些絮絮叨叨的怪念头、品位、时尚和虚荣都扔到一旁了，建筑师将直面那些带来真正的建筑和真正的美的基本要素。"[28]

即使中心的最初设计并不出自胡德，很显然，在明确界定区划法的建筑外廓的战役之中，胡德占据了支配的地位。作为一个以务实诡辩服务于纯粹创造的专家，胡德是委员会中最起作用的成员，他可以代表委员会的成员们说所有不同的"语言"。

例如，当托德犹豫用石灰石包裹整个 RAC 大楼的造价时，胡德立刻回敬，建议他用波纹钢板，"当然，是涂过漆的"。[29]

托德到底还是喜欢石灰石。

（也许胡德真的想用漆过的钢板？）

尽管整个委员会是资本和艺术间的包办婚姻，但却是场热腾合欢的婚姻。

"我不会试着去猜人们弄出了多少……解决方案：我怀疑……在现今的方案被采用之前是否还存在某个方案没被研究过。甚至，即使在一个决定性的方案产生之后，呼应于租户的发展，改变依然源源不断……"（雷蒙德·胡德）一旦个别方案出局，它们包含的隐喻——威尼斯、金字塔——得以消化，建筑师协作组对莱因哈德和霍夫迈斯特的外廊予以细化：中央是最高的摩天楼，四个次一级的摩天楼分布在外缘街区的远角。在中央塔楼的面前，像莫里斯方案中所见的那样，一个中街区的下沉广场，沟通了地面和地下层。第五大道的低层建构最早是一座椭圆形的银行，很快，两个一模一样的七层建构——法国和英国大楼——取代了它，它们包含着通往下沉广场的人行隧道。人们放弃了一开始的对称概念，东北的塔楼现在面向第五大道了。最初，这个塔楼在第五大道上的前沿有一个结结实实的百货商店；这个街区很快就会分裂，作为对法国和英国建筑的回应，它将形成通向国际大厦的一个入口庭院，国际大厦的板楼重复着 RCA 的梯级主题（这种主题是电梯组层层跌落的"需要"）。东南塔楼成了时代-生活大厦。等到 30 年代往前行进，中心逐步成了现实，整体设计变得不大能辨认了——那是为了适应具体租户的需求，呼应于潜行的现代主义。

围攻

大萧条横行在洛克菲勒中心的"大脑"之外：劳务和材料的费用在设计阶段都一降再降。这两层楼不断地受到意欲为这"山岭"的实现贡献想法、服务和产品的外来者的围攻。经济无望，中心是少数依然在运行的项目之一，这些外来者的压力时常不可抗拒，它是另一个原因让委员会想要避免不成熟的定论；他们越是搁置那些无关紧要的决定，解决方法就越发以从前所不可能的奢华形式出现。

他们任命了一位研究主任来发挥这种未曾预料到的潜质。如此委员会不断地提高他们的视界。寻常建筑创造的过程都是不断地缩小前景，而洛克菲勒中心的前景却越来越宽。最终，这个建构的每一个片段都经过了空前的细察，从多得可怕的备选项中脱颖而出。

当中心已经建成之时，这些密集的被绝弃的可能性依然显在，它的两亿五千万美元之中的每一块钱都至少对应着一个想法。

考古研究

洛克菲勒中心是曼哈顿主义最成熟的展示，这个主义有着心照不宣的理论：不同的程序同时并存在同一基地上，只是电梯、设备核心区、立柱和建筑外装的共同资材，将它们连接在一起。

洛克菲勒中心应该看成是同一基地上共存的五个意识形态迥异的项目，由它的五个层次穿越而上，便显露了一次对建筑哲学的考古研究。

1号项目

"布杂"的教育，给像胡德这样最负声望的纽约建筑师留下了深深的印记：依赖轴线、进深和以中性都市肌理为背景塑造出市民的纪念碑。然而，所有这些教条一开始就被纽约的网格宣判无效而否定了。

网格保证了它对所容纳的每个建构都一视同仁——同样程度的"尊严"。不可侵犯的私人产权和它对总体形式控制的本能抵制，排除了预先策划的视角景观创造；在一座自体纪念碑的城市之中，将象征物从主体肌理之中孤立出去是毫无意义的，肌理本身就已经是一个纪念碑群的聚落了。

在纽约，"布杂"的感性只能在没有网格的地方展开：地下。

洛克菲勒中心的-1层，地下室，传统的"布杂"布局终于莅临曼哈顿，被掩埋的进深不是在新歌剧院富于纪念性的入口趋于完结，而是在地铁里。在中心的地下室里，鬼鬼祟祟的，"布杂"式的规划将地面上泾渭分明的街区

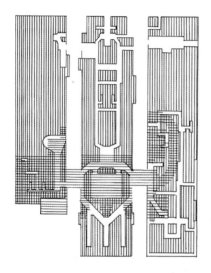

（左）项目1：地下的"布杂"艺术，过道（地下）层的平面图。相应于洛克菲勒中心地面上相互独立的三个街区，从洛克菲勒广场——在无数次成为通往地下世界的商店门窗和入口之后，在1937年这个广场变成了一个滑冰场—— 一个地下拱廊街发散出去，组成了一个美轮美奂的"布杂"构图，有点遗憾的是它太平面化了。
（右）项目2：大都会的度假胜地，由五个到八个剧场组成的三个街区的戏剧地毯——在此，理论上而言，一个演出班子可以同时上演多至八部大戏——"无线电广场"（Radio Forum）将这些剧场相连，这座混合型的桥状广场在地面层遮蔽了49街和50街，使得它们在桥下潜行，电梯间集中的地方人们可以看到第六大道上最高的摩天楼，"内部街道"（private street）东边的是两座小的摩天楼。这五座剧场最终合并成了一座无线电城音乐厅。

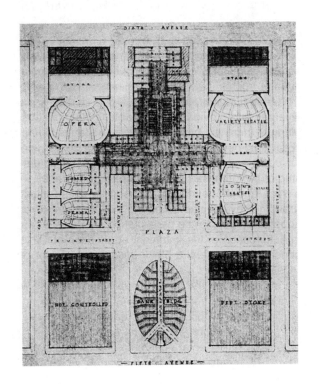

联络在一起：一个宏伟的、绝不显现在地面上的蓝图。

在这构图的东端，下沉式广场调和了网格的表面和底下"布杂"的繁复花样。

2 号项目

洛克菲勒中心的 0 层由 RCA 的大堂和无线电城音乐厅主宰，比起曾经提议并几乎建成的那个更大胆的备选项来，它是一个极大地缩了水的版本。

当新的大都会歌剧院方案被放弃时，建筑师协作组继续考虑剧院。他们设计出了美轮美奂的地面层，占据其中的全部是数目越来越多的剧院：三个街区的红色天鹅绒椅的海洋、数英亩的舞台和后台，以平方英里计的投影屏幕——一片演出的领地，可以让七场到八场演出同时进行，无论它们传递的信息是多么彼此矛盾。

一个巨大的悬挂式大堂——宽达三个街区——横跨于49 街和 50 街将这些剧院连接起来，加强了冲突表演的共时性。这座大都会的休息厅将把分开的观众转为一个单一的消费奇想的群体，一个暂时处于催眠状态的社区。

这种戏剧地毯的先驱是"障碍骑行"、"月球公园"和"梦境"。在它的领地内提供这样一种世外桃源——一个都会的度假胜地——这恰恰是野心勃勃、确定无疑的曼哈顿的野心。

在实现的过程之中，地毯的尺寸缩了水，无线电城音乐厅是它最后的堡垒，是衡量它野心的一种尺度。

3 号项目

洛克菲勒中心的第三个项目，是按照早期摩天楼单纯倍增表面的传统，将基地向上延展为十层。它是一个日光穿不透的体积，有着人工照明和通风，公共的和半公共的空间填充其间。

预见到将来脑白质切断术会干净利索地施行，这全然人工的领域是为那些并不存在的客户所规划的；当美国广播公司（RCA）和它的子公司 NBC 签约成为中心的租户时，它找到了自己理想的租户。RCA 拿下了高区板楼（Slab），NBC 租下了低区体块（Block）。

"国家广播公司将占据……这幢建筑里的二十六个演播室……加上六间演播大厅。其中一间演播室是世界上最大的，比三层楼还高……所有演播室都实现了电子屏蔽，为电视播送提供了合适的照明设施，其中许多都将有参观者的旁观厅。

"围绕一间中央控制室组织的四间演播室将用于复杂的戏剧节目制作。演员将在其中一间演播室里，乐队在另一间，大场面在第三间，第四间用于声响效果。使人惊叹的是，这项将几个演播室群组于一个中央控制室四周的计

自 20 世纪 30 年代早期开始，一系列的明信片开始将无线电城设计的每一步记录下来——几乎像是未卜先知。这些图像反映出，它最终的面貌对于大都会的公众们一方来说是种难以忍受的悬疑——整体上，他们已经等不及这些投机性的形式变真切了。在曼哈顿，明信片的作用是种通俗的建筑旗语（semaphore），这种媒介培育了费里斯所说的"热忱地欣赏和欢迎着"那"新雅典"的建筑师们的大众。

（左）"幽灵般"的方案，它完全是明信片的出版商想象出来的。

（右）第一个展示给公众的"官方的无线电城"。

（左）由"威尼斯桥梁"连接起来的"空中花园"，从第五大道上看去的官方透视图。
（右）尘埃落定的方案，鸟瞰，基于约翰·温里克（John Wenrich）的渲染图。

中城宛如鬼魅般的无线电城，拼贴。

划，也可以适用于电视节目的演播。"[30]

　　预见到电视技术运用的来临，NBC 将整个地区体块（Block，尚未被 RCA 的柱子穿过的部分）构想为一具电子天线，它可以通过无线电波把自己发送到世界上每个公民的家庭—— 它是一个电子社区的神经中枢，这个社区不必实质到场，就可以齐集在洛克菲勒中心。洛克菲勒中心是第一幢可以被播送出去的建筑。

　　中心的这部分是一间反一梦工厂（anti-Dream Factory），无线电和电视，是弥漫四际的文化的新利器，它们将直接播送那些组织在 NBC 演播室里的生活，"现实主义"。

　　洛克菲勒中心将无线电和电视吸收进来，在它拥挤的层次上又加入了电子学——那是唯一一种媒介，它否认对拥挤的需求是可取的人类交往的前提。

4 号项目

　　第四个项目是在低区体块的屋顶上复兴原初被洛克菲勒中心占据着的基地的初始状态。1801 年，植物学家戴维·霍萨克（Davis Hosack）博士在此建立了埃尔金植物园（Elgin Botanic Garden），一座有着一间实验性温室的科学农业园。他在花园中充实了"来自世界各处的植物，包括从林耐（Linnaeus），著名的瑞典植物学家的实验室

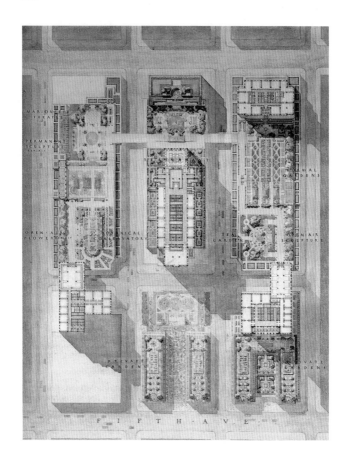

项目 4："屋顶上的空中花园，原先……种植了的屋顶将俯瞰原先奉献给埃尔金植物园的区域。"平面图（约翰·温里克的渲染图）。桥梁连接起三个街区上的公园：公共和娱乐设施散布在公园之中。灰暗的区域是高层塔楼的所在；它们里面橙色的方形是电梯组。最靠近第五大道的两座摩天楼应是沟通内部街道，构成通往洛克菲勒大厦的门廊。曼哈顿最后的威尼斯式桥梁连接起了一座巴比伦"空中花园"：混杂的隐喻的凯旋。

里复制的 2000 种植物……"

不过 130 年之后，胡德——用他最诱人的、实用主义的传说故事——说服托德，那些俯瞰世界奇观之一的位置优越的窗口可以收到更高的租费——最终，建起了一座当代巴比伦空中花园。

只有微不足道面积的洛克菲勒中心的高层部分——RCA 板楼、RKO 塔楼、国际大厦，等等——是缩减自"先前埃尔金植物园旧址上拔起的屋顶花园"。[31]

按照任何其他都市主义的教条，洛克菲勒中心的过去都将会被埋没和遗忘了；而按照曼哈顿主义，这过去可以和它所引起的建筑迭变并行不悖。这座园林伸展到三个街区以外，一座供科学试验的温室使人想起霍萨克；威尼斯式的桥梁连接起了一个个屋顶，由此创造出了一座连绵不断的园林，包括牵线木偶剧院、永久性雕塑展览、露天的花坛、音乐台、餐厅、精致的规整式花园、茶园，等等。

这座花园不过是中央公园人造乐园魔毯的一个更高级的进化，自然被"增益"了，以应对拥挤文化的需求。

5 号项目

最后一个项目，5 号项目，是一座"高拔的花园城市"。[32, 33]

然而，这座花园有两副面孔，同时是两个方案。它可以看成是低层体块的屋顶，也可以理解为是塔楼们的地面层。

在设计和建造洛克菲勒中心的过程之中，再也无法忽视欧洲现代主义对于美国建筑实践的影响了，然而胡德和建筑师协作组首先是曼哈顿主义的代表，其次才是现代主义。

在洛克菲勒中心之前，胡德的项目可以看作是折中主义向现代主义的"皈依"，这种"皈依"或多或少有些不太确定；然而，他的项目也可以看成是始终如一的救赎曼哈顿主义的事业，他发展它、澄清它，并使之臻于完善。面对 30 年代的现代主义"闪电战"（Blitzkrieg）[34]，胡德一直为享乐主义的拥挤都市主义辩护，反对清教徒式的善意都市主义。

就此而言，洛克菲勒中心的屋顶花园体现了这样一种努力，曼哈顿的感性试图吞噬现代主义者的有"幸福"光线、空气和草坪的光辉城市，它将光辉城市缩水为许多层次中的一层。如此，这座中心既是大都会的，又是反都市的。

移植在半空的基地中，合成的、郁郁葱葱的过去里，立于新的巴比伦的人造草坪上，置身于日本花园的火烈鸟和墨索里尼捐赠的进口废墟之间，矗立着五座塔楼，欧洲先锋共同选择的图腾，它们第一次，也是最后一次，和它们的现代主义意欲摧毁的其他那些"层次"并行不悖。

洛克菲勒中心的屋顶既是一次闪回，也是一次突进：埃尔金植物园和光辉城市（Ville Radieuse）的魅影，建筑食人主义的大手笔。

中心是垂直的分裂主义的登峰造极：洛克菲勒中心＝"布杂"＋梦境＋电子未来＋重构的过去＋欧洲的未来，兼有"最大限度的拥挤"和"最大限度的光和空间"，以及"极尽绚美，且与可发展的最大收益并行不悖"。

实现

洛克菲勒中心使得曼哈顿的前景成为现实，所有的矛盾都已经得到解决。

自此以往，曼哈顿是完美的。

"完成后的项目将兼备美丽、实用性、尊严和服务。洛克菲勒中心不是希腊式的，但它显示了希腊建筑的平衡；它不是巴比伦式的，但它保持了巴比伦壮美的风情；它不是罗马式的，但它有着罗马持久的体量和力度；它也不是泰姬陵，然而，中心在体量构图上与它相似，在内部中心捕捉住了泰姬陵的精神——辽远、轩敞的空间，宁静而肃穆。

"泰姬陵巍然独立于波光粼粼的亚穆纳河（Jumna River）岸边，洛克菲勒中心则将矗立在纽约的中流；泰姬陵像是丛林之中的一块绿洲，森林的深碧色映衬着它的白

"47 街上空所见的全景，向东北方向俯瞰空中花园和 RCA 大楼，城市街道上的桥梁将它们连接"（约翰·温里克的渲染图）。中心占据的处女地在屋顶上以人工合成的桃花源的形式得到了"复原"。前景右边：向霍萨克（Hosack）回首致意的"植物温室"；瀑布通向雕塑花园。

皙，洛克菲勒则将是一座伟大都会旋转的生活中的绚美实体——它冷峻的高度从喧嚷的人造天际线上脱颖而出；这两者，天各一方，周遭相异，却彼此休戚相关。

"泰姬陵被设计成一座神庙，一座祭祠，以奉献给纯粹的美。本着同样的审美信仰，人们构想了洛克菲勒中心，它以形态和服务的设计来满足我们这个文明丰富多彩的精神。通过解决它自身的多种问题，让美和商业紧紧携起手来，它必将为正在展开的明天的城市规划做出重大贡献。"[35]

无线电城音乐厅：长乐未央

在无线电城音乐厅，长乐未央。

——广告

梦遇

"这个创意不是我想出来的，我只是梦见了它，我相信创造性的梦。当建筑师和艺术家在绘图纸上落笔之前，无线电城音乐厅的形象就已经完整地、几近完美地出现在我脑海中了……"[36]

在充塞着夸大其词的曼哈顿，这样的话还算合情合理，罗克斯（Roxy），无线电城音乐厅的动画师，声言了一个玄虚神异的启示，称述那是他令人叹为观止的剧院灵感的来源。

大都会度假胜地中面向人造落日的宴饮者（revelers）："去无线电城音乐厅一次等于去乡下一个月。"

专家

罗克斯——真名是塞缪尔·莱昂内尔·罗特哈费尔（Samuel Lionel Rothafel），来自明尼苏达州的斯蒂尔沃特（Stillwater）——是 20 年代歇斯底里的纽约的最出色的表演业专家。小约翰·洛克菲勒在放弃了拟将大都会歌剧院作为他建筑群落的文化中心这个主意之后，将罗克斯从派拉蒙挖过来，转而全权委托他在中心里打造一座"全国性的演出场所"。

纽约—莫斯科

在这项事业——"举世未闻的最伟大的戏剧探险"——之中，罗克斯没法指望中心的建筑师协作组会太热衷，他们只是想着肃穆和现代，他们甚至还想说服罗克斯和他们一起去欧洲做一次考察旅行，那样就可以让罗克斯亲眼看看现代建筑在剧院建设上所取得的进步。

1931 年夏天：杰出的演出业专家罗克斯、两位商业建筑师（哈里森和莱因哈德），以及一个技术专家的代表团做了横渡大西洋的旅行。

罗克斯，一个制造足够数量和密度的幻觉来满足大都会人群的专家，这趟出行让他和欧洲建筑师们打了照面，他们是罗克斯所体现的演出业传统清教徒的敌手。

罗克斯在法国、比利时、德国和荷兰感到索然无味；他的建筑师们甚至强迫他坐上火车去莫斯科，这样他就可以亲身考察和体验20年代中期以来构成主义者在那里建筑的俱乐部和剧院。

佳音 [37]

在返回纽约的大西洋途中某处，一种神启击中了闷闷不乐的罗克斯。凝视着落日，他收到了他的剧院的"佳音"：它将是这夕阳的化身。(《财富》杂志将这建筑启谕的时间定得靠后，也就是剧院落成一周前。果真如此，罗克斯的佳音便是马后炮了——它姗姗来迟，不过一样有效。) [38] 回到纽约后，罗克斯脑子里的念头只等着他的建筑师和室内设计师予以实体化。

从一开始，罗克斯便坚持不折不扣地落实他的隐喻。在音乐厅建筑外廓长方形的平面和切面之中，落日的主题通过一连串石膏的半圆实现了，这些半圆逐渐向舞台消隐，创造出了一个暧昧的子宫般的半球，它唯一的出口就是舞台自己。

这个出口"罩着美丽的水纹幕"，[39] 用特别研制出的一种合成织物制作，它的反光性让它可以代表太阳，从帘幕发出的"光线"沿着石膏拱一路延续到整个演出厅的周遭。石膏拱覆以金色，这样可以更好地反射夕阳落山的紫色和红天鹅绒——罗克斯坚持用它来铺椅子——的光芒。

罗克斯的梦的结果是，尽管演出厅黑下来的时候出色地达到了夕阳的效果，每次演出间歇和结束时的重新来电，却变成一次日出。

换而言之，在无线电城音乐厅，一场演出就要重复好几次 24 小时的昼夜更替。白天和夜晚急剧地缩短了，时间加速了，经验更浓烈了，生活——潜在地——变成了原来的两倍、三倍……

寒意

罗克斯对于奇想技术的理解启发了他的隐喻的进一步强化：他对空调系统的传统使用——通风和降温——提出质疑，他意识到那只会给日落带来寒意。

带着与他早期愿景同样特色的疯狂逻辑，罗克斯考虑给他的剧院环境加上可以产生幻觉的气体，这样，合成的狂喜就可以加强虚构出的日落效果，少许笑气可以让 6200 名观者开怀，也会让舞台上的活动超来劲儿。

他的律师打消了他的念头，不过一个短暂的时期，罗克斯确实向剧院的空调系统中注入了臭氧——一种因为"让人振作的气味"和"使人兴奋的疗效"而用于医疗的 O_3 分子。

兼有超级的时间和超级的健康，罗克斯用这样的口号

来定义大都会度假胜地的公式：“去无线电城音乐厅一次
·····
等于去乡下一个月”。[40]
·······

突变

罗克斯的人造乐园——“终极的田园”——它的完美
和隐喻上的说服力，触发了进一步的、出乎意料的文化突
变的链式反应。

“运思之宏大，规划之恢宏，执行之完满，无线电城
尚无可匹敌。”[41] 它的创造者如此声称，理直气壮，然而
这容器如此完美，使得它不完美的内涵相形见绌。

无线电城开放的当夜，陈腐和用滥了的歌舞杂耍传
统—— 一种 20 年之前在康尼岛上已登峰造极的传统——
的残存，直愣愣地落入了罗克斯闪光的新装置。

古老的戏码没能通过测试。当喜剧演员开始按部就班
时，脚灯 200 英尺开外的观众们没法看清他们的鬼脸，仅
仅是剧院的尺寸，就决定了无法常规运用人类的嗓音，甚
至人类的肢体；巨硕的舞台——和一个城市街区等宽——
否定了“身临其境”（mise en scène）[42] 的意义，“身临其
境”总是用事实上的近距离来表达巨大的尺度。可在这个
舞台上，“气氛”被雾化稀释了。

这种危急的情形无情地揭示了“感觉”是不真实的，
而且只有人类才有，或者更糟，它是人类的，所以不真实。
··   ··

"大多数演出，"一位批评家在第一夜写道，"看上去很不幸都是些二流货色，在如此恢宏的建筑和机械中间，显得格格不入。"[43]

罗克斯剧院的建筑和它舞台上的活动之间有光年之遥。

无意之间，和任何刻意去革命的剧院迄今的成绩相比，无线电城代表一种和过去更断然的决裂。

粒子

罗克斯几能乱真的布景如此壮美，在 30 年代早期，只有好莱坞才生产那种可以与其匹敌的景片。

好莱坞发展出了一种新的戏剧公式——通过一个捏造出的愉悦的磁场，分离的人类粒子在空中无重量地飘浮，偶尔互相碰撞——这公式可以和无线电城音乐厅的人工性相匹配，它并为后者注入密度充足的抽象、规整的感情。没有哪儿，比罗克斯的杰作更适合上演梦工厂的产品了。

后台

第一夜的惨败之后，人性 ——表现为老掉牙的杂耍——被荒置了，音乐厅成了一座电影院。一座电影院只需要一个放映室、一个观众厅和一幅屏幕，但是无线电城的屏幕后面依然有着另一个世界，"完美地组织起来的

大都会度假胜地的控制间：“他时常（有时候是用望远镜）注视着的大舞台，是在足足一个城市街区之外……”

700 个生灵的所在"：后台。

它的精良设备包括宿舍、一座小医院、彩排室、一座体育馆、一个艺术部、戏装工作坊。那儿有无线电城交响乐团和一个 64 名女舞蹈演员——"罗克斯耶特"（Roxyettes）[44]们，身高全都在 5 英尺 4 英寸至 5 英尺 7 英寸之间——组成的永久性的舞蹈团，一个没有剧本的歌队，无需剧情就可以玩转。

不仅如此，还有一群马戏动物——马、牛、山羊和其他动物。它们生活在格外现代化的畜厩里，有人工照明和通风，一部动物电梯——大小足以运载大象——不仅仅可以将它们放置在舞台上，而且还可以去往无线电城屋顶特别的草场。

最后，是罗克斯自己的公寓，容身在他剧院屋顶的桁架之间。"它是圆形的，全用白色石膏，墙面呈抛物线直至拱顶，整体上实在是使人屏息——混混沌沌、时空无迹，使你感到就像没出壳的小鸡仰望着蛋壳顶。为了让整个建筑更加蔚为可观，墙上还有电话转盘，你旋转转盘时，就有一盏红灯闪烁——某种和无线电有关的东西"。[45]

但是最让人痛心的懈怠是那些巨大的演剧机械，"世界上最完备的机械装置，包括一座旋转舞台；三块可以调控的舞台地板；一座动力驱动的管弦乐队用高台；一个水柜；一幅电动的帘幕；75 列用于布景的舞台吊索，其中十列可以电动；一座 117 英尺 × 75 英尺的圆形环幕（cyclorama）；六套电影音响和两幅放映屏幕；位于旋转舞台中央的一座喷泉，旋转的时候可以产生水景效果；一套扩音系统（AP System），用于播放演讲、制造雷和风的效果（从 54 架带式唱机的唱片之中放出来）；舞台上、脚灯里、乐池里和半地下室里半露的麦克风，以及舞台上幕前藏起来的一部放大器和六部扬声器；和扩音系统相连的一个监视器系统，可以制作出舞台上的对白，在放映室、导演办公室——喜欢的话，甚至在门厅和大堂里——播放，这监视器系统也可以将舞台监理的指示传到化妆室和电气室；一部精良的，有着六座马达驱动的、横跨舞台的灯桥的照明系统，每座 104 英尺长，上面的透镜组和泛光灯可以制造出特别的照明效果；八座可移动的 16 层的照明塔；四座聚光灯廊（spotting gallery），舞台每边两座；观众厅的天花板上一座聚光灯间（spotting gallery booth）；安置在地板中的一条圆形环幕轨，以及满布地板的一套自动找平的隐形脚灯；六部投影机，四台特效机和寻常的或非同寻常的复杂控制。"[46]

将这些电影银幕后面的机械潜力弃之不顾是不可接受的。

乱了套的日落和拂晓，永远待命的"罗克斯耶特"们和大都会里的牲口，加上懈怠的"世界上最完备的机械装置"，带来了呼吁新的舞台秀的多重压力，这个舞台秀理应可以在最短的时间里最大限度地用上这头重脚轻的基础设施。

在关键时刻，罗克斯，制作总监和"罗克斯耶特"（她们的名字很快便被修整成了"洛克茨"［Rockettes］）的指导利昂·利奥尼多夫（Leon Leonidoff）首创了一套惊人的仪式：一种新的老套，某种意义上，它们是这场危机的记录；对于"缺乏灵感"的概念的系统阐述；基于一种过程，它们是"毫无内容"这一主题的变种，非人的、依赖癫狂协同合作的一种展示，在欢天喜地的一场投降式里，个性向一场人造的终年累月的春之祭屈服了。

这种表演的本质是集体高踢大腿：对性感部位的同时展示，它们引来窥视，但是在超越撩拨个人欲望的尺度上。

"洛克茨"是一种新的种族，她们向旧的种族展示着她们的过人魅力。

金字塔

为音乐厅的观众考虑，这种纯粹的抽象偶尔也和被认可的现实发生联系。制作人利奥尼多夫带着他的人造种族侵入了传统的故事，使得乏味的神话勃发出了活力。

特别是他的复活节秀成了这种异体受精的经典，一座复活节蛋组成的金字塔占据了舞台的中央，霓虹闪烁处出现了裂缝。

经过一番挣扎，"洛克茨"毫发无伤地出现在碎裂的蛋壳中，这直接对应着耶稣的复活。

舞台上的碎片神奇地一扫而空，重生的"洛克茨"恢复了她们惯常的队列，尽可能高地踢起大腿……

歌队

只有"洛克茨"的抽象运动才能产生出完全无剧情的戏剧能量，与罗克斯创造出的剧院相得益彰。

这就像是一出希腊悲剧的歌队[47]，她们将本该支持的演出弃之不顾，转而寻求自己的解放。"洛克茨"，多重日落的女儿们，是一个民主的歌队，她们终于放弃了她们的陪衬角色，在舞台的中心伸展开她们的力量。

"洛克茨"＝成了主角的歌队，领衔，由64个个人组成的一个角色，她们占据了巨大的舞台，穿着至上主义[48]的戏装：肉色的连体衣，画着一系列黑色的长方块，向腰部逐渐缩减为小黑三角——这活动的抽象艺术，与人体格格不入。

发展出了它自己的种族、自己的神话、自己的时间、自己的仪式，无线电城音乐厅的容器终于产生出了一种与之相称的内容。

它的建筑已鼓吹过，现在正在支持着一种新的文化，

"洛克茨"和机器们："演出中，芭蕾舞团的成员们在电梯旁等待着巨大闪亮的活塞提升到舞台的层面……"

"洛克茨"演出的精髓：无剧情的戏剧能量。

保存在它自己的人工时间里，这种文化将永远鲜活。

方舟

从日落向他显现"神启"的瞬间，罗克斯已经成了诺亚：半神性的"圣音"所择定的接收者——他对这显然的妄言并不加怀疑——这"圣音"的现实将施于世界。

无线电城音乐厅是他的方舟，如今，它容纳着超级复杂的置备，可以将选择的野生动物和设施安放到整个结构之中。

在"洛克茨"中，它有自己的种族，沉湎于它的布满镜子的宿舍，单调的医院产房似的床铺按常规排列成行，但没有婴儿。无需性爱，只需通过建筑的效果，处女们可以自我繁殖。

音乐厅终于找到了它的舵手——罗克斯，作为一名有眼光的规划者，他在拨给自己的街区建成了一座自给自足的天地。但是，和诺亚不同，罗克斯不需要现实世界中的洪水来证明他的神启；在人类想象的宇宙之中，只要"长乐未央"，他就永远是对的。

就设施和机械装备的完善而言，就人类和动物群落的选择而言——换而言之，就它的宇宙创生（cosmogony）理论而言——曼哈顿的 2028 个街区中的每一个都潜在地泊有这样一艘方舟——或者可能是愚人船[49]——用自相矛

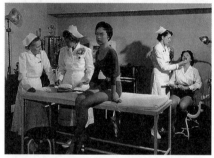

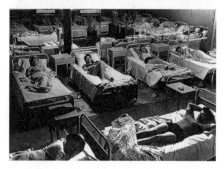

（上）危机之中的"洛克茨"：她们永远是处于待命状态中的，这种毫无用处的老生常谈基于缺乏灵感的概念之上。

（中）"洛克茨"的医疗中心：一个新种族的苏生。

（下）"舞蹈演员的宿舍位于后台。女孩们可以在幕间休息，过夜……"

盾的声言，它们招募自己的水手，通过进一步的享乐，承诺救赎。

　　立身在如此的丰盈之中，它们累积的影响是乐观主义之一种，这些方舟一起嘲笑着天启的可能。

第五大道的克里姆林宫

莫斯科

1927 年，著名的墨西哥壁画家迭戈·里维拉（Diego Rivera），"声誉良好的共产党员，国际红色救助会（International Red Aid）[50] 墨西哥支部代表，墨西哥农民协会代表，反帝国主义同盟总书记，《解放者》（*El Libertador*）的编辑"，作为"十月革命"十周年庆典邀来帮忙的一个"工农"代表团成员，参观了莫斯科。

从列宁墓的一个观察台上，他"用贪婪的眼睛"观察着，"手里是笔记本，不过大多数时候，是在他的不知疲倦的大脑里速写着"这红色的庆典。

欣喜的激进艺术家记录下了场面调度（mise en scène）全景："莫斯科的百万劳苦大众欢庆他们最伟大的节日……深红色旗帜欢腾的海洋，迅捷有力地变换动作的

RCA大楼中，里维拉未完成的壁画。由左下至右上的对角线：望远镜之中看到的宇宙。第二条对角线：显微镜中看到的细菌。左上："由大群身着希特勒德国制服的蒙面士兵象征的化学武器。"在金属的茧壳中："在被剥削的劳动者们残酷的痛楚中，有钱人堕落和持久地享乐着。"在中央，"人类"——他似乎被这种意识形态的冲突弄糊涂了——"通过机器控制着至关重要的能量"。右上，"不必蛊惑人心或异想天开……组织起来的苏维埃大众——正朝着一个新的社会秩序的发展而前行，以史为鉴，以清晰、理性、全能的辩证唯物主义方法……"刚好偏离中心：在士兵、黑人农夫和白人工人之间，是列宁和颠覆性的契约。"对列宁肖像的攻击不过是个借口……事实上，整幅壁画都让资产阶级感到不快……"（迭戈·里维拉《美国的肖像》）

骑兵……满载步枪兵的卡车组成了立方形的图案……紧凑前行的步兵方阵……巨大的、旗帜林立、彩车游曳的长龙，是这个城市缓缓前行的、兴高采烈地歌唱着的大批男人和女人，整日整夜地游行通过巨大的广场，"这一幕给他留下了这样的印象，"有朝一日他希望能够在俄国的墙壁上完成如此的壁画。"

他的传记作家这样写道："不仅仅（里维拉）是从知性上理解'俄国革命'——太多的激进艺术家付出代价才发现，在艺术之中，纯粹的知性可能只是件约束衣（straight jacket）[51]，里维拉的情形不一样，这一切整个地占据了他，激励着他，直至思想和感觉成为一体，由此衍生的只可能是艺术。"[52]

1927

在这一年，俄国现代主义和苏联当局的冲突发展到了使人不安的阶段：现代主义者被指责是精英分子，他们的作品名副其实地毫无用处，苏联政府决意一劳永逸地定义一种艺术原则，可以用来发动和激励群众。

他的邀请方没有忘记里维拉叙事风格的潜质——他令人信服的视觉感染能力在世界上罕有匹敌。和里维拉面谈之后，共产国际宣传部的头儿借用了这个墨西哥人的观点攻击俄国的先锋派们："最先进的艺术表达和大众基本趣味之间的沟壑，只能如此填补：增进大众文化水平，使大众能够感受无产阶级专政下发展出的新型的艺术，并紧跟这条道路；但无论如何，大众和艺术的和解现在就可以开始了，这条路是简单的：绘画！在俱乐部和公共建筑的墙壁上绘画吧！"[53]

里维拉添上了一条个人的责难，它进一步地动摇了他的现代主义同仁的地位："他们应该带来一种艺术，像水晶一样简单、清晰、透明，像钢铁一样坚硬，像混凝土一样有凝聚力，新的世界历史阶段伟大建筑的三位一体。"[54]

里维拉作品的原始社会主义（Proto-Socialist）的现实主义，恰好投合主导苏维埃对正确艺术寻求的意识形态。

在莫斯科待了不到一个月，里维拉被要求为斯大林画一幅肖像。他还和美术委员卢纳察尔斯基（Lunacharsky）签署了一份协议，在红军俱乐部画一幅壁画，"并为目前正在莫斯科建设中的新列宁图书馆准备些严肃的作品"。

然而，由于本地艺术家的行业嫉妒，红军项目——投落在俄国墙壁上的里维拉头脑中的速记——流产了，里维拉突然离开了苏维埃社会主义联盟，随身只带了他的笔记本，自然，不可避免地，也带走了"在他记忆超强的大脑中的画板上"的草图。

纽约

回到墨西哥之后，里维拉在民族宫的墙上画下了一批壁画，这些画中有《亿万富翁的宴会》，洛克菲勒、摩根和亨利·福特在股票交易显示带上用餐。

为了不断产出，里维拉只有不断地消耗新鲜的图像。像一口疯狂的油井，30年代的美国喷涌出了各种神话，从生产线到领面包的队列[55]，而两者对里维拉都同样有用。

1931年现代艺术博物馆（MoMA）——洛克菲勒家族和先锋派刚缔结的新关系——邀请里维拉举办一个回顾展。1931年11月13日，距开幕还有五周，里维拉抵达了曼哈顿创作七张的系列活动壁画——它们可以移动，作为"在一片建筑不会持久站立的土地上"的预防措施。[56]

和在莫斯科一样，他立即开始着手编撰自己的图像学，新壁画的三幅阐释了纽约：《风钻》、《电焊》和《被冻结的资产》。"第三幅壁画从三个层面描绘了纽约，底部是守卫森严的银行的金库，里面是不能移动的财富；中部，一动不动的人们躺在市政收容所的地板上，像一个太平间里铺陈的尸首；上方，纽约不可撼动的摩天楼，像是商业坟墓上的座座纪念碑"[57]（被选中作为前景的两座"坟墓"是雷蒙德·胡德的每日新闻大厦和麦克格劳—休大厦）。

《被冻结的资产》清楚无误的政治内涵带来了争议，这次展览打破了 MoMA 的纪录。

受福特王朝的赞助，1932 年里维拉的大部分时间都花在底特律的机械内脏里，在底特律，他受命装饰福特投资的美术研究所。[58]

更多的是倾倒而不是批判，他的壁画是充满感性的生产线的礼赞，工业神话的颂歌，神圣的传送带一路输送着被解放的人类。

十字路口

像苏维埃人一样，洛克菲勒家族计划在他们巨大的建筑群落里安放适当的艺术作品，以落实它的文化宣言。

由于特别的经济—艺术力度的吸引，红场笔记本——48 幅水彩画和无以数计的铅笔笔记——最终到了小约翰·洛克菲勒夫人的手中。洛克菲勒家族的其他人也买了里维拉的作品。

1932 年后期，纳尔逊·洛克菲勒邀请里维拉来装饰 RCA 大楼的主大堂。

与马蒂斯和毕加索一起，里维拉受邀递交小样，主题是"十字路口的人类，正怀着希望和高远的期待，注视着对新的、更好的未来的选择"。[59]

建筑师对艺术入侵他们的领域感到焦虑。在胡德的坚持下，壁画必须是三种颜色：白、黑和灰。

马蒂斯对此没有兴趣，毕加索拒绝会见洛克菲勒代表团，里维拉则感到受了侮辱，他闻名世界，却要让他参加一个竞赛。他拒绝了，但同时坚持使用颜色，警告胡德如此"白和黑的搭配致命地将在公众中唤起置身葬礼的感受……在建筑的底层总是感觉像地窖……宵小之辈必定会想到一个像'殡仪馆'那样的诨名"。[60] "抱歉你不能接受。"胡德匆忙回电报，但是纳尔逊·洛克菲勒协商出了一个解决方案，制订了一个更具体的主题。

"哲思性的或是精神性的品质应该主导壁画，我们需要绘画能够使人们停下来思考，让他们的思绪转向内心，飞扬……（从而）激起不仅仅是物质上的也是精神上的觉醒……

"我们的主题是**新边疆**！

"人类不能绕过他急迫和至关紧要的问题，一味'前行'，他只能以他自己的所有来解决这些问题。文明的发展不再是水平的，它深入内心，飞扬，它哺育人类的灵魂和心智，充分地理解生活的意义和神秘。对于在这个天堂里创作的绘画，这些边疆是——

"1. 人类和物质的新关系，那是人类从他对物质事体的新理解中得到的新可能性，以及

"2. 人类和人类的新关系，那是人类对于'登山宝

迭戈·里维拉，《被冻结的资产：城市的纵剖面》，"活动"壁画，1931 年。现代艺术博物馆（MoMA）为它的展览邀请里维拉"以他的墨西哥作品的风格……创作七张壁画，其中两张可能是美国的主题"。绘制它们的速度导致完工如此之迟，以致无法收进图录之中。当人们发现了他的"美国主题"的要命的、颠覆性的实质，已经太晚了。

训'（Sermon on the Mount）[61] 真正意义的新的和更完备的理解。"[62]

困惑

1932 年，是苏维埃社会主义联盟和美利坚合众国的图像学巧合的一年，共产主义的风格和资本主义的风格——两条平行线，大概只能在无限远处相交——突然有了交点。

视觉语汇的近似被许多人误读为实际的意识形态交汇："共产主义是 20 世纪的美国主义"是美国共产主义者的口号。

因此，里维拉的红场素描——现在为洛克菲勒夫人所有——可以登上《大都会》（Cosmopolitan）杂志的页面，甚至出现在《财富》（Fortune）的封面上，《财富》本身是资本主义—现实主义（Capitalist-realist）的宣传册子，致力于对管理的礼赞。

海市蜃楼（Fata Morgana）[63]

RCA 壁画的故事是两伙人开始从两端挖掘隧道，计划在中间合龙，当他们挖到既定地点时，但却发现另一头不见人影。对里维拉而言，曼哈顿大堂崭新的墙面成了移置的俄国墙壁，在这上面他可以最终实施他的红军壁画。

为洛克菲勒家族服务，他将永久性地在曼哈顿树立起一座共产主义的海市蜃楼——如果不是"哈得孙河岸的克里姆林宫"，至少是一座第五大道上的红场。

共产主义的颜料层和曼哈顿的电梯间不期相遇，这相遇呈现了一个默里的罗马花园策略的政治版本：通过特别形式的装修，个人或团伙盗用了曼哈顿建筑内部在理念上未被认领的疆域。

就像此前这种策略可以闪回到不存在的过去一样，现在它可以带来政治上的跃进，理想未来的建立：洛克菲勒中心，美国社会主义苏维埃的总部。

与此同时，有意无意地，里维拉恰恰是在纳尔逊·洛克菲勒的"新边疆"概念里行事："文明的发展不再是水平的，它深入内心，飞扬。"对里维拉这个意识形态的殖民者而言，RCA 的大堂成了室内的、大都会里的蛮荒西部，他正是在最好的边疆传统中宣示了自己的所有权。

对角线

两条对角线组织起了壁画，它们是延展了的椭圆形，为里维拉创造了"动态的对称"。

在这十字的左边是资本主义迫害的逐一铺陈：警察加害等待在领面包线上的工人；战争场面，"脱离伦理发展的技术力量的后果"；一个夜总会的场面，在其中一群后世的玛丽—安托瓦内特（Marie-Antoinette）[64]——布尔乔亚的代表——在金属茧壳的装甲庇护之中玩着纸牌。

在右边，终于出现了克里姆林宫的墙壁。

列宁墓的剪影。

"缓缓前行的、兴高采烈地歌唱着的大批男人和女人，整日整夜地游行。"

在红场下面，通过电视摄像头变得真切的，是"一群年轻女人们正享受着带来健康的运动"。然后是另一个茧壳，在其中（里维拉的提要）"领袖用一个永远和平的手势，将士兵、黑奴农夫和白人工人的手握在一起，背景中同时是大量高举拳头的工人，展示了将这一事实延续的决心"。

前景中，"一对年轻恋人和一位哺育着她的新生儿的母亲，看到了领袖愿景的实现，那是生活、成长、爱与和平的生生不息的唯一可能"。

主壁的两侧各安排了成组的学生和工人，由"国际化的样式"组成，他们将"在未来实现脱卸了种族仇恨、嫉妒和敌意的人类大团圆……"第一个椭圆形是透过显微镜的所见，"极小的生命机体"的宇宙，直截了当的特写镜头现出导致了性病的细菌，它们组成了一团不吉利的——如果不是五彩缤纷的——云朵，笼罩在那些玩牌的女人们的头顶。

第二个椭圆形将人的视界带到最遥远的天体。

在椭圆形交叉的地方，"两具天线接受宇宙能，将它们输送到工人控制的机械中，然后转化为生产的能量"。[65]但是，这种能量被从构图的形式中心改道移到了偏离中心的一点，那里才是壁画真正的重心所在：领袖所操控的多重握手。

就面积而言，严格审视，显然占据图画最大面积的是一部巨大的机器，整幅壁画是这机器所操纵的奇迹的魔咒：共产主义情操和美国专业知识的联合。

它巨大的尺寸衡量出里维拉潜意识中的悲观主义，他担忧的是苏维埃社会主义联盟和美利坚合众国的合成是否可以真的擦出火花。

焦虑

从一开始，里维拉的客户就一直对他将两种意识形态并置感到焦虑，但是他们对它的涵义一直睁只眼闭只眼，直到 5 月 1 日开幕式的几星期之前，里维拉涂掉了此前遮蔽领袖脸部的巨大遮盖，显出了一个秃头的列宁像，直愣愣地盯着观众的脸。

"里维拉描绘共产主义活动场面，小洛克菲勒埋单。"《世界电讯》（*World-Telegram*）的头条惊呼。

纳尔逊·洛克菲勒愿意容忍红场，他给里维拉写了一个便条："当我昨天在 1 号楼里观摩你使人叹为观止的壁画的进展时，我注意到你在这画最近完成的部分里加入了一个列宁像。

"这部分画得很好，但我觉得他的肖像出现在这里会很容易冒犯非常大的一群人……尽管我如此不情愿这样做，恐怕我们要请你用另外的人脸替代，放在列宁像现在出现的地方……" [66]

里维拉做出了回应，他提议用一群美国英雄——比如林肯、纳特·特纳（Nat Turner）、斯托夫人（Harriet Beecher Stowe）、温德尔·菲利普斯（Wendell Phillips）[67]——来替代性病细菌云朵下玩牌的女人，这样就有可能重获平衡。

两周以后，大堂被锁上了。里维拉被从脚手架上叫下来，他得到了一张全额报酬的支票，然后被勒令和他的助手们离开现场。外面等待着里维拉的是另一幕情景：

"环绕着中心的街道上是巡逻的骑警，上空是飞机的轰鸣声，它们绕着被列宁像威胁下的摩天楼飞行……

"无产者迅速做出了反应，我们撤离这座要塞的半小时之后，这个城市最勇武的工人们组成的示威队伍抵达了战阵之前。立即，骑警们展示了他们无比的威力，向游行队伍冲上来，野蛮地用棍棒打伤了一个七岁的小女孩的后背。

（上）列宁在曼哈顿。

（下）里维拉壁画的左侧。右下：骑警无法控制那些潜伏着危机的大众，后者正威胁着身处防护茧壳之中的有钱人们。上面：武器工业的"进步"。转角处：仁慈的神祇使得电力运转。

"由此，在洛克菲勒中心战役中资本主义赢得了对列宁像的辉煌胜利……"[68]

这是里维拉壁画里唯一成为现实的部分。

六个月之后，壁画被永远摧毁了。

克里姆林宫重新成了电梯间。

附记二则

狂喜

RCA 建筑的顶部是彩虹室。

"从彩虹室的 24 扇大窗户里看纽约，或是在彩虹室熠熠的光辉里观看一次夜总会表演，来访者们将体味到 20 世纪娱乐的终极境界。"[69]

洛克菲勒中心的规划者要把这个空间称为"平流层"（Stratosphere）[70]，但洛克菲勒阻止了这个名称，因为它不正确。这个房间里有最好的交响乐演奏，"杰克·霍兰（Jack Holland）和琼·哈特（June Hart）的舞蹈[71]……或许飞是一个更好的词。"[72] 用餐者被安置在曲线形的平台上，环绕环球塔的象征主义残余：一个圆形的舞池缓慢地旋转着。

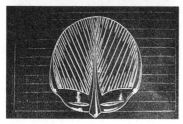

新的人类种族的揭幕，立面和平面。"考虑一下萨克诺夫斯基关于未来男人和女人的主意。耳朵和鼻子做了萨克诺夫斯基式的流线型处理……头发将只用作装饰……"

后缩的窗洞上包覆着镜面，由此，大都会的观望里有与真实情景等同的镜像曼哈顿。

这间屋子是完美创造的高潮。

只是人类种族自身依然挥之不去的缺憾，向这狂喜的竞技场投下一缕阴影；建筑比它的居民还要优越。然而即使这点缺憾也可以得到纠正，"现在让我们将男人和女人变得更加流线型（streamline）。"[73] 亚历克西斯·德·萨克诺夫斯基伯爵（Count Alexis de Sakhnoffsky）[74]——设计师，"在彩虹室午饭桌旁将他的椅子向后仰着"，他建议说。伯爵已经设计了汽车、手表和衣服，现在他揭开了他重塑人类种族计划的序幕。

"改良随处可闻，让我们改进自身。科学家将告诉我们，对于今天身体被召唤来做的事情，它还缺乏什么；他们并将指出，什么是它所拥有、但不再需要的东西；然后，艺术家将为今天和未来的生活设计完美的人类。脚趾头将会淘汰了，我们有脚趾头本来是为了爬树的，我们不再需要爬树了，这使鞋子可以互换，呈美丽流线型；耳朵们将翻转，嵌入窄缝并和头部流畅地整合为一；头发将只用来增添风味和装饰；鼻子也需要整修得流畅。体形轮廓将做适当改变，以使得男人和女人们更加优雅。

"诗人和哲学家们称为事物的终极契合，是整修为流线型的目的。"

现实中的 RCA 板楼。"美国人是抽象的唯物主义者……"

在一个在各种可能层级上创造拥挤的文化中，整修为流线型等同于进步。

曼哈顿不需要解除拥挤，它需要流畅的拥挤。

病患

胡德从来不生病，但是在 1933 年，当洛克菲勒中心的第一期完成时，他一下子病倒了。朋友们猜想是洛克菲勒中心的狂热工作让他筋疲力尽，事实上，他得的是风湿性关节炎。

在医院中"他从未精力衰退"，"即使在他病入膏肓的时候，他依然挣扎着回到他的办公室，设计那些他在脑子里感受到的建筑"。[75]

但是，在大萧条时没有工作可做，即使胡德也没有。

洛克菲勒中心是为可预见的未来设计的，它是终极的曼哈顿的第一个片段，也是最后一个。

胡德看似痊愈了，便回到自己的办公室。从他所在的散热器大楼窗户看出去，RCA 大楼如今完全统治了画面。一位老朋友来访，提醒胡德，他离开了外省的办公室"是为了成为纽约最伟大的建筑师"。

"纽约最伟大的建筑师？"胡德重复道，注目于夕阳里火红的"平板"（Slab）——RCA 大楼，"蒙上帝的恩惠，我是。"

1934 年，他去世了。

科比特，与胡德同为曼哈顿理论家，拥挤文化的共同鼓吹者和设计师，他写道：

"他的朋友都称他为'雷'（Ray）·胡德，富有活力，光芒四射但和蔼可亲的'雷'。[76]

"在所有生命历程中，我从没有听说过任何其他人有更生动的想象力或是更澎湃的精力，但他从不装腔作势。"[77]

欧洲人：注意！

达利和勒·柯布西耶征服纽约

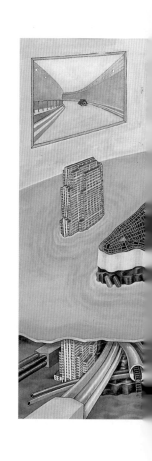

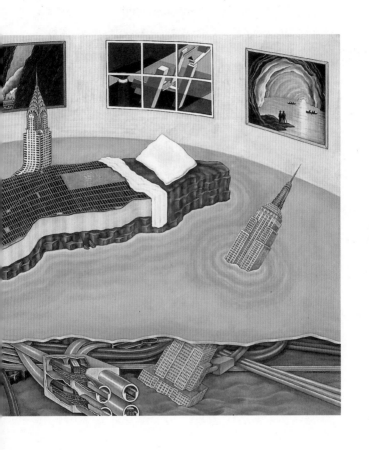

马德隆·弗里森多普《无拘无束的弗洛伊德》(*Freud Unlimited*)。

纽约是一座未来主义的城市，那叫做欧洲的则是衰败老朽的巴登—巴登（Baden-Baden）[1]，年迈者的荒唐而庞大的子息，欧洲女妖奄奄一息的灵性和黑色的呼吸。

　　　　　　　　　　　　　　——本杰明·德·卡塞雷斯《纽约之镜》

　　注意！我将为你们带来超现实主义。

　　很好！纽约的许多人情愿为超现实主义生动和美妙的源泉所感染。

　　　　　　　　　　　　　　　　　——萨尔瓦多·达利
　　　　　　　　　　　　　　　　　（Salvador Dalí）

　　曼哈顿，在一块岩石上铺展的未切片的鳎鱼。

　　　　　　　　　　　　　　　　　——勒·柯布西耶
　　　　　　　　　　　　　　　　　（Le Corbusier）

征服

在 20 世纪 30 年代中期，萨尔瓦多·达利和勒·柯布西耶——他们彼此仇视——都是第一次造访纽约。

两人都征服了这座城市，达利是通过概念性的演绎将其窃取（"纽约：为什么，为什么，你创造了我的塑像，在我出生很久很久之前？"）[2]，柯布的建议简直就是要将这座城市摧毁（"它的摩天楼太微末了"）。[3]

他们的反应——截然相反——是欧洲人长久以来想"收回"曼哈顿的努力的篇章（推动这篇章的一半是嫉妒，一半是欣羡）。

方法

"我相信这个时刻已经来临，当心灵产生偏执和积极的动向时，将有可能系统地制造错乱，由此使得整个现实世界不再可信"：[4] 在 20 年代晚期，萨尔瓦多·达

（上）医院派对上的"强化疗法"患者们："对弗洛伊德的后续的、强有力的挑战。"对每一个记忆起的习惯都有塑料代币奖励——微笑、口红、短暂交谈，等等。这样的"奖励措施证明非常有效地鼓励了患者们照顾他们自己……"（注意前景中有大量的"宝丽来"〔Polaroid〕相机，已经做好准备来"记录"这种对于正常的模仿的胜绩。）

（下）偏执的批判性方法的内部机制图解：通过经意地模拟偏执的思想过程，产生了跛足的、无法证明的猜想，笛卡尔式的理性为这种猜想提供了支持（制造批判性）的"拐杖"。

利在超现实主义的血脉中注入了他的偏执的批判性方法（Paranoid-Critical Method）。

"萨尔瓦多·达利是在 1929 年将注意力转向偏执现象的内部机制的，他预见了一种实验型方法的可能性，这种方法基于一种力量，它主导了仅见于偏执狂的种种系统性联想；随之，这种方法成了疯狂的批判性合成，号称'偏执的批判性活动'。"

偏执的批判性方法（简称 PCM）的座右铭是"征服非理性"。

不是消极地、故意不置可否地向潜意识投降，犹如早期超现实主义在自动写作、绘画和雕塑上所做的那样，达利提出了超现实主义的第二阶段：通过 PCM，有意识地探索无意识。

达利主要用撩人的公式来定义 PCM："非理性知识自然产生的方法，基于对疯狂联想和演绎的批判性和系统性的实体化……"[5]

解释 PCM 的最容易的办法就是描述它的截然对立面。

在 60 年代，两个美国的行为主义者——阿隆（Ayllon）和阿兹林（Azrin）——发明了一种"强化疗法"（reinforcement therapy），他们将这种疗法称为"代币制"（Token Economy）。[6] 通过给某所特定的疯人院的患者大量发放彩色塑料代币，鼓励这些患者尽可能地像正常人那样行为处事。

两个实验者"在墙上贴上一张期望行为的表单，然后给那些收拾床、打扫屋子、在厨房劳动等等的患者一些奖励点（代币），这些代币可以拿来换取食堂的东西，或者是生活便利，比如一台彩电，允许晚睡，或者是一个私人房间。事实证明这些奖励措施非常有效地鼓励了患者们照顾他们自己，打理病房"。[7]

在这种疗法之中寄寓的希望是，迟早这些系统的对于正常的模仿会成为真正的正常，这些出了毛病的心智将成功地自个儿潜入某种形式的健全心智，就像一只寄居蟹爬进一个空壳。[8]

旅游

达利的 PCM 是强化疗法的一种形式，不过方向正好相反。并不是病患者履行健康者的仪式，达利设想了一种心智健全者在偏执狂境域中的旅游。

达利发明 PCM 的时候，偏执狂在巴黎很是时髦。通过医学研究，它的定义已经大大超越了简单的迫害妄想狂，后者不过是广大的幻境中的一个片段罢了。[9]事实上，偏执狂是一种演绎的走火入魔（delirium of interpretation），所有事实、事件、力量、观察都落入了一种臆测的系统之中，而且病患"理解"这一切的方式只能绝对证实并强化他的

论断——那意味着起初的幻觉就是他的出发点。偏执狂总
是一次次击打自己头上的钉子，不管大锤实际在哪儿落下。

　　就像在一片磁场中金属分子总是排列产生一个集体
的、累积的拉力，通过无法停止的、系统的、对它们自己
来说又是严格理性的联系，偏执狂将整个世界转化成了一
个磁场，所有事实在其中都指向一个方向，一个他将执著
的方向。

　　偏执狂的本质就是这种和现实世界的紧张的——即便
是扭曲的——关系："外部世界的现实用于图解和证明……
以服务于我们心灵的现实……"[10]

　　偏执狂是一种永无尽头的认知带来的震撼。

纪念品

　　恰如其名，达利的偏执的批判性方法是两个连续的却
互不相干的操作的序列：

　　1. 在一种新的意义上，人工合成复制偏执狂看世界
的方式——包括它丰饶的不加质疑的联想、比拟和图式；
以及

　　2. 将这些云山雾罩的推测浓缩到一个临界点，使得
它们和事实一样密集：这种方法的关键之处是捏造出偏执
之旅的实体化的"纪念品"，是可以将这些出游的"发现"
带给其他人类的确凿证据，在形式上，这些证据最好就和

旅游快照一样显然和不容否认。

作为这种批判性操作的教谕方式——在这个例子之中，是证明偏执的（也就是本质上无法证明的）圣母升天[11]的命题——达利描述了他的一个梦境。

"虽然我醒了，我发现这个梦境依然和我熟睡时一样美妙。这是我的方法：拿五袋绿豌豆，将它们装在一个大袋子里，然后从50英尺高处扔下；现在，在坠落的豌豆上投射一个圣处女（圣母）的图像，每个豌豆之间的分隔只是空间，就像原子中间的粒子，每个豌豆上将反射出总体图像的一小部分；现在，人们将这个投射的图像上下颠倒，拍一张照片。

"由于服从重力定律的加速度，豌豆的上下颠倒将产生出升天的效果。为了进一步完善效果，人们可以将每一颗豌豆覆上一层反射膜，这将给它一种屏幕的质地……"[12]

此处，升天的臆想是最初的偏执的推进器，将它记录在一种无法撒谎的介质上，这个假设变为批判性的——实体化了，变得不容否认，置身于它可以变得活跃起来的现实世界之中。

偏执的批判性活动是为无法证明的推测捏造证据，随之将它嫁接到世界中去，如此，一个"虚假"的事实就可以在"真实"的事实中间非法占有一席之地。这些虚假的

萨尔瓦多·达利，约 1929 年，摄于他在巴黎成为一名超现实主义者之前。

在亚利桑那州的哈瓦苏湖（Lake Havasu）原样重建的伦敦桥。在新近的记忆中，这可能是最为直率的偏执的批判性尝试：一砖一瓦地拆来，现在它站在一座人工湖上，携着伦敦生活的碎片——红色的电话间、双层巴士、卫兵——在两头都增加了真实性。"前景中的伦敦桥网球俱乐部（London Bridge Racquet Club）是西端公园群落的一部分。桥的东边桥拱下的宽漫步道通往左上方的英国村落……""在它的落成差不多一个半世纪之后，以及在它从英国被拆除的三年之后，在距离它的石材来源地苏格兰的四分之一世界之外，伦敦桥再次得以立起，这是隔了五代的英国和美国建设者们的工程技术和决断力的辉煌胜利"。——碰巧，它解决了哈瓦苏湖的现实短缺问题。

事实和现实世界相关联，它们在一个既有的社会中做着卧底：它们的存在越是寻常，越是不引人注意，它们就可以越好地致力于摧毁这个社会。

脚趾

事实日渐消磨，现实行将枯竭。

由于旅游者渐渐频繁的来访，雅典的卫城分崩离析了，帕提农神庙倾塌了。

由于信徒们狂涌而至的亲吻，圣人塑像的大脚趾渐渐消失了，同样，在长久遭受人类不断的"亲吻"之下，现实的"大脚趾"慢慢地、不可遏止地消失了。文明的密度越高——它越是大都会化——这"亲吻"的频率便也越高，自然和人造的现实消耗起来就越快。它们消耗得如此迅猛，以至供给已经枯竭了。

那就是现实短缺的原因。

在 20 世纪这一进程愈演愈烈，而且伴随着一种并发的莫名不安：

世界上的所有事实、成分、现象，等等，都已经被分门别类编目了，确定无疑的现世已经被接受，所有事物，包括那些仍然未知的事物，都是已知的。

PCM 既是焦虑的产物，也是焦虑的一服镇定剂：它承诺，虽然理论上是循环不已的，被磨损了的和消耗了的

（上）让—弗朗索瓦·米勒，《晚祷》。还是一个孩子时，达利在他学校的小板凳上就能看见这幅画的复制品。它"在我心中产生一种模糊的焦虑……如此强烈，以至于这两个凝滞的身影从未离开过我……"

（左下）达利对米勒《晚祷》的置换（permutations）。为《马尔多罗尔之歌》（Les Chants de Maldoror）所做的插图，1934年至1935年：此处，米勒原先的主人公们消失了，但是他们的装备——干草叉、手推车和它神秘的袋子——被重新结构为偏执性的"替换物"。

（右下）《竖琴上的沉思》（Meditation on the Harp），1932年至1933年：现在，米勒的夫妇俩面对着的，据称是他们声名狼藉的关系的后裔。

世界的内容，可以像铀一样被重新富集，只要通过演绎还可以造就更新一代的虚假事实和捏造证据。

PCM 提议摧毁确定性的编目，或至少是扰乱它，这样一来现有的所有分门别类都短了路，从而有一个崭新的开始——似乎世界可以像一摞次序不理想的纸牌那样被重新洗过。

偏执的批判性活动就像在纸牌接龙（solitaire）游戏中的最后一着耍鬼，或者在玩拼图（jigsaw puzzle）时，把不吻合的一块强行敲进去。

偏执的批判性活动终于绑定了启蒙运动理性主义留下的松动的一端。

欲望

作为地球上使用过的内容（contents）可以循环再生的一个例证，达利他自己攻击了米勒的《晚祷》（*L'Angélus*）。[13]

第一眼看去，它是 19 世纪最无趣的陈词滥调：贫瘠的土地上有一对夫妇，在装着两袋成分不明的东西的手推车前面做着祈祷；一把牢牢扎入土地的干草叉、一个篮子和地平线上一座教堂的尖顶让整个画面变得完满。

通过将这些老掉牙的内容系统地重组，通过制造闪回和预叙——已知的图像的前溯和后续的画面——达利揭示出《晚祷》框定的意义暧昧不清，他发现了它潜在的意

（上）达利《克里斯托弗·哥伦布发现美洲》（*The Discovery of America by Christopher Columbus*），1959 年。哥伦布描绘了他面对两个论断——世界是圆的这一正确论断，以及他到达了印度这一错误论断——的分歧一刻，当他的足印踏上岸时，这两个论断就成了"事实"。

（下）1672 年若兰的《新阿姆斯特丹鸟瞰》。在此唯一真实再现的，是纽约作为一个项目：一种永无止境地流动的偏执性投射的结果，这种投射坚实地在曼哈顿的土壤中扎下了根。

义：这对夫妇直愣愣地僵在性的欲望中，这欲望下一刻将让他们活泼起来，男人摘掉了帽子煞有介事地摆着虔诚的姿势，遮盖着生理的勃起，手推车上两只倒伏在一起的神秘的袋子，正宣喻着此刻依然分开的夫妇下一步的亲热，干草叉使得性的吸引力变得具体了，夕阳下女人熠熠的红色帽子是提示男子性器官不耐烦的特写，诸如此类。

通过演绎，达利将《晚祷》击得粉碎，又给了它一段新的生命契约。[14]

印第安人 1

偏执的批判性活动早在它正式发明之前就存在了。哥伦布向西航行时，他要证明两条明确的假设：

1. 世界是圆的，以及

2. 向西航行，他也可以到达印度。

第一条推测是对的，第二条错了。

然而，当他踏上新大陆时，他证明这两个论断都让他满意。

从那一刻开始，土著就变成了"印第安人"——这个名词是捏造的证据，证明他们的发现者确实到达了印度，它是一个错误臆测的印记。[15]

（他们是偏执的批判性带来的种族，当这个错误被发现时注定要灭绝——作为使人尴尬的证据而被抹去。）

嫁接

任何殖民——将一种特别的文化嫁接到一个陌生的所在——的历程本身是一个偏执批判性的过程，当它发生在先前文化灭绝而留下的空场中时，更是如此。

从阿姆斯特丹到新阿姆斯特丹＝从泥浆到岩床，但是这片新的基石并不带来任何区别。新阿姆斯特丹扎根于概念性的克隆：将阿姆斯特丹的都市模式移植到一座印第安的小岛上，包括山墙屋顶和一条不得不以超人的努力来开掘的运河。

以一种更自觉的方式，默里的罗马花园——42街上的古迹——也是一种偏执狂的移置操作。厄尔金斯知道，除了他自己脑子里的一个假设之外，他声言复制的境遇其实从不存在。因此，为了让他比拟的"现实"在罗马人和曼哈顿的居民之间搭上钩——重新洗牌的过去成了现代的信息——他依赖的是他剽窃来的货品最大限度的真实性，是过去从不曾发生的一趟旅程最常规、最惟妙惟肖、最不容质疑的纪念品——以至用石膏浇注的古代遗物来推行他自己版本的现代性。

项目

在偏执的批判性方法的人工意味里，1672年的纽约

"地图"——一座安置了所有门类的欧洲前驱的岛屿——成了作为项目的纽约的唯一真实再现。

* *

从它的发现开始，曼哈顿就成了一块都市的画布，时常遭受投射、错表、移植和嫁接的狂轰乱炸，许多都已经"得逞"了，但是，即使那些被抛弃了的也留下了痕迹或伤疤。网格（由它奇妙的渐增的接受性），摩天楼人为造就的蛮荒西部永不枯竭的生存空间（Lebensraum）[16]，脑白质大切断（由它们不可见的建筑内部），借由这些策略，1672 年的地图回溯起来成了一个越来越精确的预言：偏执狂的威尼斯的画像，巨大纪念物的群岛，这些化身（avatar）[17] 和模拟——同时在字面意义和心智上——见证了西方文化所累积的各种"观光事业"。

战斗

勒·柯布西耶比达利大十岁。

从瑞士来到巴黎，他和达利共享这座城市，它不仅是超现实主义，也是立体主义（以及勒·柯布西耶私人的新教徒［Protestant］版本：纯粹主义［Purism］）的孵化场。

达利憎恶现代主义，勒·柯布西耶蔑视超现实主义，但是，勒·柯布西耶的个性以及他的操作方法的许多地方，和达利的 PCM 看上去并驾齐驱。

这些相似中的某一部分，一定是他性格中真正偏执气质不期然而然的流露，但是毫无疑问，这种气质的骄傲的拥有者，一定是系统地利用了这种气质，津津乐道。在一幅经典的偏执自画像中，他声称："我像一个修士那样生活，我讨厌显露我自己，但是我怀有独自战斗的理想。我已经被召唤到世界各地去战斗，在危险时，统领一定要身先士卒。他总是必须找出问题在哪里，就像在没有红绿灯的交通里一样！"[18]

超凡脱俗

建筑＝在世界之上强加的结构，它不邀自来，先前它只不过是创造者心中云山雾罩的臆测。

不可避免地，建筑是偏执批判性活动的一种形式。

将臆测转化为不容否认的"彼处"，对现代主义而言是创伤性的。像一位孤单的演员，他演的戏码和同台演出的其他演员截然不同，现代主义建筑想不按既定的节目单演出，即使在它最急于实现的计划之中，也要坚持自己的超凡脱俗。

基于《圣经》之中诺亚方舟的偏执的批判性场景，现代主义建筑为这场颠覆性的戏中戏酝酿出了一套辩解的辞令。

现代建筑总是被呈现为救赎的最后一刻机遇，它紧急呼吁人们分享它的偏执论断：一场大灾祸即将灭绝那些不

"在危险时，统领一定要身先士卒……"

达利绘制的偏执的批判性方法的工作图解，摇身又变成了加强混凝土的图解：一种由沉重物质组成的鼠灰色的液体，遵照严格的牛顿物理学计算出来的加强钢筋盛住这些液体；它们起先是随意可塑的，然后突然坚硬如石。

明智的人类，他们固守于旧的居住环境和都市共存形态。

"当所有其他人都愚蠢地假装一切正常时，我们建造了我们的方舟，这样在即将到来的洪水之后，人类还可以生存下来……"

混凝土

勒·柯布西耶喜爱的——让他的结构变得具有批判性的——实体化方法，是钢筋混凝土。这种建造方法连续的步骤——从推测到真实——将达利拍摄圣母升天的梦境移置进了现实，因为这种方法在日常生活之中寻常可见，它不再是梦幻一般了。

按顺序，钢筋混凝土建造可以分为以下几个步骤：

首先，推测性的模板结构——最初命题的负像——被树立起来。

接着插入加强钢筋——尺寸严格遵照牛顿物理的理性原则——偏执性计算的加强过程。

然后，一种鼠灰色的液体被倾注进推测性负形的空洞之中，以在这地球上获得永久的生命，特别是在最初疯狂的印记——模板——被移去以后，它成了一种不容否认的现实，只剩下木板的肌理还留在上面。

起先是随意可塑的，然后突然坚硬如石，钢筋混凝土可以同样轻松地将空洞和充盈转为具体：它是建筑师的塑料。

（模板狼藉一片，钢筋混凝土的建筑工地和诺亚方舟制造的相似绝非偶然：它们同是一座古怪的陆上船坞。）

诺亚需要的是钢筋混凝土。

现代建筑需要的则是洪水。

游民

1929 年，勒·柯布西耶为巴黎救世军建成了一座漂浮收容所，在一个名义上的平面，一座实体成就了以上所有这些隐喻。

他的驳船为多达 160 名流浪汉提供了住所。

（游民是些现代建筑理想的客户：他们永远需要庇护所和卫生，是太阳和美好室外的真正热爱者，对建筑教条和形式布局无动于衷。）他们被安置在沿着驳船长度摆开的成组的双层床上，这些双层床是钢筋混凝土制成的。

（第一次世界大战军事实验的余脉。像建筑一样，所有战争装备都是些偏执的批判性物件：最理性的工具服务于最非理性的追求。）

城市

然而，这些不过是热身而已。

勒·柯布西耶吞噬一切的雄心，是发明并建造与机器文明的需求和潜在的荣光相得益彰的"新城市"。

勒·柯布西耶想象性的纽约的"嫌犯特征合成像"。"为了生活而工作！这意味着打断我们的脊梁，把我们自己逼疯，在道德上迷惑，在我们和*自然的现实*（斜体是后加的）间的非同小可的断裂，向人工性的黑色深渊之中一头扎进。如此，人类将他们自己聚集起来所为何事？为了改进他们的生活而斗争？为了受罪！我们已经走得太远，我们容忍自己在我们的城市——我们所有的城市——中随波逐流如此之久，以致人类的机制滑出了正轨，以致我们只是被捕获的猎物！……花朵！花朵必须环绕着我们的生活！"——"光辉城市"的插图和说明。

他的运气差极了，当他的雄心正在增长时，这样的城市已经存在了，那就是曼哈顿。

勒·柯布西耶的任务明确了：在他可以推出他构思的城市之前，他必须证明它尚不存在。为了确立他的宁馨儿的出生权利，他必须摧毁纽约的信誉，抹杀它的现代性的迷人闪光。从 1920 年开始，他在两线同时作战：发动一场战役，系统地嘲笑和诋毁美国摩天楼和它的自然栖所，曼哈顿；同时，展开平行的操作，实际设计反摩天楼和反曼哈顿。

对勒·柯布西耶而言，纽约的摩天楼不过是"儿戏"[19]，"一个建筑的事故……想象一下，一个人的有机生命受到了某种神秘的侵扰，他的躯干保持正常，但是他的腿却变成了 10 倍或 20 倍那么长"[20]……摩天楼是异常的"机器时代的青春期"，"是令人追悔莫及的浪漫主义城市的法规"[21]——1916 年的区划法荒谬摆布造成的结果。

它们并不能代表第二个（真正的）机器时代，它们只是"骚乱，如毛发生长期（hairgrowth），新中世纪的第一爆发阶段……"[22]

它们不够成熟，尚未现代。

对生活在这一堆奇形怪状的残疾建筑中的居民，勒·柯布西耶只感到同情，"在速度的年代，摩天楼吓呆了城市，摩天楼已经重新定义了步行者，他形单影只……

他焦虑地在摩天楼底部近旁移动着，寄生在它的脚下。这寄生者将自己提升到塔上，塔内是为重重塔群逼迫着的黑夜：悲哀，压抑……但是，在那些高出同类的塔楼顶部，寄生者开始焕发光彩，他看见了海洋和船只，他在其他的寄生者之上……"

这寄生者的兴高采烈不是出于天性，而是因为他的视线和其他的摩天楼取得了一致，这是勒·柯布西耶不可想象的，因为"那里，在顶端，那些古怪的摩天楼通常有着堂皇的奇巧装置点缀的冠冕。

"寄生者受宠若惊，寄生者爱上了它。

"寄生者批准了装饰他的摩天楼塔尖的这些开支……" [23]

嫌犯特征合成像

勒·柯布西耶之所以能够发起他诋毁曼哈顿的战役，是因为实际上这位战略家从不曾目睹他攻击的对象——他自始至终刻意地保持着对它的漠视——对他的欧洲听众而言也是同样如此，他的毁誉是无法证实的。

如果被指控的嫌犯的一张特征合成像 [24]——它是警察依据受害者精确程度不一的描述，用图像的碎片合成的——是堪称楷模的一种偏执—批判性产品，那么勒·柯布西耶画下的纽约肖像就是一张嫌犯特征合成像：以它的

勒·柯布西耶的"光辉城市"的秘密方程:"丛林之中……一座惊慌失措(曼哈顿)的城市。"

"犯罪性的"都市特征合成的纯属臆测的拼贴。

一本书接一本书，曼哈顿的罪孽由一系列匆忙粘贴在一起的粗颗粒的影像显现——捏造出来的罪犯照——无论如何与他的假想敌都没有相似之处。

勒·柯布西耶是一位偏执的侦探，他创造了一个受害者（寄生者），捏造了加害者的相貌，却对犯罪现场避而不谈。

礼帽

事实上，勒·柯布西耶和纽约的激情戏，是花了十五年来试图切断一条脐带。尽管他愤愤不平地要将它抹去，却暗暗借着它丰富的范例和模型，受了纽约的恩惠。当他终于"提出"了他的反摩天楼时，就像一个变戏法的不慎泄露了自己的机关：他让美国摩天楼在他臆测的宇宙的黑色天鹅绒袋子里消失了，又加上了丛林（最纯净形式的自然），然后在他的偏执批判性的礼帽里把所有不相容的成分摇晃——惊奇出现了！——他掏出了水平的摩天楼，勒·柯布西耶的笛卡尔[25]兔子。在这套把戏里，曼哈顿摩天楼和丛林都变得不能辨识了：摩天楼变成了一个笛卡尔式（＝法国＝理性）的抽象，丛林变成了一层绿色植被的魔毯，它们理应把笛卡尔式的摩天楼笼络在一起。

从自然的语境里将原型做偏执批判性的绑架之后，通常，受害者要被迫伪装自己，终其余生，但是本质上纽约的摩天楼已经穿上了戏装。此前，欧洲建筑师已经尝试设计过超级戏装。

但是，勒·柯布西耶懂得，使得摩天楼不可辨识的唯一方法是脱光它（这种形式的强迫脱光，自然也是众所周知的警察手段，以防止嫌犯进一步的不当行为）。

暴晒

笛卡尔式的摩天楼是赤裸的。

顶部和基础都从原有的曼哈顿模型上切除了，在这之间的部分，"旧式"的石材贴面被剥落了，代之以玻璃，伸展到 220 米。

曼哈顿的官方思想家们总装作要实现的恰恰是理性的摩天楼，但在实践中，他们却尽可能远地偏离它。曼哈顿建筑师们的伪饰——实用主义、效率、理性——已经在一个欧洲人的头脑里开辟了殖民地。

"谈论摩天楼就是谈论办公室，那就是商人和汽车……"26

勒·柯布西耶的摩天楼只意味着商业。它既缺失基座（无法容纳默里花园），又没有顶部（没有竞争着的现实充满诱惑的声言），单薄的十字形平面意味着要无情地被太阳暴晒，这一切，都防止了各种形式的社会交往的入据，

（左上）变（Presto）！勒·柯布西耶的笛卡尔兔子：或者，水平的摩天楼。

（右）笛卡尔式／水平的摩天楼，光芒四射。

（左下）笛卡尔式摩天楼的切面：地下是通勤地铁，环绕的公园里有高架快速路，60 层的办公楼，并且，在顶端，是"抗空中轰炸的装甲平台"（"最好"的现代建筑总是为"最坏"的灾难做好准备的那些建筑）。

这些交往已经开始一层层地入侵曼哈顿了。安顿的建筑外表本让建筑内里的意识形态歇斯底里蓬勃发展,勒·柯布西耶剥落了这些外表,由此他甚至解除了脑白质大切除的作用。

他如此大张旗鼓地提倡坦诚,以至于这种坦诚存在的代价却是彻底的平庸。(一些亟需的社会活动是害怕日光的。)

曼哈顿异想天开的技术无处容身了。对勒·柯布西耶而言,将技术作为一种工具和想象力的延伸来使用等同于滥用。远在欧洲的他是一个技术神话的真正信仰者,对他来说,技术本身就棒极了。它必须保持自己的原初面貌,只能以一种最纯净的形式展现,一种严格的图腾式展现。

他的水平摩天楼的玻璃墙包裹的,是一片全然的文化空洞。

大失所望

勒·柯布西耶将这些移植在它们的公园——丛林的残余——里的笛卡尔式摩天楼命名为光辉城市(Radiant City)。

如果笛卡尔式的摩天楼是曼哈顿原始的、幼稚的塔楼的对立面,那么光辉城市就是勒·柯布西耶最终的反曼哈顿。

在这里没有毁坏灵魂的纽约大都会粗野的气息。

"你在林荫之下。

"广阔的草坪环绕着你，空气清新纯净，几乎没有任何噪声……

"什么？你找不到建筑在哪儿？

"从富于魅力的阿拉伯风的翻卷枝蔓之间，向天空望出去，朝着那些疏落的水晶塔楼，它们高高拔起，超过地球上任何塔尖。

"那些半透明的棱柱体像是没有系在地上，它们在空中飘浮，在夏日骄阳里熠熠生辉，在灰色的冬天的苍穹下柔和地发光，在夜幕降临时奇妙地闪烁，它们是巨型体块的办公室……"[27]

勒·柯布西耶将笛卡尔式的摩天楼设计成通用的商业场所，他驱逐了已建在费里斯群山中的无法定义的人情味服务，由此，勒·柯布西耶成了轻信曼哈顿建造者们实用主义的童话故事的受害者。然而，他的光辉城市的真正意图更加具有摧毁性：真正地解决拥挤的问题。放逐在荒草之间，他的笛卡尔罪犯以 400 米间隔（也就是八个曼哈顿街区——胡德的超级巅峰之间的距离，但是中间了无一物）排开，它们的间隔排除了任何互相联络的可能。

勒·柯布西耶已经正确地感受到"摩天楼已经重新定义了步行者，他形单影只"。曼哈顿的实质恰恰是一座极

（上）步行者所见——或者所看不见——的勒·柯布西耶"光辉城市"。"巨人之战？不！树木和公园的奇迹再次肯定了人的尺度……"

（下）偏执的批判性魔术师的更多戏法。笛卡尔兔子成倍地复制自己，组成了"光辉城市"：勒·柯布西耶的反曼哈顿揭幕了。

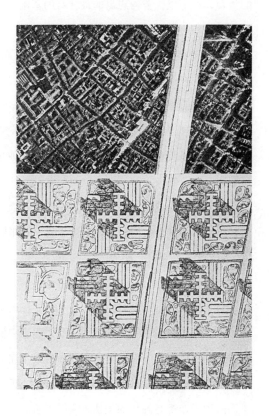

像是参照超现实主义者的"精致尸体"定理而置于巴黎之上的"邻里方案"，由此，碎片们被移植到一个有机体中，全然无视它进一步的解剖结构。"自1922年，从总体上或是就其细节，我不停地为巴黎的问题工作着。所有东西都已经公之于众。市政委员会从来没有联系过我，他们管我叫'野蛮人'！……"

在巴黎中心的反曼哈顿。"以巴黎之美的名义你说'不'！""以美的名义，以巴黎命运的名义，我坚持'是'！"

其现代的超级村落放大到了大都会的尺度，超级"住宅"的集合，在那里，曾构想出的最神奇的基础结构，同时唤起传统的和突变了的生活方式，并使之运转。

他先是剥光了摩天楼，然后将它们孤立起来，最终，他将它们用一个高架快速路的网络连在一起，如此，在产生叶绿素机制的地毯上的塔楼间，汽车（＝生意人＝现代），而不是行人（中世纪），就可以自由来回穿梭，这样，勒·柯布西耶便解决了拥挤的问题，但是，他也消灭了拥挤文化。

他创造的是纽约自己的规划者们避之不及（他们口惠而实不至）的令人失望的都市：被疏散了的拥挤。

胎盘

整个 20 年代，当曼哈顿正"一砖一石地移走阿尔罕布拉、克里姆林宫和卢浮宫"，并将"重建它们于哈得孙河的此岸"的时候，勒·柯布西耶却拆毁了纽约，把它偷运回欧洲，将它弄得面目全非，贮存起来以期未来重建。

两种操作都是纯粹的偏执批判性过程——城市的肌理是捏造出来的——然而，如果曼哈顿是一种幽灵般的受孕的话，光辉城市则是它的胎盘，一个寻找落脚点的理论上的大都会。

"以巴黎的美和命运的名义"[28]，1925 年迈出了将光

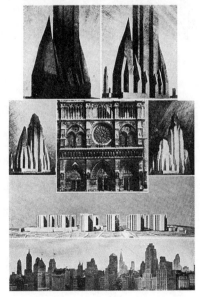

（上）纽约／"光辉城市"："对立面"变得难舍难分；"光辉城市"的插图。"它们俩面对面。纽约对笛卡尔城市，和谐与抒情……"

（下）在一场诋毁（denigration）的战役中的进一步动作：勒·柯布西耶的巴黎—纽约并置，或者，他的暹罗双胞胎的诞生；"光辉城市"的插图。"两个精灵面对面：法国巴黎圣母院和'邻里方案'（带着它的水平摩天楼）的传统与美国传统（骚乱，耸立着的毛发，一个新的中世纪的第一个爆炸性阶段）。"

辉城市移植到地球表面的第一步。"邻里方案"（Plan Voisin）[29] 看起来是依照早期超现实主义的定理"精致尸体"（Le Cadavre Exquis）[30] 规划的——它是从儿童游戏转化来的，在一张折叠的纸上，第一个参与者画一个头，把纸叠好，第二个人画一个身体，叠好，由此类推，这样由潜意识之中"释放"出了诗意的混合。

就像是把巴黎的表面折叠了一样，勒·柯布西耶画下了一具躯干，它蓄意地忽视了未来对于"精致尸体"的解剖。

在巴黎中心区的一块平原上，稍低的住宅体块环绕在笛卡尔摩天楼的周围，那里，所有历史的迹象都被席卷一空，代之以"丛林"：这就是所谓的解放地面（mobilization of ground）[31]，就是卢浮宫也几乎难逃此劫。

尽管勒·柯布西耶致力于巴黎的未来，这个方案显然是一个托词，它的移植意味着产生的不是一个新巴黎而首先是一个反曼哈顿。

"我们的发明，从它一开始，就是直接冲着纯粹形式主义和浪漫主义概念的美国摩天楼……

"与纽约的摩天楼针锋相对，我们立起了笛卡尔式的摩天楼，澄净，精确，在法国的天空中优雅地闪烁……

"和纽约，机器时代巨硕青春期喧嚣的噪声针锋相对——我应之以水平的摩天楼。巴黎，直线和水平的城市，将驯服垂直……"[32]

曼哈顿将在巴黎被摧毁。

• • •

双胞胎

光辉城市意欲成为一种建筑炼金术—— 一种成分变成了另一种——试验的登峰造极。然而，尽管勒·柯布西耶着了魔似的想要甩掉曼哈顿，描绘他的新城市的唯一办法——言语的，甚至视觉的——就是道出它和曼哈顿的差异。

理解他的城市的唯一办法，就是将曼哈顿的"反面"和光辉城市（Ville Radieuse）的"正面"比照和并置。

它们俩就像"暹罗双胞胎"（Siamese twins）[33]一样，尽管外科医生想尽办法要把他们分开，他们依然一个劲儿地长在一起。

拖鞋

巴黎的权力部门没把光辉城市当一回事。他们的绝弃使得勒·柯布西耶不得不成为一个笛卡尔式的毡制手提包旅行者[34]，像一个怒气冲冲的王子，跩着一双巨大的玻璃拖鞋，在大都会和大都会之间漫游，一路叫卖他的水平摩天楼。

遵照——自然的，或是自我引发的——偏执狂的上好传统，这是一个世界范围的巡游。

"去年春天，他抽出一本便笺簿，画了一幅世界地图，把那些可能卖出他的书（也就是他的货物）的地方打上阴影，唯一没有涂黑的地方是非洲一个可以忽略的地带。"[35]

巴塞罗那、罗马、阿尔及尔、里约热内卢、布宜诺斯艾利斯，到处他都兜售他的塔楼，向最嘈杂混乱的城市提供机遇，使得它们变成"可悲的悖论"[36]——曼哈顿——的反面。

甚至没有一个人愿意试一下这双拖鞋。

这一切反而加强了他的论断。

"我被踢出门外了。

"大门在我身后'砰'地关上了。

"但是在内心深处，我知道：

"我是对的，

"我是对的，

"我是对的……"[37]

抵达 1

1935 年，新世界的吸引力对达利变得不可抵御了。

"我对每一张来自美国的照片抽动我的鼻子，这么说吧，一个人面对一桌他将大快朵颐的饭菜，他欣然地摄取了最初一缕香气，这是何等的奢华。

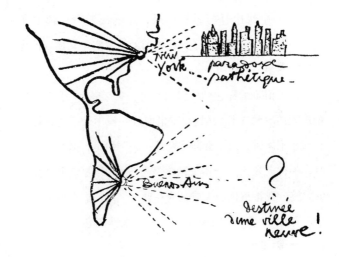

"光辉城市"的插图：阿根廷的布宜诺斯艾利斯是笛卡尔式毡制手提包旅行者去纽约路上的最后一站。"纽约：可悲的悖论……布宜诺斯艾利斯？一座新城市的终点站！"

"我要去美国，我要去美国……

"这是小孩子式的任性形象。"[38]

他扬帆去了纽约。

为了在到达时的震撼效果，达利决定——掉回头来——实施一个原本为了挫伤巴黎的超现实主义计划，烤"一条 15 米长的面包"。

船上值班的面包师傅提出，烤一条 2.5 米（船上的烤箱最大的容量）长的面包，"里面放一根木骨架，这样当它开始干燥时，就不会断成两截……"但是，当达利上岸时，一件"让人十分不安的事情"发生了："整个见面会的始终，我特意把面包或是挽在臂中，或是靠在地上（等候队伍中），没有哪个记者问我一个关于面包的问题，就好像它是一根手杖……"

那个使人不安的人现在不安了：达利的第一个发现是，在曼哈顿，超现实主义是不可见的。他加固了的生面团（Reinforced Dough）仅仅是众多捏造的事实中的一种。

偏执的批判性活动的影响系于一个坚实的常规背景。就好像罗宾汉的活跃系于源源不断地穿过他的森林的富人，所有"使得现实世界失去意义"的计算，都依靠一个似乎立足于坚实土壤中，并且状况良好的现实。

如果那条 2.5 米的长条法式面包变得不引人注意了，它意味着，在曼哈顿，这样的尺度不能激起预期中的冲击波。

震撼 1

达利无法震撼纽约，纽约却震撼了达利。

他在曼哈顿的第一天就见证了三次神启，它们向他昭示了使得这个大都会从根本上区别于其他城市的本质的文化突变。

1. 在公园大道，"正是从立面开始，激烈的反现代主义以一种最蔚为壮观的方式宣示它自己，一队工人装备着喷出呼啸如神龙的黑烟的器具，他们正喷涂着建筑的外墙，用巴黎旧房屋特有的烟熏火燎的样式，给这簇新的摩天楼增添几分沧桑感。

"在巴黎，另一方面，依勒·柯布西耶方式的现代主义建筑师们，正绞尽脑汁发现新的、浮华的和全然反巴黎的材料，以便效仿纽约那想必是'现代的火花'……"

2. 达利走进摩天楼，当他登上电梯时，第二个神启发生了，"我对这事实感到惊讶，它不是用电，而是用一根巨大的蜡烛照亮的。在电梯的墙上，用花样繁复的西班牙红天鹅绒带——天鹅绒是真的，可能是 15 世纪的——挂着一幅埃尔·格列柯（El Greco）[39]的绘画复制品……"

3. 同一个晚上，达利做了一个梦，梦见了"色情和狮子。当我彻底醒了之后，我惊讶刚才睡梦之中听到的狮吼依然如故，这些吼叫混合着鸭子和其他动物的叫声，愈发难以辨别。之后，是一片彻底的寂静，间或被吼叫和凶猛的叫喊打断，这种寂静和我预期的都市喧嚣——那种巨硕的'现代和机械'的都市——如此不同，以至于我感到彻底地迷失了……"

但是那狮吼是真实的。

紧挨达利的窗户下正是中央公园动物园的狮子们，一片从未存在过的"丛林"的偏执批判性的"纪念品"。经过这三次修正，欧洲人关于曼哈顿的神话分崩离析了。

重新设计 1

为了获得他自己的纽约的发明权，勒·柯布西耶花了十五年时间证明曼哈顿尚未现代。达利却在他到达的当天就创造了他自己的纽约：一个甚至从就不曾想要变得现代的纽约。

"不，纽约不曾是一座现代城市。

"因为在其他城市前面，一上来就变成这样，它现在……已经害怕如此了……"

他的地图标定了他通过联想和隐喻的发现，一种偏执批判性的重新设计：纽约是所有历史、教谕、意识形态同时出现的场所，而这些一度是被空间和时间悉心分离的。为了庆祝西方文化最终的痉挛，线性的历史在此短路了。

"纽约，你是一座埃及！但你是截然相反的埃及……

埃及奴役的死亡拔起了金字塔，而你摩天楼组成的竖直管风琴树立起的，是民主的金字塔，它们都会聚在无限自由的尖端！

"纽约……复活的大西洋之梦，潜意识的亚特兰蒂斯；纽约，它旧戏装柜般僵直冗丽的建筑们侵蚀了地基附近的土壤，你千万个新的宗教隆起了它们倒扣的圆顶。

"什么样的皮拉内西创造了你洛克斯剧院（Roxy Theatre）盛装的仪式？什么样的古斯塔夫·莫罗（Gustave Moreau）被普罗米修斯（Prometheus）打动，点亮了颤动在克莱斯勒大厦（Chrysler Building）之巅的妖冶的色彩？"

效率 1

在他盲目的盛怒之中，勒·柯布西耶剥光了曼哈顿的塔群，指望发现真正机器时代的理性核心。达利仅仅观望着它们的表面，但是恰恰是这种肤浅的观察，使人震惊地暴露了曼哈顿实用主义的矫饰的薄弱之处，它市侩主义的模仿，它对于效率暧昧的追求。

纽约唯一的效率是它诗意的效率。

"纽约的诗意不是宁静的美学，它是生生不息的生物学……纽约的诗意是器官、器官、器官……小牛犊肺的器官、巴别塔的器官、低下趣味的器官、切实性的器官、原

"每个夜晚，纽约的摩天楼都呈现出拟人化的形状，像是多重的巨大米勒作品《晚祷》……一动不动，已经准备好上演性行为……"

初性和无历史的深渊的器官……

"纽约的诗意无关于一座擎天而立的实际的混凝土建筑，纽约的诗意关于一部巨大的红色象牙制成的多管风琴[40]——它并不擎天而立，它的内部回响着心脏收缩、舒张的律动，那是基础生物学发自肺腑的赞美诗……"

达利制备了这种曼哈顿主义者的诗歌，对于那些清教徒式的"功能主义无菌之美的拥护者"，试图将纽约强加为"一个反艺术的纯洁性的样板……"的人们，这诗歌是一剂猛烈的解毒药。他们都犯下了一个可怕的错误，"纽约并不是一个棱柱晶体，纽约不是白色的，纽约是方方面面的，纽约是鲜红色的。

"纽约是一座圆形的金字塔！"

纪念碑

达利对曼哈顿的偏执批判性征服是一种经济模式，特别是随着他最终的姿态，将整座城市变成了一个奇观，这奇观仅仅为他的愉悦而演出。

"每个夜晚，纽约的摩天楼都呈现出拟人化的形状，像是多重的巨大米勒作品《晚祷》……一动不动，已经做好性行为和吞噬对方的准备……血色的欲望照亮了它们，使得中央的热量和中心的诗意在它们铁质的骨架里面流转……"

片刻间，他的解释盖过了城市所有其他的功能，在那一刻，它只为他存在。

"纽约：为什么，为什么你建造了我的塑像，在我出生很久很久之前？一座比一座高，一座比另一座更为绝望？"[41]

抵达 2

也是在 1935 年——光辉城市孕育了十二年之后，玻璃拖鞋被世界一致拒绝——勒·柯布西耶启航去了纽约，怀着一位未婚母亲逐渐增长的苦涩，经过屡次托养的失败尝试，他威胁要将他的幽灵城市扎营在它生父的门前，打一次抚养的官司。

他到来时没有记者。

"'雅各布斯，'勒·柯布西耶说（对着 MoMA 为他安排的翻译，MoMA 是他横跨大西洋航程的资助者，正致力于把真正的现代主义带到美国），'摄影师在哪儿呢？'雅各布斯……发现登船的新闻摄影师正在忙于为其他名流拍照。他塞给一个报纸记者五块钱，恳请他为勒·柯布西耶拍一张照片。'我已经用光了我的胶卷。'记者把钱退给他说，然而，出于义务，他用他的空相机对准看上去得到了抚慰的勒·柯布西耶按了一下快门……"偏执的批判性活动记录那些并不存在的事实，勒·柯布西耶存在，但却不能记录。就像中了魔咒，在纽约，勒·柯布西耶就像达利的面包一样不显眼。

　　"'雅各布斯，'他在快速翻阅报纸时问了好几遍……'他们为我在船上拍的照片在哪儿呢？'"[42]

震撼 2

　　勒·柯布西耶的巴黎诊术和疗法挺过了和曼哈顿最初的对峙毫发无损，在他抵达后几小时于洛克菲勒中心召开的新闻发布会上，让纽约见惯不惊的记者目瞪口呆。

　　"草草地查看了新巴比伦之后，他为它的改善开出了一服简单药方。

　　"纽约的问题是它的摩天楼太微末了，而且它们又太多了。"

　　或者，如同纽约小报头条一样难以置信，他发现**"只要城市还在发展，它就没事儿**……但是它完全缺乏人类精神亟需的秩序、和谐及舒适。摩天楼是攒集在一起的小针头，它们应该是伟大的方尖碑，分散疏落，这样城市就会有空间、光、空气以及秩序……

　　"这些是我幸福的光之城将有的东西！

　　"我相信我自己带来的理念，我以'光辉城市'这个词组所表达的将在这个国家找到它自然的土壤……"[43]

印第安人 2

但是，必须经过更多偏执批判性的同义反复，那块自然的土壤才能变得肥沃。

"为了重建美国的城市，特别是曼哈顿，首先需要知道在哪儿可以重建。它就是曼哈顿，大得足以容纳六百万人口……"[44]

如今，曼哈顿是地球上尚未遭遇勒·柯布西耶的笛卡尔式强卖的剩余地区之一。

它是他最后的选择。

然而，在这种机会主义的急迫性后面，还有第二种，甚至更迫切的动机，勒·柯布西耶——就像真正的美洲哥伦布——如今面对着真正的曼哈顿，它使得他毕生的臆测岌岌可危。为了确保承载他的都市主义的偏执批判性得到加强，防止他的"系统"崩溃，他被迫（尽管他有不可抑止的欣羡）咬定他早年对美国摩天楼的论断，他将它们塑造成天真的、甚至孩子气的土著，将他的水平笛卡尔式塔楼打扮成机器文明的真正的开拓者。

曼哈顿的摩天楼是勒·柯布西耶的印第安人。

将曼哈顿代之以他的反曼哈顿，勒·柯布西耶不仅仅不再为没有活干发愁，而且在这个过程中也摧毁了偏执批判性转变的所有残余证据—— 一劳永逸地，他将他捏造概念的

LE CORBUSIER SCANS GOTHAM'S TOWERS

The French Architect, on a Tour, Finds the City Violently Alive, a Wilderness of Experiment Toward a New Order

The City of the Future as Le Corbusier Envisions It.

Too Small?—Yes, Says Le Corbusier; Too Narrow for Free, Efficient Circulation.

New York Times Studios

Le Corbusier Looks—Critically

© Andre Steiner

"勒·柯布西耶观望着，批判性地……"纽约新闻界记录下了建筑师的抵达带来的冲击波。"太微末了？——是的，勒·柯布西耶说；它们太狭窄而不能有自由、高效率的流通……"（《纽约时报杂志》[New York Times Magazine]，1935 年 11 月 3 日）

（报道的英文标题为"勒·柯布西耶检视哥山的塔群"，副标题为"法国建筑师在一次参观中发现纽约市富于暴烈的活力，它是通往新秩序的实验的荒野"。"哥山" [Gotham] 是纽约的别名。——译者注）

勒·柯布西耶的都市主义的"席卷一切的法则",它的目标是对印第安人和摩天楼的屠杀,他是如此沉迷于这一切,以至于他从纽约寄出的圣诞贺卡也展示了一幅曼哈顿上奇异的"光辉城市",那上面没有留下任何先前文化／建筑的印记。

蛛丝马迹席卷而空，终于，他可以成为曼哈顿的发明者了。

　　这种不容妥协的双重动机，为新大陆最初悲剧的重新上演埋下了伏笔：对印第安人的大屠杀——这次是建筑的。勒·柯布西耶的都市主义，释出了"席卷一切的法则，以恒常增长的力量，这些法则从未停止过它们的作用，直至整个土著的种族"，——摩天楼——"终于灭绝，关于它们的记忆……几乎彻底从苍穹下被抹去"。

　　勒·柯布西耶别有用心地奉承他的美国听众："我们已经反思过了，你们是强壮的。"[45] 与此同时，他提醒他们实际上，再一次，"北美的茹毛饮血"将"让位于欧洲人的风雅"。

　　分离暹罗联体双生子——曼哈顿／光辉城市——的手术依然在进行，勒·柯布西耶现在已经得出最后的结论：杀死先出生的那一个。

重新设计 2

　　达利"发现"的反现代的曼哈顿只限于言语，它的征服由此可以完满。无需篡改它的物理方面，他已经将大都会重塑成了反功能主义的复古纪念碑们的聚集，这些纪念碑致力于持续的诗意再生产过程。尽管这项工作只是胸中走马，即刻间，它就有了作为构成曼哈顿"层次"之一的正当地位。勒·柯布西耶的行事也受曼哈顿的臆测的

408

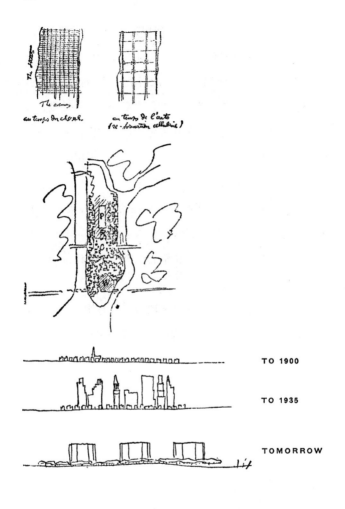

TO 1900

TO 1935

TOMORROW

（上）"马的时代"vs"汽车的时代"。
（中）"曼哈顿岛上一座新的高效率城市：六百万居民……"
（下）决定性的笛卡尔式开拓的暂拟时间表。

疯狂影响："夜以继日，在纽约的每一步，我都发现为反思、为心灵建构的托词，为非凡的、欢腾的，就要来临的明日梦想的托词……"[46] 但是他为纽约做的设计是确实的、建筑的，因此比达利的更可信：网格——"在马的时代里……是完美的。"——将被从岛上刮去，代之以青草和更阔大的高速路的网络。

中央公园——"太大了"——有待缩减，"它的青葱将分配给全曼哈顿，并成倍增长"。

摩天楼——"太小了"——有待夷平，为大约一百座一模一样的笛卡尔式开拓者所替代，它们将移植在绿草之间，为新的高速路所限定。

如此设计之后，曼哈顿将安得下六百万居民：勒·柯布西耶将"恢复一片广袤的土地……荒置的产业将得到回报……城市将得到绿化的、出色的通达系统；公园中所有的地面都留给行人，汽车在空中的高架路上行驶，一些路（单向）允许每小时 90 英里的速度，从……一座摩天楼直接到另一座"。[47] 勒·柯布西耶的"解决方案"汲干了曼哈顿的精髓——拥挤。

效率 2

某些时候，从外国回来的旅游者变得面目全非。这样的事儿，就发生在从横跨大西洋的偏执批判性巡游中归来的摩天楼身上。

离开的那一刻，它是拥挤文化的享乐主义工具；从欧洲归来之时，它已经被洗了脑，成了顽固不化的清教主义的帮手。由于被错解的修辞的一次离奇异体受精，美国实用主义和欧洲理想主义掉换了气性：纽约物质主义的世俗发明和建构了一处梦幻的所在，它致力于对奇想、合成情感和愉悦的追逐，它终极的布局既不可预测，也不可控制。

对欧洲人文主义者 / 艺术家而言，这种创造只是一片混乱，一种解决问题的邀约：对这种邀约，勒·柯布西耶应之以滔滔不绝的人文主义的大话，它文不对题（non sequitur），它没能掩盖住他的现代性愿景核心处的情感。

欧洲人为真正机器时代设置的程序是平庸的有效："可以睁开眼看到一片天，住在一棵树附近，一片草坪旁"，"从……一座摩天楼直接到另一座。"

在阳光、空间和植被这些"基本的欣悦"中，日常生活将重归于永远一成不变。出生，死亡，中间多了一段喘气的时光：尽管有着机器时代的乐观主义，旧世界式的愿景依然是悲剧性的。

• • •

勒·柯布西耶有耐心，所有偏执狂总是我行我素。

"现实，那是美国的教训。

"它给你最大胆的臆测以明确的生机……"[48]

曝光

与此同时，整个 30 年代达利在欧洲和曼哈顿之间往返。大都会和超现实主义之间天然的亲密关系转化成了如日中天的名声，天文数字的价钱，和《时代》周刊封面上的故事。但是这种受欢迎也带来了伪造的达利的姿态、图像和诗歌的盛行。

自从令人扫兴的法国面包事件，达利便开始琢磨一次在"牛约"（NIU YORK［纽约］）的看得见的超现实主义演出，它既是一次"真正的和伪造的达利风度间差异的公开展示"，同时，也是庆贺和推行他自己对曼哈顿诗意的重新设计。[49]

当邦威特·特勒（Bonwit Teller）[50] 邀请他装点第五大道上的一个橱窗秀的时候，达利构思了一次"直接上大街的原初超现实主义诗歌的宣言"，"当明天在众多装门面的超现实主义中揭开真正达利式愿景的帷幕时，它必定会吸引昏昏然的过路人惫怠的注意力……"

他的主题是"日以继夜"。

"日"之中，一个人体模型"令人叫绝地被覆满几年的灰尘和蜘蛛网"步入"一座毛茸茸的、饰以俄国羔羊皮的浴缸……注满水直到缸缘"。

"夜"则是第二个角色靠在一张床上，"床帐是一个公

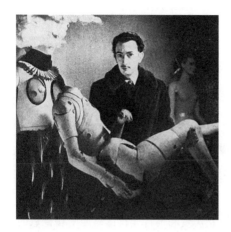

从邦威特·特勒百货商店的内部全身而退，还是从橱窗里一跃而出？

牛头，嘴里衔着一只血淋淋的鸽子"。黑色的缎子床单被烧过，"人体模型梦幻般的头部靠在上面休息的枕头，全是炽热的煤炭制就……"

如果曼哈顿是一片偏执批判性的岛群，为网格的环礁湖所分割，那么，将它们隐藏的内容倾注入街道的客观空间，就成了一种颠覆性的行为：内部炽热房间的暴露，破坏了理性和非理性领域间的平衡。

曼哈顿主义行动起来，以自我抵抗来再造它公式的完整性：当达利归来——午夜完工后的清晨——测试他的宣言在明朗日光下的震撼力时，燃烧的床榻已经被整个移走了，裸露的人体模型被盖上了，室内歇斯底里的淫乱被压抑了。

商店的管理部门已经改变了"所有一切，几乎所有这一切"，脑白质大切断带来的安宁恢复了。

唯有这次，萨尔瓦多·达利转向一种欧洲式的清教主义，为艺术家的权利辩护。

从商店内部，他进入了橱窗，试着举起和翻转浴缸，"在我举起一边之前，它滑落了直向玻璃，就在我竭尽全力终于可以把它翻转过来的那一瞬间，它砸进了平板玻璃，将它粉碎成了千万片。"

出路的选择：达利可以从商店的内部全身而退，或是"从林立着我愤怒的钟乳石和石笋的窗中"跃出。

（上）1939 年纽约世界博览会，鸟瞰的背景中现出曼哈顿的天际线：被流放的曼
哈顿摩天楼室内。

（下）1939 年世界博览会上达利的《维纳斯之梦》："建筑外部大体像一个夸大其
词的有壳水生动物，它装饰着石膏的女体，尖刺和其他稀奇古怪的东西。所有这
一切是最有趣和好玩的……"（《生活》[Life] 杂志，1939 年 3 月 17 日）

达利跳了过去。他从室内的牢狱脱逃到了无人地带，这是一次对于曼哈顿公式的违背。

当沉默的人群目瞪口呆地注视着他走回自己旅馆的时候，"一位极其礼貌的便衣警察得体地将他的手放在我的肩上，抱歉地向我解释说，他必须逮捕我……"

在曼哈顿一个偏执批判性的行动已留有"预案"了。

流体

30 年代后期，1939 年世界博览会的设计部在帝国大厦的顶层工作。他们所考虑的对象靠近曼哈顿岛，但不在岛上，它是皇后区的法拉盛草地（Flushing Meadows）。

没关系："绘图室屋顶上的一套望远镜把地面看得清清楚楚，人们可以依照实际的基地状况来检查他正在描绘的东西……"[51]

博览会自身被构思为一个反曼哈顿："为将摩天楼和纽约的邻近相映衬，博览会的建筑大多是没有窗户，一层的结构，人工照明，人工通风。由雕塑、壁画的设置和藤蔓、树木的阴影，克服了空白地表的荒芜景象……"[52]

展览亭，没有壳的软体动物，看上去像是被流放的曼哈顿摩天楼室内，这群建筑的水母在能够抵达它们遥远的目的地——针群们——之前，就搁浅在沙滩上了。

石膏

在这群水母中间,达利建立起了他的第一个建筑项目,一个容纳着《维纳斯之梦》(*Dream of Venus*)的石膏亭。它的非官方名称是:"海面下的 2 万条腿。"

大体说来,它是美国女性特征——瘦削,运动员体格,强壮,却依然有女性气息和诱惑力——的代表们栖息的所在。

它的外观——不厌其烦地聚集的怪奇——正展示了曼哈顿主义将寻常立面后的不可言喻分离出来的智慧。

将他对于整个曼哈顿的声言,换成一座确实的达利式建筑的特定片段,达利冒险从崇高向荒唐走去。

正圆球

博览会的主要特色是一个主题展览——三棱塔和正圆球(Trylon and Perisphere)——由华莱士·哈里森设计。它全然是两种定义了曼哈顿建筑的极端形式——球和针——的重现。无意中,展览会标定了曼哈顿主义的终结:在相辅相成地共处五十年之后,两种形式如今彻底分离了。

三棱塔(Trylon)之针 ——一座三角形的塔(*triangular pylon*),是空的。

正圆球内部的显现：民主城市，机器时代的大都会。"这座城市是世界各地的都市学家的所有研究的结果。它由一座位于中心的 100 层独栋摩天楼构成，将安置下这座未来城市的所有服务功能。宽阔的大道将从中心的建筑出发通往花园、公园和运动场……"（《法国晚报》[*France-Soir*]，1938 年 8 月 25 日）

经过 MoMA（纽约现代艺术博物馆）经营下的长年不辍的现代主义宣教，民主城市标识着曼哈顿主义的崩盘，这正是曼哈顿的建筑师投降的时刻，这些建筑师放弃了作为受控制非理性的崇高工具的他们自己版本的摩天楼，因而也放弃了他们自己将大都会作为拥挤文化的总部的愿景，来换取主要受勒·柯布西耶启发的公园内塔群的愿景。只是中央的摩天楼有 100 层这个事实，还泄露出曼哈顿主义在此徘徊的踪迹。

球体则是人类历史上建起的最大个儿的：它的直径是 200 英尺，恰恰是一座曼哈顿街区的宽度。

正圆球恰恰是曼哈顿摩天楼的原型，一个高得足以成为塔的球："18 层高，和一个城市街区等阔，它的内部是无线电城音乐厅的两倍……"

正圆球在博览会会址法拉盛草地的位置应该看成是暂时的，或者至少是种错置。这个球应该被滚到曼哈顿，在它确定无疑的位置上就位。

不像环球塔，正圆球没被分成一层层，它的内部是空洞的，含有云山雾罩的机器时代城市的一个经意的模型："民主城市"。

一座 100 层的塔楼矗立在这座城市的中央，它不是移植在网格内，而是在草地中。它为成列的——一模一样的——从属塔楼簇拥着，环绕它的是一座"完美的'明日花园城市'，那不是梦想的城市，而是关于我们今天应该如何生活的实际建言，当它从 7000 英尺开外浮现时，它是一座阳光、空气和绿色空间的城市……"[53]

城市的中心安置着艺术和商业管理机构。有高等学府以供学习，还有娱乐体育中心，卫星城中的人口和中心以有效的公共交通相联系。

"这不是一座沟谷和汽油废气的城市，它是由简单功能的建筑构成——大多建筑低矮——所有建筑都为绿色的植被和清洁的空气所环绕……"

通过他的中间人，勒·柯布西耶赢了。环球塔中第一座，也是最后一座的城市就是光辉城市。在巴黎作为一个遥控者，勒·柯布西耶骄傲地宣示他的功绩，"顺便说一句，即使美国建筑师也认识到无法无天的摩天楼是没有意义的。

"对那些高瞻远瞩的人们来说，纽约不再是一座未来的城市，它成了过去。

"纽约，有着缺乏充足空气的、杂乱的无间距的塔群，那座纽约从 1939 年以后将进入中世纪……"[54]

结局

第二次世界大战拖延了故事的结局。

在大屠杀之后，关于联合国的设想急迫地卷土重来，美国提出为它的大本营提供资助。

一个国际委员会为华莱士·哈里森参谋建造这座新总部而设立，勒·柯布西耶代表法国。像一个临时组建的民兵队、搜寻组，这群人——包括瑞士人勒·柯布西耶——在美国各地旅行，想发现一处适合的场地。他们从离纽约尽可能远的地方——旧金山——开始，最后逐渐被引向了东岸。

在 1946 年的 9 月，纽约市正式邀请联合国将纽约作为它的永久家园。

现在开始考虑纽约地区的基地：泽西市（Jersey City）、威斯切斯特郡（Westchester Country）[55]、法拉盛草地……所有这些研究都是表面文章：真正的目标是曼哈顿本身，从来如此。像一只秃鹫，勒·柯布西耶蓦地俯冲向他的猎物，他从地图上撕下了一片曼哈顿：基地。

洛克菲勒家族迅疾地捐献出了这片基地。

对勒·柯布西耶来说，东河边上这一细长条的六个街区，是他离在曼哈顿实现他的设计方案最近的地方。

接下来是一个令相关各方都痛苦不堪的阶段。

联合国设计委员会每天在洛克菲勒中心（勒·柯布西耶唯一承认喜欢的只是它的电梯）聚会一次。急欲将联合国变成他的光辉曼哈顿的姗姗来迟的开场，勒·柯布西耶垄断了所有讨论。虽然他的官方身份只是一名顾问，很快就已经清楚，挟着他强有力的都市理论，勒·柯布西耶期待成为联合国唯一的建筑师。

他不知道，在曼哈顿，理论只是些混淆视听的策略，只是本质性的基础隐喻的装点。除了在纽约毫无诱惑力的反曼哈顿之外，勒·柯布西耶的都市主义不含有任何隐喻。

在勒·柯布西耶的联合国，办公楼被直接置于一条街道的中央。大会议厅虽然低些，但挡住了第二条街道，又

 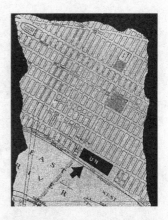

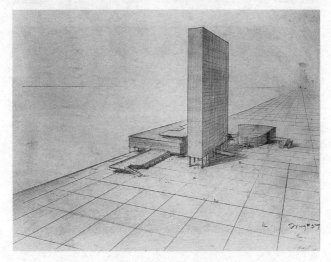

（左上）没有搜寻的搜寻：勒·柯布西耶调查联合国总部在大纽约都市区的适合基地——泽西市的联合国？

（右上）从地图上撕下的联合国基地：勒·柯布西耶的猎物落入了他的掌心。

（下）曼哈顿自主领航员的最后的批判性介入：休·费里斯基于勒·柯布西耶东河基地方案的渲染图。

（上）"联合国大厦将为纽约带来它长久期盼的危机……"

（下）暗调大师试着将勒·柯布西耶的现代主义吸收进费里斯空洞之中："联合国大厦夜景"。"他坚持让建筑飘浮……"

是一条钢筋混凝土的方舟。基地上其余的地方都被席卷一空，像是一幅过于利索地复原了的旧画，不管是实在的还是鬼魅般的建筑都被移去了：都市的表面为一片绿色草坪的创可贴所取代了。

对勒·柯布西耶来说，这座建筑是一剂药，可能苦了点，但是最终有益。"在接受联合国这座建筑时，纽约终究不会使它不堪重负，相反，联合国大厦将为纽约带来它长久期盼的危机，通过这次危机，纽约将找到解决都市困境的门径和方法，由此一部使人惊悚的变形记即将在此上演，它来得正是时候。生活已经说过……"[56]

那个结论——无论他到哪儿它都像是内心的仙乐伴随着真正的偏执狂——操之过急。在法语辞令的急流前巍然不动的哈里森，依然，并且仍将，保持着对联合国大厦的控制，它是一个建筑项目，不是理论。

勒·柯布西耶未被邀请监制曼哈顿终极的药剂。

在任何设计定案之前，他打道回府了，再一次对不感恩的世界感到厌恶——也可能，被他的愿景所带来的"决定性的"困难吓倒了。

"我简直不能想象他对付得了玻璃幕墙的细节。"三十年后华莱士·哈里森回忆起来，依然为这一念头感到不安。[57]

天真

联合国大厦的设计，标定着暗调大师休·费里斯的最后一次重要的重出，他被召来为顾问们提议的各种方案做快速渲染。现在他比以前任何时候都更是一名现代建筑的信徒了，但即便是这种有意识的献身，费里斯的艺术在潜意识中依然是批判性的。没有比曼哈顿自主领航员的最本色的渲染，更能无情地展示勒·柯布西耶都市主义的枯燥无味了。

与此同时——就像曼哈顿的建筑师不得不成为健康的精神分裂者一般——他竭力试着赋予新的形式以浪漫主义的，甚至是神秘的情调。他最终的雄心是甚至将现代都市学也吸收进费里斯空洞（Ferrissian Void）之中去。

在他永远晦暗的美国夜晚中，他将勒·柯布西耶的计划描绘成悬在半空的不可思议的大量混凝土：“通过翻译（我不说法语），我尽可能揣测他的意思，他坚持让建筑飘浮……”[58]

哈里森是这位瑞士建筑师的崇拜者和朋友。和费里斯的态度差不多，他态度暧昧：他真挚地认可勒·柯布西耶提议中的长处，但是，哈里森发现勒·柯布西耶意欲的反曼哈顿的爆炸性成分其实没什么爆炸力。毕竟，勒·柯布西耶的联合国大厦不过是重新设计的曼哈顿的一部分，通过勒·柯布西耶同样非理性的阐释，荡涤了自己隐喻和非理性的杂质。哈里森恢复了它的天真。在他对于联合国大厦的细意经营——它从理论转变成了实体——之中，他小心地移去了它天启般的紧迫性——"舍我其谁！"——解除了它的偏执。

就像勒·柯布西耶曾试图纾解曼哈顿的拥挤一样，哈里森现在使得勒·柯布西耶的光辉城市从意识形态中解脱了。

在他感性和专业的手中，它的抽象的粗粝趋于平和简明，以至整个建筑群落仅仅成了曼哈顿的一片飞地，就像其他的街区一样，是曼哈顿岛群中的孤立的岛屿。

终究，勒·柯布西耶没能吞噬掉曼哈顿。

曼哈顿噎住了，但它最终消化了勒·柯布西耶。

后
事

高潮

联合爱迪生（Consolidated Edison）公司——曼哈顿的发电机——在 1939 年的纽约博览会上有他们自己的展厅，名为"光之城市"（City of Light）。像正圆球那样，它容纳着一座微型大都市，但是没有民主城市预言性的虚饰。

光之城市是曼哈顿的一座模型——"从天际线到地铁"——将大都会 24 小时的日夜循环压缩到 24 分钟。它的棒球场只秀那些著名赛事的亮点，天气在数秒之间从晴天变化到雷雨交加，横贯建筑和土壤的切面展示了城市基础结构的潜意识：电梯在地面和顶层之间疯狂地穿梭，地下列车加速行驶。

但在大都会生活的这种百分之一千的强化之余，这座模型还展示了一种更让人不安的变革。

曼哈顿被弯曲了。

网格的脊骨被迫弯成了微微的弧线，由此，它的街道

"光之城市",联合爱迪生公司在 1939 年纽约博览会上的场馆,室内(建筑师华莱士·哈里森)。"在从上空垂落的话音,以及时常变幻的色、光、声活剧的感召下,这座以壮丽尺度布置起的微型城市,突然一下子活灵活现了,它传递给你的是恰如这座城市实际一般的景象——不仅仅是一大堆没有生气的石作和钢铁——而是一座活跃着的、呼吸着的城市,在表皮下面,它有着一具钢和铜组成的动脉静脉的网络,以供给热和能量——一座有着电力神经的城市,可以控制它的运动,传输它的思想……"曼哈顿主义以在纸板中到达的高潮写下了它的结局。

可以在赶来见证这奇观的密集人群中的某处汇聚。弯曲的
岛屿描绘出了一个圆的第一部分，这个圆圈要是能闭合，
它将俘获它的观众。

在 30 年代晚期多重的忧患之中，曼哈顿主义的时日
已经不多，确定无疑的曼哈顿只能作为一种模型被实现；
曼哈顿主义只能以纸板的形式达到它的高潮。这种模型是
功德圆满的拥挤文化的一种摹写，它在博览会的现身，暗
示着曼哈顿自身注定还是它的理论性模型的一种不完美的
近似——这模型就是这次展览，它将曼哈顿展示为一座光
的而非物质的城市，它沿着相对性的宇宙曲线航行。

遗产

民主城市——一个未来的大都会——以及光之城市的
建筑师都是一个：华莱士·哈里森。

一个人可以造就两种如此截然不同的奇观——它们互
不相容的内涵彼此否定——这事实像一道伪造的闪电，照
亮了曼哈顿主义尖锐的危机。自洛克菲勒中心的设计以来，
哈里森在最为纯粹的曼哈顿建筑之中磨砺和浸淫，在光之
城市中，他构思出了曼哈顿主义的极致——纵然它是用纸
板搭起的——而在民主城市中，他似乎忘却了它所有的教
条，甚至开始相信对现代建筑的那些言辞上的皈依，它们
原本只是打算策略性地转移。

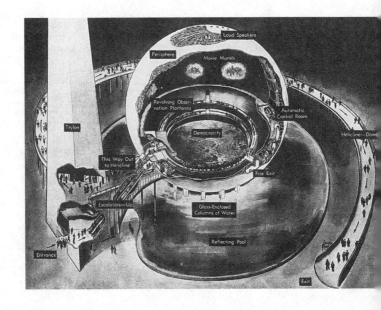

三棱塔和正圆球的剖析图，展示了人流导向和机械装置。"展览的入口通过三棱塔的大堂，从此处开始，内藏的升降梯，一座 96 英尺长，另一座 120 英尺，这个国家曾经建造的最长的移动楼梯，将参观者送至正圆球一边的两个入口……在那里，他步入两个环形阳台中的一个，两个阳台彼此相叠，离开球体的墙壁，以相反的方向旋转，像是悬浮于空间中……坐落在下面的是民主城市……并不是一座异想天开的城市，而是对于我们今天应当如何生活的实际建议，就像它从 7000 英尺上空看起来的那样，它是一座光、空气和绿色空间的城市……在日间的循环中，画外音描述着民主城市的物理规划，与此同时一个特别的交响乐团应和着整个演示……两分钟之后，正球体内的日光光线黯淡下去了，星星开始在上面的穹顶上显现，城市被点亮了，夜晚降临了……在远方，人们听得见一个千人的歌队唱着本次博览会的主题歌。从空中十个等距离的点走来了十组行进中的队伍：农夫、矿工、工人、教育者—— 一拨一拨的男人和女人，代表着现代社会的各种团体……从小点儿开始，这些人形达到了 15 英尺大小，成了天空活动的壁画……当看客们步入旋转阳台的时候，民主城市可能是清晨，下午的中间或夜晚。当 6 分钟的一轮结束他离席后，演出将重新从他进来的状态开始……"（《纽约先驱论坛报》[*New York Herald Tribune*]，世界博览会版，1939 年 4 月 30 日）

也许是不可避免的，这样的教条基于对实用主义持续的模拟，基于一种自我强加的健忘症——这健忘症让同一潜意识主题持续再现——而且以新的面孔转世，并基于系统培育出的、以利更有效地运作的暧昧。这样的教条从不能持续一代以上。曼哈顿的知识贮存在建筑师的脑瓜里——建筑师让商人埋单，表面上是为他们自己超级效率的神话，但实际上，却是为了创造一种在大众的欲望中萃取出的拥挤文化。

只要一伙老于世故的建筑师能够保守这个集团之中的天机，它就是安全的，比作为一种清晰的公式要来得安全，但是，这样保守秘密的方法却注定了秘密将自行灭绝：他们从不展露自己真实的意图——甚至对自己人也是如此——曼哈顿的建筑师将这些秘密随身带进了坟墓。

他们扔下了他们的杰作，没有留下遗嘱。

30 年代晚期，曼哈顿已经成了一种谜一样的遗产，下一代人不再能解读。

这使得曼哈顿的建筑在欧洲人理想主义的劫掠面前毫无抵抗力，就好像印第安人面对麻疹[1]；对于任何清晰的意识形态的流毒，曼哈顿主义毫无抵御的能力。

哈姆雷特

哈里森是曼哈顿有所作为的最后一位天才。第二次世

434

（左上）华莱士·K.哈里森，曼哈顿的哈姆雷特。

（右上）X城市（渲染图为休·费里斯作）。在联合国大厦现在的基地上，两座曲状的板楼骑跨在一个为办公楼所环绕的巨型的、通明的"圆团"上。哈里森将X城市同时构想为洛克菲勒中心之"梦"的事后实现——在其他的剧院中，"圆团"最终也将包含大都会歌剧院和纽约爱乐乐厅——也是洛克菲勒中心的都市学意识形态的现代主义"修正"。无线电城是一系列彼此叠加的项目，每个"层次"都丰富了另一个，而X城市则将大张旗鼓地将它的功能区分开来，每个功能都被给予特定的场所。网格的准则被摒弃了，换来的是在河滨公园之中植根的塔楼的自由搬演。在东河上挑出的巨大裙楼本将成为直升飞机起落场，当这块基地随之被考虑为联合国总部时，哈里森将计划"转化"以安置新的程序，剧院变成了主要的公共会议厅，板楼成了（南边的）秘书处大楼以及（北边板楼的）旅馆。然而，对于一个象征世界联合的形体而言，两座板楼之间的关系——以及在其内部，北板楼伸展进两座塔楼的难以描述的分叉——依然问题重重。

（右中）X城市是无线电城/洛克菲勒中心和林肯中心之间缺失的一环，是曼哈顿密度逐渐流失的中间状态。在同一块基地上，哈里森终将实现他的计划中的一个残片——不曾弯曲的两座塔楼的板楼——它是坐落在勒·柯布西耶未曾实现的第二座板楼的同一基地上的哈里森的联合国公寓。林肯中心是"圆团"的部分实现。在无线电城——X城市——林肯中心的序列中，最为鲜明地显现了拥挤文化的式微。

（右下）X城市"转化"成了联合国，平面（哈里森，由乔治·达德利［George Dudley］协助）。

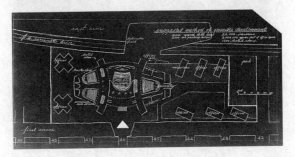

界大战之后，有所作为不再与崇高同路了，这对他是个悲剧。建筑师们不再能指望商人们的"鬼画符"（phantom calculation）使得不可能之事变得可为了。战后的建筑，是会计师对于战前商人们白日梦的反击。

康尼岛的革命公式——技术＋纸板＝现实——已经在曼哈顿再次附体。结果不是"剥落的白色油漆"而是廉价摩天楼支离的幕墙：那不幸是曼哈顿需要解决的最后的矛盾。

曼哈顿主义的式微定性了哈里森的事业。他成了曼哈顿的哈姆雷特：一些时候，他表现得似乎对个中奥妙了然于心；另一些时候，他却又像是忘记了那些秘密，甚至对它们闻所未闻。[2]

以现代性的名义，看上去哈里森——像一个不情愿的清盘人——似乎是一步步地剥去曼哈顿的建筑资产；但与此同时，以曼哈顿主义的名义，他总是保存它的某些本质，并重振它最恒久的回响。

曲线

从洛克菲勒中心，取道正圆球和光之城市，乃至（战后的）X 城市、联合国大厦、阿尔考和孔宁大厦（Alcoa and Corning Building）、拉瓜迪亚机场和林肯中心，哈里森的轨迹刻画出他进退失据的真实历程。

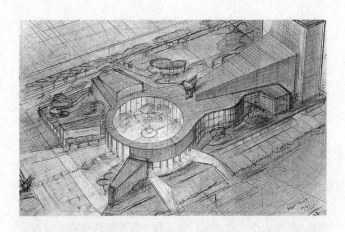

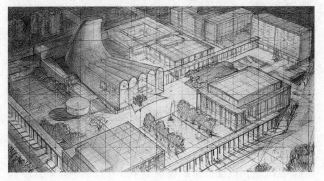

（上）"在四边形和肾形之间的一个秘密的——有可能是更糟的——辩证法"：林肯
中心的最初概念是一个圆形的庭院，通过一个建在圆周上的大堂系统，这个庭院
可以将所有的从属剧院连接起来，它是洛克菲勒中心曾经规划过的"无线电论坛"
弯曲了的版本（休·费里斯，工作图页，1955年12月5日）。

（下）作为"岛屿"的林肯中心：台阶替代了倾斜的广场；立面使人想起科比特的
廊架。

乍一看，X 城市（1946）是勒·柯布西耶的光辉城市的简明版本，后来在东河边联合国基地上的一座公园中的塔群。但是正如费里斯的渲染图再一次展示的那样，它的中心部分，是欧洲人定然会将它们分离的各种成分的不可能组合：构图奇特的两幢板楼——在平面上呈曲线形——跨过一座在平面和剖面上都呈曲面的礼堂。

这些曲线——自光之城市以来是一座弯曲的、确定无疑的曼哈顿的秘密象征——成了哈里森的商标。

在 X 城市之后，它们着了魔一般地重现在联合国大厦之中，不仅仅礼堂的屋顶是弯曲的，建筑内部也有一组令人眼花缭乱的曲线阳台，这不期之中的感性的冲击力，使得那些来客备感惊奇。板楼周边公园的风景设计有着单一的主题：曲线。沿着第一大道，飘扬着各国国旗的旗杆行列，在中央遽然内曲向主楼，构成了哈里森在曼哈顿最长的曲线。

拉瓜迪亚机场的平面描画出了最壮观的曲线。这座建筑的导引概念，是一条贯穿它整个长度的曲线。将飞机往来交通从磨砂玻璃板后面隔出去的手法增强了这条曲线的悬念（它在何处终结？），如此，即使透过"现代"的幕墙，曼哈顿也永远笼罩在一片雾霭之中了。

同样的曲线复现在他的阿尔考大厦（入口的造型使得幕墙像帷幕一样挑起，形成一道曲线）和孔宁玻璃大厦

（在大堂镜面天顶的曲线延展之中，建筑的内部从主体空间中"隐现"）。

哈里森的生平作品是谜一样的——甚至，或许也是令人焦虑的——矩形和肾形、生硬和自由的思辨。他的建筑冲动首先来自于现代主义，例如，考尔德、莱热（Leger）和阿尔普[3]——他们都是他的朋友。这种冲动总是和曼哈顿的生硬针锋相对，呈曲线状，最辉煌的例证莫过于正圆球。然而，其后这种解脱的冲动却向不为所动的网格的逻辑投降了，自由的形式被迫退守困于规整的矩形之中。

只有他的曲线还留着，作为更自由语言的化石。

那曲线是哈里森的主题，它见证着他谨慎地分割给他效忠的新和旧。它总是和不近人情的网格并置，他设定了他自己的人文主义的柔弱曲线。

岛屿

在林肯中心项目中，哈里森的暧昧心结最动人地显露无遗。

乍看起来，它是纪念碑式的现代主义的凯旋。然而，凑近了审看，它也可以理解成洛克菲勒中心地面层的最初设计之一，它是这设计的卷土重来和事后实现，"三个街区的红色天鹅绒椅的海洋、数英亩的舞台和后台"，最后缩水变成了无线电城音乐厅的尺寸。

但是洛克菲勒中心的天才之处，是它至少同时是五个项目；在战后的曼哈顿，林肯中心注定只能是一个项目。它没有"布杂"式样的地下室，没有第十层上的公园——它就没有第十层——最重要的是缺失摩天楼的商业的超级结构（super-structure）。

它慷慨的爱好文化的主顾们，最终带来了紧凑编定的仅仅一座歌剧院、一座剧院和一座音乐厅。文化爱慕者为曼哈顿诗意密度的溶解支付了所需的代价。由一种健忘症，曼哈顿不再在单一基地上支持无限数目的层层叠加和不可预测的活动了，它已经退守到——对于已知的——一色的澄明和意料之中。

那是哈里森不可抵御的一种趋势，但是，即使是在林肯中心之中，他旧的信念的残迹依然清晰。

林肯中心升起的平台——科比特"威尼斯"版本的洛克菲勒中心的回响——正是一座云山雾罩的"岛屿"，那是哈里森从前的同事们从未得以建成的。

字母表

洛克菲勒中心的 X、Y、Z 楼是华莱士·哈里森对曼哈顿的最后贡献。

摩天楼已经功德圆满，再一次，它又是一座基地的简单延伸了，只在某处人为地中止。哈里森最终从曼哈顿主

X、Y、Z 楼——洛克菲勒中心的战后扩建：曼哈顿主义被弃之不顾。

1964 年的世界博览会：全球。"地球的直径达 160 英尺，经度和纬度的开敞网格支持着陆地的大体……它将世界上人民的彼此关系，以及他们对'由理解而和平'的渴望戏剧化了。"

义之中脱身了，X、Y、Z 是字母表的最后字母。

但是另一方面，在 Z 之后又是 A。这些宇宙的内爆就像最初的那一百层楼，可能，它只是一部新的字母表的开始。

球

1964 年，世界博览会。

主题展览：全球（Unisphere）。

又是球，不过鬼魅一般并且透明，没有内容。

就像烤黑的猪排，大洲和大洲绝望地贴覆在曼哈顿主义的残骸上。

附录：一个虚构的结论

　　向着浑然人造世界的神话境地，大都会狂飙突进，以至于它和人类的欲求不谋而合。

　　大都会是部会使人上瘾的机器，除非它自己同时也提供出路，否则人们便无处可逃……

　　挟这种无往不利之势，它的存在接近了它所替代的自然：它理所当然，几乎不能察觉，定然无可言喻。

　　本书道出了曼哈顿自己所产生出的大都会城市学——一种拥挤文化。

　　更间接地，它隐含着另一种潜在的论断：大都会需要，也理应有它自己特质的建筑，这种建筑可以证明大都会状况的独特迹象的正当性，并将拥挤文化新造的传统发扬光大。

　　沉浸在一种自我强加的无意识状态里，曼哈顿的建筑师施演了他们的奇迹；这个世纪的余年的重任，就是公开地与这些僭越无度、好大喜功的声言、雄心和大都会的潜质打交道。

在"后事"一节的编年之后，曼哈顿主义——仿佛突然被晒了大太阳——蜷曲萎缩了，这个《附录》可以看成是一个虚构性的结论，它是对于同样的素材的一种解释，不过不是通过言辞，而是通过一系列建筑项目。

这些设计方案是曼哈顿主义的探索性产物，俨然是一种经意而为的教义，它不再仅仅局限于那座承载它发明的岛屿了。

被捕获的星球之城（1972）

被捕获的星球之城，致力于人工构想以及加速制造各种理论、诠释、心理建构、方案以及它们在世上的纷扰。它是自我王国的首府，在此，科学、艺术、诗歌和形形色色的疯狂在理想的情形下进行竞争，从而发明、摧毁和再造使人叹为观止的现实世界。

每一种科学或痴狂都有自己的地盘。在每个地盘上竖立着同样的基座，这基座由沉重的抛光的石头打造。为了便利和激发臆测性的行为，这些基座——意识形态的实验室——准备好了去搁置不受欢迎的规则、无法否定的真理；创造不存在的、物理的条件。从这些花岗岩般的坚实体块中，每种哲学都有向天空无限扩展的权利。其中某些体块带来确实与平静的段落；另一些展现了有着不确定的猜想和催眠术般的暗示的柔性结构。

这种意识形态的天际线的改变将是迅疾而持续的：蔚然大观的伦理欢悦，道德狂热或是知识的意淫。这些塔楼之一的倒塌可能意味着两件事情：失败、前功尽弃，或者是视觉的新发现（Eureka）[1]，一种思辨性的喷射：

一套可以生效的理论。

一种锲而不舍的痴狂。

一段变成真理的谎言。

一个无法醒转的梦境。

在这样的时刻，悬在城市中心的被捕获的星球的目标便很明确了：所有的这些机制一起组成了世界本身的巨硕的哺育器，它们在这个星球上繁衍着。

通过我们在塔楼中狂热的思考，这个星球获取了它的分量，它的温度缓慢地上升着，尽管有那些最让人丢脸的挫败，它无始无终的孕期依然得以延续。

早在有研究能够证实它的推测之前，被捕获的星球之城就第一个凭直觉探索了曼哈顿的建筑。

如果大都会文化的本质是改变——一种永远生机勃勃的状态——而且"城市"这个概念的本质是不同持久性的一个清晰可辨的序列，那么，只有三种基本的公理——网格、脑白质切断术和分裂——可以为建筑重新夺回大都会的疆域，它们是被捕获的星球之城的基石。

网格——或者是任何其他将大都会的疆域变成最大可控增量体系的进一步细分——描绘出一个"城中之城"的群岛。越是显扬每座"岛"的不同价值，作为一个系统的群岛的统一性就越是得到了增强。因为"岛屿"这种组件里面已经包含了"改变"，这种系统将永远也用不着修改。

在大都会的群岛中，每一座摩天楼——当真正的历史

被捕获的星球之城。

不在场时——便发展出了独自的即时"民间传说"。通过脑白质切断术和分裂的双重割断——将建筑的内外分离，将内部的发展置于小的自治王国之中——这样的结构便可以将它们的外表专注于形式主义，而将它们的内部专注于功能主义。

如此这般，它们不仅永远地解决了功能与形式之间的冲突，而且还创造了一座城市，在这座城市中永恒的孤碑们歌颂着大都会的变化无常。

只是在这个世纪之内，这三个公理使得曼哈顿的大楼变成了建筑兼超效率的机器，它们既是现代的，又是不朽的。

接下来的项目是对这些公理的解释和修正。

斯芬克斯酒店（1975—1976）

在百老汇大街和第七大道的交点处，斯芬克斯酒店横跨两个街区。曼哈顿这块地方的情形是它没能产生出自己的城市形态的类型学（只有极少的例外）。

它坐向面朝时代广场，它的爪子攫住南边的街区，它的两条尾巴冲着北边，翅膀展开跨越 48 街，并为后者切断。

斯芬克斯酒店，一座豪华酒店，是大众住房的样板。

地面层和夹二层的功能，包含对一些成问题设施的延伸和增强，这些设施赋予了时代广场区域的特征。它们是设计来满足沿着百老汇大街和第七大道的人行道活动的丰富需求。

酒店的主要入口大厅位于 47 街，朝着时代广场（以及时报大厦），包含了一个国际信息中心。这个大厅同时也把现存的基础设施连接在一起。

一个新的地铁车站——像一只蜘蛛的网那般复杂——会把时代广场区域所有的地铁车站连接起来。斯芬克斯的腿们包含着上升至一个巨型门厅的自动扶梯，门厅服务于剧院、礼堂、舞厅、会议室和宴会厅。这一区域之上，一

斯芬克斯酒店面对着时代广场。

个餐馆组成了斯芬克斯的翅膀。在一侧人们可以尽享典型中城街道的景色，在另一侧则可以看到自然，或者至少是新泽西。

这座餐馆的屋顶是一座室外的游乐场和花园，给这座大厦侧翼结构安置的四邻住客们。这个街坊由任意可以想象数目的单元组成：为短暂停留者提供的酒店客房和服务套间与公寓交织着，在拥有私人花园的别墅中达到极致，这些花园位于互相交错下降的梯级平台上，如此便可以避免狭窄的基地形状带来的浓重的阴影，并获得较好的东—西景观。组成斯芬克斯尾巴的双子楼包含有北向的复式公寓单间，连接它们的中间段落则是为住客们准备的办公区。

朝向时代广场的斯芬克斯颈部包含有住客们的俱乐部和社交设施：这是入口大厅和主礼堂上方的部分，位于斯芬克斯的环状头部之下。这一部分被分割成为它拥有的俱乐部的数目，它们是住客们所从属的各种商贸和职业行当的总部，每个都用覆盖着塔楼表面的观念形态的牌子表明着它们自己的身份，并传递着自己的信息，和时代广场现有的符号和象征争奇斗艳。

斯芬克斯的头部专用于体育文化和休闲，主要的特色是一个游泳池。一面玻璃屏风将游泳池分成两部分：室内和室外。游泳者们可以在屏风下面由一侧潜到另一侧。室内的部分为四层更衣室和冲凉房所环绕。一堵玻璃砖墙将它们和游泳池空间分离开来。从小小的露天水滨可以尽享城市的壮观景色，游泳池的室外部分的浪花直接拍打着铺装的地面。游泳池的上空是一个有着为观众准备的带出挑式游廊的天文馆，以及一个组成斯芬克斯皇冠的半环形酒吧；它的主顾们可以对天文馆的程序施加影响，即兴编演天体的轨迹。

在游泳池下是游戏和健身运动的楼层。一道楼梯和几把梯子将游泳池中的潜水岛连接到这一楼层，并且通往下面楼层的蒸汽浴、桑拿和按摩房。在美容院和美发室（斯芬克斯头部的最低一层）里，住客们放松自己，椅子面向周边覆盖着镜面的墙壁。就在坐着时反映脸部镜像的位置下方，有一个小小的舷窗，可以由此眺望下面的城市景色。

最后，一个休息厅，室内／室外的餐馆加上花园，一起将斯芬克斯的头部和俱乐部分离开来。这里是斯芬克斯酒店的头部起落和转动的机制所在：呼应于特定的重要事件，可以引导斯芬克斯的脸部"注视"城市的不同地点，呼应着大都会整体神经能量的水平，整个头部可以抬上或落下。

新福利岛（1975—1976）

福利岛（现在的罗斯福岛[2]）是东河中一座狭长（大约 3 公里长，平均 200 米宽）的岛屿，基本上平行于曼哈顿岛。最初，这岛是医院和难民营的所在地——大致说来就是"不讨人喜欢的东西"的仓库。

1965 年以来，它经历了一段三心二意的"都市化"进程。问题是：它要成为纽约真正的一部分——这意味着它会带来所有的苦痛——还是变成一块文明开化的世外桃源，一种度假胜地，可以从一个安全的距离，观看曼哈顿熊熊燃烧的奇景？

迄今为止，这座岛屿的规划者们选择的是后者——尽管和曼哈顿不过 150 米之隔，现在它和母岛之间只用一辆缆车相连（涂成欢欣的"假日"紫色），假如遇到城市紧急情况，这种服务便可以随便取消。

一个多世纪的时间里，福利岛的主导性建筑事件便是巨硕的皇后区大桥的通过，这座桥将曼哈顿和皇后区连在一起（没有通向小岛的出口），同时不经意地将福利岛切成了两半。桥北区现在由"都市开发公司"（Urban Development Corporation），一个纽约州的机构开发，一系列的街块以相新福利岛，轴测图。曼哈顿位于左方，皇后区位于右边，新福利岛在中间。从上至下：入口会议中心被皇后区大桥刺穿；至上主义建筑装置；停泊流线型帆船的港口；"中国"游泳池；有筏子的福利宫酒店；广场；河流—"步道"。正对着曼哈顿岛上的联合国大厦的是一座小岛上的"反联合国"。在曼哈顿岛自身上可以看见斯芬克斯酒店的"分割"以及 RCA 大楼。在皇后区是有着现代居住区的"绝望公园"；郊区；百事可乐标志；发电站。河中正在驶近的是漂浮游泳池。

同的热情向着曼哈顿和皇后区（为什么？）拾级下落，并分布在一条优美曲折的主街（Main Street）两侧。相反，皇后区大桥南部的新福利岛是一个大都会的聚落，与曼哈顿岛上 50 街和 59 街之间的一段地带不期而同。

这一项目致力于复苏那些使曼哈顿的建筑独一无二的特点：让通俗与形而上学、商业与崇高、风雅与朴素融合的能力——它们共同阐释了曼哈顿先前为自己诱惑大量观众的本领。它也复兴了曼哈顿的传统，就是在小些的、实验性的"实验室"岛屿（诸如世纪初的康尼岛）上"检测"特定的主题和意向。

为了演示这些，曼哈顿的网格伸展跨过了东河，在岛上创造了八个新的街块，这些基地将被用作那些形式上、程序上和意识形态上的竞争建筑的"停车场"——这些建筑将他们一模一样的停车空间彼此抗衡。

连接所有街块的是一条高架的自动步道（travelator，移动的人行道［moving pavement］），它从桥起步由岛屿的中心往南而去：一部加速的建筑漫步道。在岛的尖端它变成两栖，离开陆地转为河上的一条"步道"（trottoir），连接起载沉载浮的魅力景点使它们极短暂地自己扎根在陆上。

那些没有被占据的区块空着，留给未来一代的建设者们。

迄今为止，从北而南，新福利岛安置了如下的建构：

1. 环绕着皇后区大桥并不曾实际接触它的，是"入口的会议中心"（Entrance Convention Center）——作为进入曼哈顿的一个正式的入口，与此同时，它也是一个巨大的"路障"，将岛的南半部和北半部分离开来。为大型会议准备的礼堂安插在狭长的桥下，两座大理石的板楼包括单元集成式的办公设施，在它们之间，桥上，它们支撑着一个悬挑的玻璃物体——它的梯级反射着桥的曲线——容纳着一个为与会者准备的层叠的体育和娱乐中心。

2. 那些曾经为纽约而提议的，但是不知为了什么原因而放弃了的建筑，人们将"补建"它们，将它们停泊在街块上，以使曼哈顿主义的历史得以完备。此类建筑之一，是马列维奇（Kasimier Severinovich Malevich）——大约20世纪20年代早期某个时候于莫斯科——在印有曼哈顿天际线的明信片上大笔绘下的至上主义建筑装置（Suprematist Architecton）——但是这张明信片却从没有送抵。

由于一种不确定的、可能搁置重力的科学进程，马列维奇的建筑装置与地表的关系是薄弱的：它们可以在任意时刻进入人造星球的状态，只是偶然才到访人间——如果确实会来访的话。建筑装置没有任何程序："不为任何目的建造，（它们）或许对使用的人自己的目的有用……"

它们的程序化只有为一个未来的配得上它们的文明所"征服"。没有功能，建筑装置只是通过诸如此类的东西存在和建造出来，"不透明的玻璃、混凝土、涂了柏油的毡子、电力加热，一个没有管道的星球……这个星球就像一个小斑点那样微末，对于住在它里面的人而言，他去哪儿都可以，他可以在好天气里坐在它的表面上……"

3. 在新福利岛中央部的开发项目是港口，它在岩石中雕凿出来，承受船只那样的漂浮结构——在此是诺曼·贝尔·格迪斯（Norman Bel Geddes）的"特别流线型快艇"（1932）。

4. 港口南边是一座公园，有一座呈四方形的"中国"游泳池，它的一部分在岛上凿出，剩余的部分则在河上建成。原有的河岸变成了三维的——一座铝制的中国式的桥追随着平面上自然的水岸线。两端的两扇旋转门，每一扇都通往藏在桥的两半里的更衣室（一男一女），脱掉了衣服，两种性别的人自桥的中间出现了，从那儿他们可以游往内凹的河滩。

5. 岛的尖端被福利宫酒店和一座半环形的广场占据着。

6. 自动步道在水面上延伸，直至42街以南的一点。沿路经过一座对着联合国大厦的小岛，"反联合国"（Counter-UN）就附着在这座小岛上：一座附有礼堂的板楼重复着它的样板的外形，这座小岛的开放空间满足着这个"反联合国"的办公室职员们的娱乐需求。

福利宫酒店（1976）

福利宫酒店——一座"城中之城"——占据了靠近岛的尖部的街块。它由七座塔楼和两座板楼组成，可以容纳一万名宾客，每天还可以接待同样数目的访者。十层的板楼被置于街块的边缘，以便定义酒店的"领域"。因为岛向着尖部缩小，酒店的街块是不完整的，但是两座板楼依然延伸入水中直至岛的十足宽度，如此水岸也穿越酒店，成为一种地质断层。在酒店领域内的板楼之间，六座塔楼排成 V 字形的队列，指向曼哈顿，皇后区一侧的第七座塔楼"放不进"这座岛，它变成了一座水平的"摩水楼"（water-scraper）[3]，在本该作为它的立面的地方，是一座屋顶花园。

当这些塔楼向远离曼哈顿的方向展开时，它们的高度渐次增加；它们的顶部刻意设计成向曼哈顿"注视"的模样，特别是向着朝酒店渐次下降的 RCA 大楼。

酒店有着四个立面，它们每个都有独到的设计，以呼应于它们各自的情状中的不同形式和象征需要。沿着半环形的广场的南立面是占主导地位的立面，三维的片段将自己脱系于主要的板楼，成为卓然自立的部分，这些片段有着双重的功能：在一起的时候，它们构成了一组装饰浮雕，传递着一个清晰的形象信息——一座呈坍塌状的城市；单独的时候，它们不同的酒店设施——小型的宫殿式摩天楼留作私人用途。这些片段的材料尽可能地多样化——大理石、钢铁、塑料、玻璃——为这个酒店提供了它若非如此便将匮乏的历史。

酒店的地面层被细分为一系列独立的区域，每个都具有自己特别的功能：

第一区——最靠近曼哈顿——是一座剧院和夜总会—餐厅，它的双重主题是"沉船"和"无人岛"，可以容纳2000人——那只是酒店访客的一小部分。它的地板淹没在水中，有个从一艘翻转了的沉船的铁壳里雕刻出的舞台，它的柱子被打扮成灯塔的模样，疯狂地用它们的光束刺穿着黑暗。客人们可以在水边的平台上坐着，进餐和观看演出，他们也可以登上救生艇——这些救生艇装备着美轮美奂的天鹅绒长凳和大理石桌面——通过水下的轨道，它们从沉船中的一个洞里浮现出来，缓慢地穿过室内，对着沉船的是一座沙质的岛屿，象征着曼哈顿的处女地时代，可以用来跳舞。酒店的外面，恰恰就在曼哈顿和福利岛的中间，漂浮着一具籍里柯的《梅杜萨之筏》[4]的巨大复制品，它是曼哈顿的都市苦难的象征——既证明了"逃脱"的需要，也证明了"逃脱"的绝无可能。它等同于一座19世福利宫酒店。剖开的轴测图依次展示了地面层上的：淹没的剧院 / 餐馆 / 夜总会（有着无人居住的岛屿，掀翻的船只，灯塔柱，餐饮平台，救生艇）；有着购物区的原生态岛广场（island-as-found-plaza）；酒店的前台区；通往水平"摩水楼"的通道（隐藏在后面四座摩天楼之间，顶上有公园）。

在酒店的贯通轴的每一边是一座低层的长板楼—— 一座俯瞰着"中国"游泳池，另一座俯瞰半圆形广场，后一座的立面已经支离破碎成三维的壁画，它构成了酒店奢侈功能的所在。

六座摩天楼组成了 V 字的形状——每一座都有自己的俱乐部（主题各自与在每座塔楼地面层上确立的神话相关）。

塔楼 1：更衣室，被沿周边分布的游泳池环绕的四方水滨；塔楼 2：作为酒吧的驾驶台；塔楼 3：成为壁画的高潮所在的表现主义俱乐部；塔楼 4：空寂；塔楼 5：瀑布 / 酒店；塔楼 6：无拘无束的弗洛伊德俱乐部。

酒店跟前的浅蓝色是一座人工的溜冰场；酒店左边是有着"中国"游泳池的公园；在酒店的前面是一座巨大的塑料制成的三维"梅杜萨之筏"（其中一小块区域是用来跳舞的）。

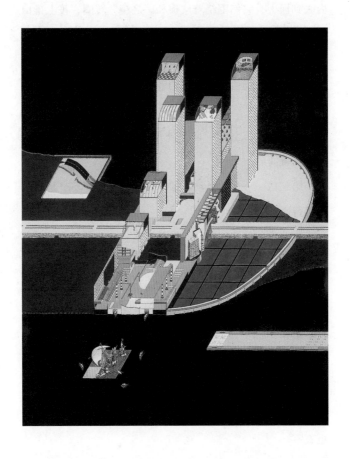

纪公共雕塑。当天气允许的时候，救生艇将离开酒店的室内去到河上，它们围绕着"梅杜萨之筏"转圈，筏上排山倒海的苦痛与看客们自己些微的焦虑形成映照，观望着月光映照的天空，甚至登上这座公共雕塑。它的一部分被装修成舞池，在酒店里面制作的音乐通过隐藏着的麦克风遥控播放。

酒店的第二区——向户外开敞——代表发现的岛屿，并排列着商店。

第三区——在此自动步道的路径被打断了——是酒店的接待区。

在此之外是第四区——屋顶上是一个公园的水平"摩水楼"，里面是会议设施。

每座摩天楼的顶部是一个不同的俱乐部。它们的玻璃遮阳板可以回缩，以使俱乐部的活动展露在日光下。

俱乐部的主题和正对着下面的地面层设立的主题相关，如此电梯便在对同一故事的两种演绎间来回穿梭。

第一座塔楼——在地面层位于无人岛之上——有一个四方的沙滩和一个环状的游泳池。一面玻璃分开了男女的更衣室。

第二座塔楼——唯一的办公楼——装备着沉船被"移了位"的驾驶台，访客们在这里感觉就像船长一样，在貌似操纵者的飘飘然里，他们饮着鸡尾酒，忘却了在他们30

层以下发生的灾难。

第三座塔楼是一个表现主义的环境，用随心所欲肆虐横行的装饰，它为骚动的南立面画上一个句号。

第四座塔楼的顶层是空的，它等待着未来不确定的入居者。

第五座塔楼立在水中，城中的人们可以看得见它的顶部瀑布上变幻莫测的倒影。

第六座是离曼哈顿最远的一座塔楼，主宰着它的顶部的是一个三维的寓意性的室内，它推演和"预测"着 RCA 大楼、克莱斯勒大厦和帝国大厦真正的命运，这座酒店是三座建筑间多舛姻缘的"难产"子息。

酒店的前面半环形的广场上，不在岛上的那一部分变成了冰，旅馆的北部是"中国"游泳池。

游泳池的故事（1977）

1923 年，莫斯科

有一天在学校里，一名学生设计了一个漂浮的游泳池。没人记得他是谁了，但是这个点子已经传了出去。其他人在设计飞行的城市，球形的剧院，全然人工的星球。某个人却非得发明漂浮的游泳池。在通过建筑来渐进地改良世界的程序中，这个漂浮的游泳池——在浊世之中的一块净土——看上去是第一步，虽然不起眼却很激进。

为了证明这个点子的力度，建筑系的学生们决定在业余时间做一个原型。游泳池是一个用螺栓将金属皮固定在钢框上的长方形。两列看似没有尽头的线状更衣室组成了它的长边——一列给男人，一列给女人。两边末端都有一个玻璃的大厅，各有两堵玻璃的墙，一堵墙展示了健康的，有时候是引人入胜的水下活动，另一堵墙则是污染的水中痛苦的鱼儿们。由此，它成了地道的辩证的房间，用于体育训练、人工太阳浴，以及几乎全裸的游泳者们间的交际往来。

这个原型成了现代建筑历史上最受欢迎的结构。由于苏联的长期劳动力短缺，建筑师／建设者们自己也成了救生员。一天，他们发现如果他们联合起来游泳——有规律地同步游动起来，从游泳池的一头鱼贯到另一头——游泳池就会缓慢地朝着相反的方向移动。他们为这种无意的驱动感到惊奇；事实上，一个简单的物理定律就可以解释它：作用力＝反作用力。

在 30 年代早期，一度激发了像游泳池这样的项目的政治局势变得僵化了，甚至变得凶险。又过了几年（游泳池现在变得锈迹斑斑了，但是依然很受欢迎），游泳池所代表的意识形态受到了质疑，像游泳池这样的概念，它的诡诈，它几乎不可见的物理存在，淹没在水下的社会活动冰山一样的性质，所有这些一下子变得具有颠覆性了。

在一次秘密的会议中，建筑师／救生员们决定用这个游泳池作为投奔自由之舟。通过当时已经反复排练的自动推进方法，只要有水，他们想去世界上什么地方就去什么地方。只是，他们要去美国，特别是纽约，这才合乎逻辑。某种意义上，这个游泳池是在莫斯科建成的一个曼哈顿街区，如今它正要去往它合乎情理的终点。

斯大林时代的 30 年代的一个清晨，建筑师将游泳池驶离了莫斯科，他们的办法就是无休止地来回游泳，朝着克里姆林宫金色洋葱头的方向。

1976 年，纽约

一个换班时间表让每个听命于这艘"船只"的救生员／

建筑师轮流上阵（一些顽固的无政府主义者拒绝了这个机会，比起这种责任来，他们更喜欢持续游泳中那种乏味的整一性）。

四十年横渡大西洋之后，他们的游泳服（前后一模一样，这种标准化是为了顺应 1922 年简化和加速生产的指令）几乎已经支离破碎。经年累月之中，他们已经将更衣室／走廊中的一部分改造成了有着临时拼合的吊床等等的"房间"。令人惊奇的是，经过四十年的海上生活，这些男人们之间的关系依然没有稳定下来，而是持续地展现出俄国小说常见的那种急剧波动，就在快要到达新世界之前，船上有一次歇斯底里的大爆发，建筑师／游泳者们不能解释这种现象，只能将它说成是他们集体中年期的滞后反应。

他们在一个简陋的炉子上做饭，靠腌圆白菜和西红柿，以及每天破晓发现的、被大西洋的海浪卷进池子的鱼们过活（即使已经进了牢笼，由于池子太大，这些鱼还是很难抓到）。

当他们终于到达的时候，他们几乎没有察觉——他们不得不游离他们想到的地方，游向他们想要逃离的所在。

真奇怪，曼哈顿对他们来说是多么的熟悉。他们一直幻想着不锈钢的克莱斯勒大厦和飞扬的帝国大厦。在学校的时候，他们甚至有着比这还要大胆的愿景。讽刺的是，游泳池（几乎不可见——实际上它是淹没在东河的污水之

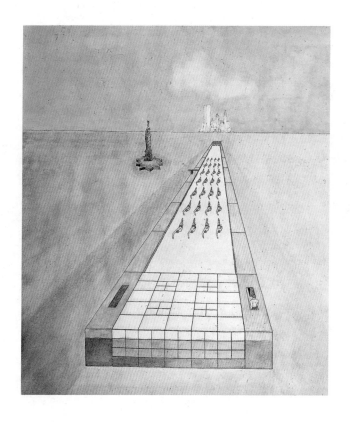

漂浮的游泳池的抵达：花了四十年横越大西洋之后，建筑师／救生员们到达了他们的终点。但是他们几乎没有注意到这一点：由于这座游泳池的特别推动形式——它对他们自己在水中的移位的反作用力——他们不得不向他们想逃离的方向游泳，并且游离他们想去的地方。

中的）是这种愿景的证据：云朵倒映在它的表面，它更甚于一座摩天楼——它是天堂的一块补丁到了人间。

只有齐柏林飞艇 [5] 不见了，四十年前，他们看着飞艇以奔腾的速度横跨大西洋。他们预想着看见飞艇悬浮在这大都会的上空，像是没有重量的鲸鱼们簇集成漂浮的浓云。

当游泳池在华尔街靠岸的时候，建筑师／游泳者／救生员们万分惊讶地看着到来的访客们的单调（衣着、行为），他们粗野匆忙地涌进游泳池来，穿过更衣室和淋浴间，对管理员的指令完全置之不理。

难道是共产主义已经在他们横渡大西洋的时分传播到了美国？他们恐惧地想。这恰恰是他们在游泳时一直避免的，甚至当所有的生意人脱去他们的"布鲁克斯兄弟"（Brooks Brothers）牌子的套装之后，这种粗野和个性的缺乏也未能完全消失（在乡巴佬俄国人的眼里，他们出人意料受过的割礼加深了这种印象）。

在震惊之中，他们再次出发了，将游泳池向着更上游划去：一尾锈迹斑斑的三文鱼，最终——准备好了——产卵吗？

3 个月之后

纽约的建筑师对构成主义者的突然涌入感到不安（这些构成主义者有些相当著名，而另一些，人们一直以为早已经被流放——要是没被处决——到西伯利亚了，在弗兰克·劳埃德·赖特在 1937 年访问苏联，并以建筑的名义背叛了他的现代主义同事之后）。

纽约客毫不犹豫地批评了游泳池的设计。他们现在都反对现代主义，却忽略了他们行业的使人叹为观止的衰落，他们自己日益可悲的跑题，他们绝望地制造出的呆板松垮的乡村楼宇，他们老套繁复的脆弱悬念，他们炮制的枯燥无味的诗篇，他们无病呻吟；却埋怨这游泳池如此无趣，如此方正，如此缺乏冒险，如此平淡，没有历史典故，没有装饰，没有……修剪，缺乏张力，没有智巧——只有笔直的线条、直角和铁锈的黯淡颜色。

（这游泳池无情的单纯威胁了他们——它像一块温度表，可能会塞进他们的项目里去测量他们堕落的体温。）

迎来构成主义的终场时，在一个低调的水滨仪式上，纽约客们还是决定授予他们所谓的同事一枚集体奖章。

在天际线衬托下，纽约建筑师们衣冠楚楚的发言人作了得体的演说，他提醒游泳者们，这枚奖章刻着 30 年代的一句旧铭，它现在已经不相干了，他说，但是曼哈顿现在的建筑师们还没人想得出一句新的座右铭……

俄国人读出了这句话："**从地球到群星绝非易事**。"望着倒映在他们狭窄的长方游泳池中的星空，一位刚完成最后一程，依然浑身湿漉漉的建筑师／救生员，替所有的人作出了回答："我们刚刚从莫斯科来到纽约……"

然后他们就跃入水中，重新组成他们熟悉的阵列了。

5 分钟以后

在福利宫酒店的前面，构成主义者之筏和梅杜萨之筏相撞了：这是乐观主义和悲观主义的对决。

钢铁的游泳池滑过塑料的雕塑，就像一把刀切过黄油。

注释

编者按：标明"译者注"以外的注释均为作者原注。

引言

1. 本书写作于 1972 年。——译者注

2. 罗塞塔石碑是一块制作于公元前 196 年的石碑，刻有埃及国王托勒玫五世的诏书。石碑上用希腊文、古埃及文和当时的俗体文字镌刻了同样的内容。由于这块石碑三种不同语言版本的对应关系，使得法国历史学家、语言学家商博良最终解译出失传千余年的古埃及象形文字的意义结构，罗塞塔石碑的解读因而成为埃及学研究的重要里程碑。——译者注

3. 英文中的 block 既可以指"街块"也可以指文字的"段落"。——译者注

史前

1. 在下文中，这种"席卷一切的法则"也倾倒了现代主义的代表人物勒·柯布西耶（Le Corbusier），在以一个极端代替另一个极端的颠覆过程中，先前的文化和建筑被整个儿抹去，再无痕迹。——译者注

2. 波特·贝尔登（E. Porter Belden），《纽约：过去、现在与未来》（*New York: Past, Present and Future*, New York: Putnam, 1849），第 1 页。

3. 新阿姆斯特丹，荷兰语 Nieuw Amsterdam，17 世纪荷兰殖民地时期纽约的名称。——译者注

4. 约翰·考恩霍文（John A. Kouwenhoven），《拓荒时代的纽约肖像》（*The Columbia Historical Portrait of New York*, New York: Doubleday, 1953），第 43 页。

5. 西濒北海的荷兰是一个低地国家，全国约有四分之一的土地低于海平面，甚至主要河流的河床也高于地面。由于人口稠密，增加国土面积一直是该国的重要任务，早在罗马时代，荷兰人就开始在北海沿岸进行小规模的围垦。尤其是在上一个千年里，大片沿着海岸的沼泽被有计划地围垦，成为各种性质的用地。

因此而发展起来的各种工程技术成为荷兰国家的标志，例如大型堤坝的修筑和用来排除地面积水的风车。——译者注

6. 约翰·雷普斯（John W. Reps），《缔造都市美国》（*The Making of Urban America*, Princeton, N. J.: Princeton University Press, 1965），第 148 页。

7. 毫不奇怪，这些网格城市的设计师没有一个是严格意义上的艺术家：德维特（Simeon deWitt）是一名地理学家和独立战争中大陆军的总测绘师，也是纽约州当时的总测绘师；少了一条腿的莫里斯（Gouverneur Morris）是个出色的军事战略家和金融管理者；而出身于军人家庭的拉瑟福德（John Rutherford）虽然早年学习法律并从事政治，最终却同样以一名测绘师闻名于世。——译者注

8. 约翰·雷普斯，《缔造都市美国》，第 297—298 页。

9. 威廉·布里奇斯（William Bridges），《专员的评议》（Commissioners's Remarks），见《纽约市和曼哈顿岛地图》（*Map of the City of New York and Island of Manhattan*, New York, 1811），第 24 页。

10. 马赛克是用小块着色玻璃、石头和其他材料制作拼嵌画的一种技术，特别见于宗教题材的装饰艺术之中。公元前 4 世纪的马其顿城市中已经发现了马赛克画的实例，它们广泛地出现在这以后的西方世界艺术之中。当代艺术家如大卫·霍克尼（David Hockney）等也受到这种视觉艺术样式的影响。——译者注

11. 波特·贝尔登的广告文，《纽约：过去、现在与未来》。

12. 约翰·雷普斯，《缔造都市美国》，第 331—339 页。

13. 大地艺术家罗伯特·史密森（Robert Smithson, 1938—1973）一直致力于重新阐释当代自然中的"如画"（Picturesque），他的例证之一正是奥姆斯塔德的大作中央公园。就在他飞机失事的同一年，史密森著文讨论了曾经是文明弃地的曼哈顿，是如何在奥姆斯塔德手中凸现了"人"的经验和意志，在他看来，中央公园中引入了时间因素的"如画"经验，并不是一种慵怠的旧美学，相反，它是"物理区域之中持久的一种（文明）进程"。——译者注

14. 约翰·雷普斯，《缔造都市美国》，第 331—339 页。

15. 阿卡迪亚（Arcadian）原是希腊地名，在西方文化中成为"乐园"的代名词。——译者注

16. "水晶宫"是 1851 年世界博览会中在伦敦海德公园建的一座铸铁和玻璃建筑。这座 99 万平方英尺（9.2 万平方米）的温室式建筑容纳了 1.4 万个来自世界各地的展览，建筑本身是工业革命时代发展起来的先进技术的展示。它的设计者是约瑟夫·帕克斯顿（Joseph Paxton），它的长度 1851 英尺象征着博览会举办的年份。——译者注

17. 今天的布赖恩特公园位于纽约中城，42 街以南和 40 街以北，第五大道和第六

大道之间。——译者注

18. 威廉·理查斯（William Richards），《水晶宫一日攻略》（*A Day in the Crystal Palace and How to Make the Most of It*, New York, 1853）。

19. 《纽约世界博览会官方导游手册》（*Official Guidebook, New York World's Fair*, New York: Exposition Publications, 1939）。

20. 加拉戈斯岛（Galapagos Island）位于南美洲的厄瓜多尔以西 965 公里处的太平洋中，为该国的一个省，它的生物多样性吸引了查尔斯·达尔文前来考察，是他有关自然选择学说的发源地。——译者注

21. 奥蒂斯（Elisha Otis）是"安全升降机"的发明者，在绳缆意外断裂客梯超速下落时，他的升降机可以自动锁住客梯使之不再下落。此处之所以称为"升降机"，是因为使用电驱动的"电梯"直到近三十年后才发明。——译者注

22. 异体受精为自体受精的对应词，也称"杂交受精"。对植物来说，亦称"异花授粉"（cross-pollination）。主要是指不同系统间的受精，也包括不同个体间或异株间的受精。异体受精是动物的一般受精方式，植物也广泛地存在。异体受精作为育种的方法受到普遍的重视。——译者注

康尼岛：异想天开的技术

1. 林赛·丹尼森（Lindsay Denison），《世界最大的游戏场》（The Biggest Playground in the World），载于《门赛杂志》（*Munsey's Magazine*），1905 年 8 月。

2. 马克西姆·高尔基（Maxim Gorky），《厌倦》（Boredom），见《独立》（*The Independent*），1907 年 8 月 8 日。

3. 《康尼岛史》（*History of Coney Island*, New York: Burroughs & Co., 1904），第 4—7 页。

4. 英文中的"mass"同时也有"大众"的含义。——译者注

5. 密克罗尼西亚是太平洋大岛群之一，主要包括马里亚纳群岛、加罗林群岛、马绍尔群岛、吉尔伯特群岛、巴纳巴岛和瑙鲁岛等。从 19 世纪后叶至 20 世纪中叶它们大多曾是英国、德国、日本和美国的殖民地。——译者注

6. "突变"原为生物学术语，是指细胞中的遗传基因（通常指存在于细胞核中的脱氧核糖核酸）发生永久的改变。突变的原因可以是细胞分裂时遗传基因的复制发生错误，或受化学物质、射线或病毒的恶性影响；同时突变也有可能成为物种进化的推动力。——译者注

7. 林赛·丹尼森，《世界最大的游戏场》。

8. 埃多·麦卡洛（Edo McCullough），《美好旧日康尼岛》（*Good Old Coney Island*, New York: Charles Scribner's Sons, 1957），第 55 页。

9. 《康尼岛导游》（*Guide to Coney Island*, Long Island Historical Society Library, n.d.）。

10. Plaisance 是一个法语词，意为"赏心乐事"，源自拉丁文的 placentia。——译者注

11. 埃多·麦卡洛，《美好旧日康尼岛》，第 291 页。

12. "布杂"（Beaux-arts）建筑指一度在巴黎美术学院（Beaux-arts de Paris）教授的学院式古典风格，它是两个半世纪的"权威性"设计的产物，以文艺复兴以来重新受到重视的意大利古典艺术为旨归，注重形式构图大于功能内容。在第二帝国（1850—1870）和第三共和国期间达到高潮。这种风格在 1885 年到 1920 年间对发育期的美国现代建筑实践有着可观的影响，并为后世的现代主义理论家所诟病。——译者注

13. 《康尼岛导游》。

14. 芝加哥博览会的官方名称是"芝加哥世界哥伦布博览会"（World's Columbian Exposition Chicago），于 1893 年召开，以庆祝哥伦布发现新大陆 400 周年。博览会的规划者包括著名的建筑师丹尼尔·伯纳姆（Daniel Burnham）和景观设计师弗雷德里克·劳·奥姆斯特德（Frederick Law Olmsted），它对于世纪之交的美国建筑和城市规划有着深刻的影响。——译者注

15. 《仅有的康尼岛：年度的苏醒》（The Annual Awakening of the Only Coney Island），见《纽约时报》（*New York Times*），1906 年 5 月 6 日。

16. 《康尼岛导游》。

17. 由英国诗人雪莱的夫人玛丽·雪莱（Mary Shelley）创作的同名小说中的主人公，一个曾留学德国，研究电化学和生命的瑞士贵族弗兰肯斯坦（Frankenstein），从尸体之中制造出了一个怪物。——译者注

18. 20 世纪初在美国年轻人中流行的一种通俗舞蹈，一部分批评家认为这种带有性暗示的舞蹈是对动物交媾的模仿。——译者注

19. 1905 年日俄战争中的著名战役，也即日军攻占旅顺港的战役。——译者注

20. 《火车大劫案》（*The Great Train Robbery*）是一部时长 10 分钟的无声影片，美国早期电影史上的里程碑之作，由埃德温·波特（Edwin S. Porter）于 1903 年摄制，描述一群歹徒抢劫一列火车的经过。——译者注

21. 在近 100 英尺的高空旋转的机械帆船。——译者注

22. 《康尼岛导游》。

23. 《仅有的康尼岛：年度的苏醒》。

24. 由丹尼尔·伯纳姆设计。这幢 21 层，占据了一个别致的三角形街块的大楼，是纽约第一幢"艺术化"的摩天楼。摄影家斯蒂格里茨形容它像一艘大洋上的鬼船，正在富于动态的百老汇大街上行驶。虽然俗称"熨斗大楼"（Flatiron Building），这幢大楼的官方名称其实是富勒大楼（Fuller Building）。——译者注，并参见下一章。

25. 奥利弗·派拉特（Oliver Pilat）和乔·兰塞姆（Jo Ransom），《海边的索多姆》（*Sodom by the Sea*, New York: Doubleday, 1941），第 161 页。

26. 《康尼岛史》，第 10 页。

27. 亚特兰蒂斯（Atlantis）又称为"大西国"。柏拉图在他的《对话录》（"Timaeus"和"Critias"）中两次提到这个据说沉没于大西洋直布罗陀海峡以西海底的文明古国。——译者注

28. 意识流（stream of consciousness）最初是心理学家们使用的一个短语，由 19 世纪美国心理学家威廉·詹姆斯（William James）创造，指人的意识活动持续流动的性质，并为法国哲学家柏格森（Henri Bergson）和奥地利心理学家弗洛伊德（Sigmund Freud）等人的理论所应和，对于 20 世纪初的文学艺术有重大影响。——译者注

29. 歌德诗剧《浮士德》（*Faust*）中的人物。主人公浮士德和魔鬼摩菲斯特的纠葛是全剧的重要线索。——译者注

30. 曼哈顿西侧面对哈得孙河（Hudson River）的水滨地带，位于今天的世贸大厦遗址附近。——译者注

31. 《康尼岛史》，第 10 页。

32. 《康尼岛导游》。

33. 纽伦堡（Nürnberg），德国巴伐利亚州中弗兰肯行政区的中心城市，是中世纪多位德意志皇帝诞生和居住的城市，也是"德意志民族神圣罗马帝国"皇帝直辖的统治中心城市之一。——译者注

34. 维多利亚时代（Victorian era）通常指维多利亚女皇当政的年代（1837—1901），是英国工业革命和大英帝国的巅峰时刻，也是资产阶级文化得到繁荣并产生出虚假和矫饰的保守时代。——译者注

35. 旧金山大地震发生于 1906 年。火烧罗马指公元 64 年古罗马皇帝尼禄烧毁罗马的事件。火烧莫斯科发生于 1812 年俄法战争期间。布尔战争是 19 世纪末英国同荷兰移民后裔布尔人建立的南非共和国和奥兰治自由邦之间的战争。加文斯顿（Galveston）的洪水 1900 年发生于美国得克萨斯（Texas）州。——译者注

36. 《康尼岛史》，第 24、26 页。

37. 奥利弗·派拉特和乔·兰塞姆，《海边的索多姆》，第 191 页。

38.《康尼岛导游》。

39.《壮美的圣路易斯大展》(Grandeur of the Universal Exhibition at St. Louis, Official Photographic Company, 1904)。

40. 贡多拉 (gondolas) 是威尼斯所特有的交通工具，它是一种装饰漂亮、两头高翘、呈月牙形的黑色平底船。——译者注

41.《康尼岛史》，第 22 页。

42. 同上。

43. 同上注，第 12 页。

44. 同上注，第 15 页。

45. 同上注，第 16 页。

46.《康尼岛导游》。

47. 诺顿角灯塔于 1890 年建立，位于康尼岛西端的西盖特 (Seagate)，纽约港的主航道上。——译者注

48. 奥利弗·派拉特和乔·兰塞姆，《海边的索多姆》，第 168 页。

49. 林赛·丹尼森，《世界最大的游戏场》。

50. 詹姆斯·亨内克 (James Huneker)，《新的世界都会》(The New Cosmopolis, New York, 1915)。

51. 高尔基为布尔什维克运动筹款而访美。在此行中高尔基写下了他的名作《母亲》。他对美国的情感似乎是双重的—— 一方面他对"资产阶级的灵魂"表示轻蔑，一方面他又显示出对于无畏的美国精神的敬仰。——译者注

52. 高尔基，《厌倦》。

53. 沃尔特·克里德摩尔 (Walter Creedmoor)，《真实的康尼岛》(The Real Coney Island)，《门赛杂志》，1899 年 8 月。

54.《纽约先驱报》(New York Herald) 上的广告，1906 年 5 月 6 日。

55. 环球塔 (Globe Tower) 的引文见《布鲁克林标准联合日报》(Brooklyn Union Standard)，1906 年 5 月 27 日，以及《布鲁克林每日鹰报》(Brooklyn Daily Eagle)，1907 年 5 月 19 日。

56. 文章，《纽约先驱报》，1909 年 2 月 22 日。

57. 高尔基，《厌倦》。

58. 奥利弗·派拉特和乔·兰塞姆，《海边的索多姆》，第 169 页。

59. 同上注，第 172 页。

60. 明信片背面的文字。

61. 奥利弗·派拉特和乔·兰塞姆，《海边的索多姆》，封面上的文字。

62. 罗伯特·摩西（Robert Moses, 1888—1981）是 20 世纪中叶纽约市主管城市建设的负责人。无论他赢得的美名和恶名，都可以和改造第二帝国时期巴黎的奥斯曼相提并论。在 30 年代到 50 年代的近三十年里，他大大提高了公共权力部门在城市开发之中的作用，以遭人诟病的强力推行了一系列改造水滨、道路和社区大型项目，以及 1939 年和 1964 年两届纽约博览会，将联合国总部带到了纽约。人们普遍认为，如果没有摩西，为私人利益聚讼不休的纽约，恐怕永远也不会有那些沿用至今的大型基础设施，使得全岛的长远发展变得更加便利；但与此同时，他撕裂社区的迁置，导致了南布朗克斯和康尼岛的持续衰败，而他对普通人生活方式的漠视，也带来了 20 世纪下半叶纽约破蔽的公共交通和一系列的社会问题。——译者注

63. 埃多·麦卡洛，《美好旧日康尼岛》，第 331 页。

64. 同上注，第 333 页。

乌托邦的双重生活：摩天楼

1. 此处"光辉的整体"相关于勒·柯布西耶的"光辉城市"。参见后文。——译者注

2. "情节"是传统西方戏剧理论的基石之一，比如亚里士多德曾经谈及的悲剧六要素（情节、性格、言辞、思想、形象与歌曲）。一般意义上的"情节"基于戏剧发展的不平衡性，如同亚里士多德同样提到的那样，一出戏剧的情节通常包括呈现（presentation）、发展（development）、深化（complication）、危机（crisis）和解决（resolution）。——译者注

3. 《生活》（Life）杂志，1909 年 10 月。

4. 《金观纽约》（King's Views of New York, New York: Moses King, Inc., 1912），第 1 页。

5. 本杰明·德·卡塞雷斯（Benjamin de Casseres），《纽约之镜》（Mirrors of New York, New York: Joseph Lawren, 1925），第 219 页。

6. 明信片背面的文字。

7. 帕克·蔡斯（W. Parker Chase），《纽约：大观之城》（New York –The Wonder City, New York: Wonder City Publishing Co., 1931），第 185 页。

8. 路易斯·霍罗威茨（Louis Horowitz）语，见厄尔·舒尔茨（Earle Schultz）和沃尔特·西蒙斯（Walter Simmons）的《空中办公室》（Offices in the Sky）中的引文（Indianapolis and New York: Bobbs-Merrill Co., 1959），第 80 页。

9. 同上注，第 177 页。

10. 所有关于这座 100 层大厦的引文均来自《纽约先驱报》上的一篇文章，1906 年 5 月 13 日，第 3 段，第 8 页。

11. 曼纳·阿坦（Manna Hatin），《纽约的故事》（*The Story of New York*, New York: The Manhattan Company, 1929），第 xvi 页。

12. 以著名缝纫机制造商而命名。——译者注

13. 帕克·蔡斯，《纽约：大观之城》，第 184 页。

14. "全景"（panorama，源自希腊语）泛指一种较人眼视角为宽，甚至达到闭合 360 度的物理图景，特别是在 19 世纪以来，这种由来已久的视觉经验同建筑设计和视觉艺术的新发展结合在了一起，成为西方国家流行的一种文化样式。近代中国思想家薛福成的《观巴黎油画记》记载了中国人对这种全景画的初次体验，并因收入中学课本广为人知。——译者注

15. 安迪·洛根（Andy Logan），《纽约客》（*New Yorker*），1965 年 2 月 27 日。

16. 框式舞台的显著特点是它有一个用来限定观众视域的景框（proscenium，这个词的希腊文原意便是"在……景致的前面"），舞台一般比观众席的第一排略高。舞台的表演空间位于景框里的大幕后面，大幕之前的部分称作"台口"（apron）。——译者注

17. 这一段基于竞技场的各种活动日程（program）；见默多克·彭伯顿（Murdock Pemberton），《竞技场的日子——为一座基石写下的个案笔记》（*Hippodrome Days-Case Notes for a Cornerstone*），《纽约客》，1930 年 5 月 7 日；并见《曾忆竞技场？》（*Remember the Hippodrome?*），见《线索》（*Cue*）杂志，1949 年 4 月 9 日。

18. 亨利·柯林斯·布朗（Henri Collins Brown），《第五大道今昔：1824—1924》（*Fifth Avenue Old and New —1824—1924*, New York: Official Publication of the Fifth Avenue Association, 1924），第 72—73 页。

19. 帕克·卡德曼（S. Parker Cadman）等，《商业的大教堂》（*The Cathedral of Commerce*, New York: Broadway Park Place Co., 1917）。

20. 西方文化中的纪念碑常常与巨大的体量、庄严的外观等等相系，但是纪念碑具有的纪念性并不仅仅关于它"内在"的物理形式，这种物理形式多半与一种"外在"的属性有关，一座纪念碑总是纪念一个或多个事件、一位或多位人物等等，脱离了这种纪念性的联系纪念碑就将不复存在。在此，作者试图挑战这种"外在"的属性，认为满足三个条件（世界的再造、塔的兼并、街区的独处）的摩天楼可以指涉自身，建筑自己将成为自己的"文脉"，并且建筑包藏的巨大"内容"同时也将成为它的"外在"意义，二者合而为一了，所以说是一种"自体

的纪念碑"。——译者注

21. 默里的罗马花园的所有引文来自沙·贝文顿（Chas. R. Bevington），见《纽约胜地——纽约消闲去处图说系列》第一册（*New York Plaisance —An Illustrated Series of New York Places of Amusement*, no.1, New York: New York Plaisance Co., 1908）。

22. 乔瓦尼·皮拉内西（Giovanni Battista Piranesi, 1720—1778）是18世纪罗马著名的插图家。他对罗马时期的建筑遗迹和古物非常感兴趣，作有一系列以此为题材的蚀版画。但是他更著名的还是一系列题为《牢狱》（*Carceri d'Invenzione*）的想象作品，画中刻画了森然可怖的地下世界，由巨大的罗马券顶和机械组成的幽暗空间。当代建筑理论家常有对他作品的重新解读，一种建筑绘图软件并以此命名。——译者注

23. 古罗马皇帝，据说他在公元64年纵火烧毁了罗马城的大部分。——译者注

24. 罗贝尔·德沙尔纳（Robert Descharnes）首先发现了这座建筑，并将它发表在他的杰作《高迪》（*Gaudí*）之中；在此我由衷地感谢他予以合作复制这些插图。

25. 休·费里斯（Hugh Ferriss），《明日的大都会》（*The Metropolis of Tomorrow*, New York: Ives Washburn, 1929）。

26. 1916年的区划法（Zoning Law）针对的主要是以恒生大楼为代表的一系列早期摩天楼的恶性发展。由于此前没有条例规范高层建筑的体量设计，密集分布并且高度惊人的摩天楼使得下面的街道如同深井，而且，基于20世纪初的工程条件（例如采暖、照明等），城市的空气质量也逐渐变得恶化。法规的直接后果是导致了一系列垂直方向上逐层退缩的摩天楼新风格，塔楼四周围绕着低层建筑。1916年的区划法产生出新的问题，并在1961年为基于容积率和奖励公共空间投入的新区划法规所代替。——译者注

27. 纽约区域规划协会（Regional Plan Association of New York）是一个独立的非营利组织，成立于1922年。它的主要办公室设于纽约，并通过自己的专家为纽约（New York）州、新泽西（New Jersey）州、康涅狄格（Connecticut）州的31个郡提供规划和经济发展政策方面的建议。在历史上它一共做过三次较大的综合性规划建议，分别是1929年的道路和交通网络规划、1968年完成的公共交通和都市中心复兴规划，最近的一次规划则完成于1996年，侧重于改善区域公共交通，保护传统城市中心的开发空间及维持其就业率。——译者注

28. 休·费里斯，《建筑中的力量》（*Power in Buildings*, New York: Columbia University Press, 1953），第4—7页。

29. 霍华德·罗伯逊（Howard Robertson），引文出自休·费里斯《建筑中的力

量》一书封面。

30. 在现代飞行中，领航员必须依靠地面飞行中心提供的信息为飞机驾驶提供指导，而本作为建筑设计配角的费里斯，却使得他的渲染图成了一种自足的理论的起点，因此，他被称为自主的领航员。——译者注

31. 休·费里斯，《明日的大都会》，第82、109页。

32. 休·费里斯，《建筑中的力量》。

33. 托马斯·亚当斯（Thomas Adams），由哈罗德·刘易斯（Harold M. Lewis）和劳伦斯·奥顿（Lawrence M. Orton）协助完成，《公众艺术中的美和现实》（Beauty and Reality in Civic Art），见《纽约及周边地区区域规划：城市建筑》（The Building of the City, The Regional Plan of New York and Its Environs, vol. 2, New York, 1931），第99—117页。

34. 同上注引文，第308—310页。

35. "现代的节日：火焰与白银的奇想"（Fête Moderne: A Fantasie in Flame and Silver），"布杂"化装舞会程序，1931年。

36. 《纽约先驱论坛报》（New York Herald Tribune）文章，1931年1月18日。

37. "现代的节日"。

38. 《铅笔尖》（Pencil Points），1931年2月，第145页。

39. 《帝国大厦史》（Empire State, A History, New York: Empire State, Inc., 1931）。

40. 约翰·雅各布·阿斯特（John Jacob Astor, 1763—1848），德裔美国商人，1784年移民美国来到纽约，后来靠在中国的远洋贸易和地产交易发家，一度成了纽约乃至全美国最富有的人——据说，有一段时间阿斯特家族"拥有纽约城"。1847年，就在约翰·雅各布·阿斯特去世之前一年，以家族的姓氏命名了阿斯特坊歌剧院（Astor Opera House）。1848年他亡故后，其次子威廉·B. 阿斯特（William B. Astor, 1792—1875）继承了大部分遗产。今天的纽约中下城之间，任意一边都不平行的地块阿斯特坊（Astor Place）依然是曼哈顿的一个通俗去处。——译者注

41. 爱德华·亨格福德（Edward Hungerford），《新沃尔多夫—阿斯托里亚的故事》（The Story of the Waldorf-Astoria, New York: G. P. Putnam & Sons, 1925），第29—53、128—130页。

42. 弗兰克·克劳宁希尔德（Frank Crowninshield）编，《纽约的无冕之宫》（The Unofficial Palace of New York, New York: Hotel Waldorf-Astoria Corp., 1939），第x页。

43. 爱德华·亨格福德，《新沃尔多夫—阿斯托里亚的故事》。

44.《帝国大厦史》。

45. 威廉·兰姆（William F. Lamb），《帝国大厦，VII：总设计》（The Empire State Building, VII: The General Design），《建筑论坛》（Architectural Forum），1931 年 1 月。

46.《帝国大厦史》。

47. 保罗·斯塔雷特（Paul Starrett），《再造天际线：一部自传》（Changing the Skyline: An Autobiography, New York: Whittlesey House, 1938），第 284—308 页。

48. 位于新泽西州东部大西洋岸边的障壁沙嘴，包裹着下纽约湾的南入口。——译者注

49.《帝国大厦史》。

50.《建筑论坛》，1931 年。

51. 一种褐色砂岩覆面的联排式城市住宅，特点是第一层升起高于路面，有台阶上下，多见于费城往北的美国东岸城市。——译者注

52. 在英国和其他一些国家，比较高端的"套房"称为"公寓"。——译者注

53. 互助公寓更多是一个从法律上来定义房地产开发和交易的名词，业主参与购买产业的股份并通常自己居住在其中一套住房中，他们需要共同签署一份类似于租约的协议，这样的居住要比一般商业住房便宜，但业主也会受到互助协议的严格约束。互助公寓的来源最早可以追溯到 20 世纪初期的社会主义者所提出的合作运动，在西方资本主义国家，它也是低收入者廉租房解决方案的一部分。——译者注

54. 卢修斯·布默（Lucius Boomer），《世界上最伟大的住家》（The Greatest Household in the World），见弗兰克·克劳宁希尔德，《纽约的无冕之宫》，第 16—17 页。

55. 同上注。

56. 肯尼斯·默奇森（Kenneth M. Murchison），《新沃尔多夫—阿斯托里亚图样》（The Drawings for the New Waldorf-Astoria），《美国建筑师》（American Architect），1931 年 1 月。

57. Piano Nobile，意大利文，意为"尊贵的房间"，文艺复兴建筑的主楼层（main floor），通常位于宫殿的地下室或地面层的上一层，顶较高。——译者注

58. 肯尼斯·默奇森，《新沃尔多夫—阿斯托里亚图样》。

59. 明信片背面的文字。

60. 常见于西方建筑，一般用于更衣室或私人物品的贮存。——译者注

61. 肯尼斯·默奇森，《建筑》（Architecture），见弗兰克·克劳宁希尔德，《纽约

的无冕之宫》，第 23 页。

62. 弗朗西斯·勒尼贡（Francis H. Lenygon），《装修与装饰》（Furnishing and Decoration），出处同上注，第 33—48 页。

63. 卢修斯·布默语，见海伦·沃登（Helen Worden）在《女人和沃尔多夫》（Women and the Waldorf）中的引文，出处同上注，第 53 页。

64. 克莱德·普莱斯（Clyde R. Place），《幕后的机制》（Wheels Behind the Scenes），出处同上注，第 63 页。

65. 卢修斯·布默，《世界上最伟大的住家》。

66. 福布斯（B. C. Forbes），《工业的船长们》（Captains of Industry），见弗兰克·克劳宁希尔德，《纽约的无冕之宫》。

67. 这里指在沃尔多夫和男性大款们暗通款曲的女性们，"clinging vine"（攀缘的藤蔓）是流行于 20 世纪 20 年代的俚语，指依赖于男性的女性。——译者注

68. 海伦·沃登，《女人和华尔道夫》，第 49—56 页。

69. 通常指色情舞蹈。——译者注

70. 位于底比斯的古埃及神庙，以附近的现代村落而命名。——译者注

71. 摩菲斯特是歌德诗剧《浮士德》中的魔鬼。——译者注

72. 埃尔莎·马克斯韦尔（Elas Maxwell），《旅馆的朝圣者》（Hotel Pilgrim），见弗兰克·克劳宁希尔德，《纽约的无冕之宫》，第 133—136 页。

73. 见《下城健身俱乐部》（The Downtown Athletic Club），《建筑论坛》，1931 年 2 月，第 151—166 页，以及《下城健身俱乐部》，《建筑和房屋》（Architecture and Building），1931 年 1 月，第 5—17 页。

74. 又称"浣肠水疗"，是 20 世纪初开始流行的一种保健方法。据说用适量纯水冲洗整个直肠，可以安全有效地排除毒素，恢复直肠正常功能。——译者注

75. 阿瑟·塔潘·诺思（Arthur Tappan North），"当代美国建筑师丛书系列"（Contemporary American Architects）之《雷蒙德·胡德》（Raymond Hood, New York: Whittlesey House, McGraw-Hill, 1931），第 8 页。

76. 从美国遗传学家摩尔根等人的理论开始，生物学家普遍相信基因是遗传的功能单位，具有隔代的稳定性。——译者注

77. 帕克·蔡斯，《纽约：大观之城》，第 63 页。

完美能有多完美：洛克菲勒中心的诞生

1. 本章关于雷蒙德·胡德的生平描述基于沃尔特·基勒姆（Walter Kilham）的《雷蒙德·胡德，美国摩天楼功能造就的建筑师形式》（Raymond Hood,

Architect – Form Through Function in the American Skyscraper, New York: Architectural Publishing Co., 1973），并基于基勒姆在个人访谈中热心提供的细节。

2. 从 17 世纪开始在欧洲上层年轻人中流行的传统，通过按既定的路线游历欧洲文明的重镇（例如巴黎、日内瓦、威尼斯等）进行成年教育。——译者注

3. 沃尔特·基勒姆，《雷蒙德·胡德》，第 41 页。

4. 1922 年举行的芝加哥论坛报大厦设计竞赛是现代建筑史上影响深远的一个事件。芝加哥论坛报向全世界征求"最美丽和引人注目"的新总部建筑，竞赛收到的多达 260 件方案里包括一系列重要的名字：沃尔特·格罗皮乌斯（Walter Gropius）、布鲁诺·陶特（Bruno Taut）和阿道夫·卢斯（Adolf Loos）等。虽然历史学家普遍认为把头奖授予哥特复兴式的胡德是一种消极的历史倒退，但这次竞赛对于美国现代建筑的发展确实发生了积极意义。一些评委如路易斯·苏利文（Louis Sullivan）看好芬兰建筑师老沙里宁（Eliel Saarinen）的现代主义作品，最后这件作品虽然只得了第 2 名，但它标志着现代主义在美国建筑界的重大转折点，甚至对胡德本人后来的作品（如本书中提到的洛克菲勒中心等建筑）也有影响。1980 年，怀着同样浓厚的兴趣，包括罗伯特·斯特恩（Robert A. M. Stern）在内的一批建筑师递交了所谓的"迟到的（芝加哥论坛报大厦设计竞赛）方案"。——译者注

5. 《胡德》（Hood），《建筑论坛》，1935 年 2 月，第 133 页。

6. 《走向新建筑》（*Vers une architecture*）由七篇文章组成，是现代主义最为著名的理论著作之一。——译者注

7. 见霍华德·罗伯逊，《塔之城——知名美国建筑师雷蒙德·胡德为解决纽约过度拥挤而提出的方案》（A City of Towers-Proposals Made by the Well-Known American Architect, Raymond Hood, for the Solution of New York's Problem of Overcrowding），《建筑和房屋新闻》（*Architect and Building News*），1927 年 10 月 21 日，第 639—642 页。

8. 阿瑟·塔潘·诺思，《雷蒙德·胡德》的《引言》。

9. 休·费里斯，《明日的大都会》，第 38 页。

10. 位于巴黎荣军院的拿破仑墓被安置在该处最著名的穹顶之下。——译者注

11. 沃尔特·基勒姆，《雷蒙德·胡德》，第 174 页。

12. 阿瑟·塔潘·诺思，《雷蒙德·胡德》，第 14 页。

13. 沃尔特·基勒姆，《雷蒙德·胡德》，第 12 页。

14. 《胡德》，《建筑论坛》，第 133 页。

15. 阿瑟·塔潘·诺思，《雷蒙德·胡德》，第 7 页。

16. 阿瑟·塔潘·诺思，《雷蒙德·胡德》，第 8 页。

17. 同上注，第 12 页。

18. 雷蒙德·胡德的所有引文来自 F. S. 蒂斯代尔（F. S. Tisdale），《一个屋顶下的城市》（A City Under a Single Roof），《国家商业》（Nation's Business），1929 年 11 月。

19. 发表于《未来的纽约》（New York of the Future），《创造性艺术》（Creative Art）特刊，1931 年 8 月，第 160—161 页。

20. 《洛克菲勒中心》（Rockefeller Center），《财富》（Fortune），1936 年 12 月，第 139—153 页。

21. 雷蒙德·胡德，《洛克菲勒中心的设计》（The Design of Rockefeller Center），《建筑论坛》，1932 年 1 月，第 1 页。

22. 默尔·克罗韦尔（Merle Crowell）编，《最后的铆钉》（The Last Rivet, New York: Columbia University Press, 1939），第 42 页。

23. 美国浸信会和联合教会在纽约最大的教堂，位于河滨驰道（Riverside Drive）和克莱蒙特大道（Claremont Avenue），以及 120 街和 122 街之间，由洛克菲勒家族在 20 世纪 20 年代捐建，以哥特式建筑闻名，也是美国最高的教堂。——译者注

24. 威廉姆斯堡位于弗吉尼亚（Virginia）州，曾是英国在北美最大、最富有，同时也是人口最多的殖民地的首府，在殖民时期美国的历史中扮演着重要的角色。——译者注

25. 戴维·洛思（David Loth），《城中之城：洛克菲勒中心的故事》（The City Within a City: The Romance of Rockefeller Center, New York: William Morrow & Co., 1966），第 50 页。

26. 雷蒙德·胡德，《洛克菲勒中心的设计》，《建筑论坛》，1932 年 1 月，第 1 页。

27. 华莱士·哈里森（Wallace K. Harrison），《绘图室实务》（Drafting Room Practice），《建筑论坛》，1932 年 1 月，第 81—84 页。

28. 雷蒙德·胡德，《洛克菲勒中心的设计》，《建筑论坛》，1932 年 1 月，第 4 页。

29. 沃尔特·基勒姆，《雷蒙德·胡德》，第 120 页。

30. 《洛克菲勒中心》（Rockefeller Center, New York: Rockefeller Center Inc., 1932），第 16 页。

31. 同上注，第 7 页。

32. 明信片背面的文字。

33. 花园城市本质上是一种城市疏散论，提倡平衡住宅、工业和农业区域的比例，最早由英国的埃比尼泽·霍华德（Ebenezer Howard）爵士于 1898 年在其著

作《明天的花园城市》中提出。虽然其乌托邦的实践证明不可行，但基于疏散论的学说至今依然有着广泛的影响。——译者注

34. "闪电战"是 20 世纪 30 年代末希特勒德国用于入侵欧洲其他国家的重要战术。——译者注

35. 《洛克菲勒中心》，第 38 页。

36. 沃尔特·基勒姆，《雷蒙德·胡德》，第 139 页。

37. 佳音（Annunciation），天使报喜或圣母领报在《新约》中指天使加百列向童贞女玛利亚预告她将因圣灵感孕而生子，并指示婴儿应取名耶和华。——译者注

38. 见戴维·洛思，《城中之城》，第 27 页，以及《记录之外》（Off the Record），《财富》，1933 年 2 月，第 16 页。

39. 《国家的展厅》（The Showplace of the Nation），为庆祝无线电城音乐厅而印行的册页。

40. 《一座城市的处女秀》（Debut of a City），《财富》，1933 年 1 月，第 66 页。

41. 《国家的展厅》。

42. "mise en scène" 这个法语词的原意是"置于某种（舞台）情境之中"。——译者注

43. 沃尔特·基勒姆，《雷蒙德·胡德》，第 193 页。

44. 由"罗克斯"衍生出的名词，代指罗克斯的戏班。——译者注

45. 《记录之外》。

46. 《一座城市的处女秀》，第 62—67 页。

47. 在古希腊戏剧的发展中，歌队的角色略有不同，但是无论引入叙事还是担任评论的角色，他们都不算做演员，是戏剧中相对次要的角色。——译者注

48. 20 世纪初俄国抽象主义绘画的主要流派。俄文 супрематизм，源自 1915 年马列维奇的《从立体派和未来主义到至上主义》。——译者注

49. 愚人船是西方文学中常见的隐喻，指一群被社会指为心智不健全的人在一艘没有水手的海船上随波逐流。法国哲学家米歇尔·福柯的早期著作《癫狂与文明》中便探讨了 15 世纪愚人船的思想和 17 世纪法国对监禁的突然兴趣。——译者注

50. 国际红色救助会（International Red Aid），俄文简称"MOPR"，是由共产国际 1922 年建立的救援革命人士的组织。——译者注

51. 给精神病人或狂暴的犯人等穿着的限制其活动的紧身衣。——译者注

52. 伯特伦·沃尔夫（Bertram D. Wolfe），《迭戈·里维拉——他的生平和时代》（Diego Rivera—His Life and Times, New York: Alfred A. Knopf, 1943），第 237 页。

494

53. 艾尔弗雷德·库雷拉（Alfred Kurella），引文出处同上注，第 240 页。

54. 迭戈·里维拉，《当代俄国艺术家的立场》（The Position of the Artist in Russia Today），《艺术周刊》（Arts Weekly），1932 年 3 月 11 日。

55. 指大萧条时期人们在街头排队领取救济的现象。——译者注

56. 伯特伦·沃尔夫，《迭戈·里维拉》，第 337 页。

57. 同上注，第 338 页。

58. 亨利·福特发明了大规模现代工业所依赖的流水线作业，并以一个有商业远见的管理者而著称。"福特主义"所追求的低成本和高生产效率，使底特律成为美国汽车工业的重镇。——译者注

59. 伯特伦·沃尔夫，《迭戈·里维拉》，第 354 页。

60. 迭戈·里维拉，引文出处同上注，第 356—357 页。

61. "登山宝训"指的是《马太福音》第五章到第七章里，由耶稣基督在山上所说的话。山上宝训当中最著名的是"八种福气"，这一段话被认为是基督教徒言行的准则。——译者注

62. 伯特伦·沃尔夫，《迭戈·里维拉》，第 357 页。

63. Fata Morgana 是亚瑟王传说中法力强大的女巫摩根（Morgan le Fay）的意大利文，她是亚瑟王的同父异母姐妹。据说她能施展巫术创建出虚幻的城堡或大地，诱惑水手，因此意大利人将"蜃景"称为"Fata Morgana"。——译者注

64. 玛丽—安托瓦内特（Marie-Antoinette, 1755—1793）是罗马帝国皇帝弗朗茨一世的女儿，14 岁就入主法国凡尔赛宫，成为了法国国王路易十六的王后，以穷奢极欲著称，后被革命者处决。据说，她的名言是，如果老百姓没有面包，那么就让他们吃蛋糕吧。——译者注

65. 伯特伦·沃尔夫，《迭戈·里维拉》，第 359 页，并见迭戈·里维拉，《美国的肖像》（Portrait of America, New York: Covici, Friede, Inc., 1934），第 28—29 页。

66. 引文见伯特伦·沃尔夫，《迭戈·里维拉》，第 363 页。

67. 纳特·特纳（Nat Turner）是美国历史上最大奴隶起义的发起者，斯托夫人（Harriet Beecher Stowe）和温德尔·菲利普斯（Wendell Phillips）两人都是著名的废奴主义者，斯托夫人著有中国读者熟悉的《汤姆叔叔的小屋》。——译者注

68. 迭戈·里维拉，《美国的肖像》，第 26—27 页。

69. 图片说明，见《洛克菲勒中心的故事》册页（The Story of Rockefeller Center, brochure, New York: Rockefeller Center, Inc., 1932）。

70. 指极高处，高水平。——译者注

71. 杰克·霍兰（Jack Holland）和琼·哈特（June Hart）是20世纪30年代曼哈顿著名的舞蹈组合，他们常在俱乐部内演出，并合作出演了《跳舞班》（Dance Band）和《鲁宾霍夫和他的小提琴》（Rubinoff and His Violin）等一些影片。——译者注

72. 《洛克菲勒中心周报》（Rockefeller Center Weekly），1937年10月22日。

73. 引文见《现在让我们将男人和女人变得更加流线型》（Now Let's Streamline Men and Women），《洛克菲勒中心周报》，1935年9月5日。

74. 亚历克西斯·德·萨克诺夫斯基伯爵（Count Alexis de Sakhnoffsky）出生于俄国，"十月革命"之后移民到了瑞士，然后转至美国。他最初以设计运动型汽车而著称，后来他将自己的"流线型"设计运用到各类家用品上，获得了巨大的成功。——译者注

75. 沃尔特·基勒姆，《雷蒙德·胡德》，第180—181页。

76. 此处"Ray"既是人名"Raymond"的缩写，也有光芒四射的意思。——译者注

77. 哈维·威利·科比特（Harvey Wiley Corbett），《雷蒙德·马修森·胡德，1881—1934》（Raymond Mathewson Hood, 1881-1934），《建筑论坛》，1934年9月。

欧洲人：注意！达利和勒·柯布西耶征服纽约

1. 位于奥斯河谷的黑森林西北部边缘，是德国著名的疗养胜地。——译者注

2. 萨尔瓦多·达利（Salvador Dalí），《纽约欢迎我！》（New York Salutes Me!），见《西班牙》（Spain），1941年5月23日。

3. 勒·柯布西耶，《纽约先驱论坛报》的引文，1935年10月22日。

4. 萨尔瓦多·达利，《可见的女人》（La Femme visible, Paris: Editions Surrealistes, 1930）。

5. 萨尔瓦多·达利，《对非理性的征服》（The Conquest of the Irrational），《达利对话录》（Conversations with Dalí）的附录（New York: Dutton, 1969），第115页。

6. 这个研究发生在20世纪60年代。——译者注

7. 这种"理论"实际上已经用于实践，见罗伯特·桑默（Robert Sommer）的描述，《监禁的结束》（The End of Imprisonment, New York: Oxford University Press, 1976），第127页。

8. 寄居蟹常常寄居于死亡软体动物的壳中，以保护其柔软的腹部，故有此名。——译者注

9. 心理分析学家雅克·拉康（Jacques Lacan）的论文尤其有力地加强了达利的论断，《从人格及其关系看偏执狂》（De la psychose paranoïaque dans ses rapports avec la personalité）。

10. 萨尔瓦多·达利，《可见的女人》。

11. 即圣母玛利亚蒙召升至天国。基督教初期对于玛利亚的神性抑或人性存有争议，431 年拜占庭皇帝狄奥多西斯二世在小亚细亚省的以弗举行的第三次基督宗教大公会议，确定了玛利亚为圣母。至教宗本笃十四世，宣布圣母升天为可靠意见。——译者注

12. 萨尔瓦多·达利，《一个天才的日记》（Journal d'un genie, Paris: Editions de la Table Ronde），1952 年 7 月 12 日记叙。

13. 让—弗朗索瓦·米勒（Jean-François Millet, 1814—1875）是法国的著名现实主义画家。——译者注

14. 对所有这些置换（permutations）的更完备的记录见萨尔瓦多·达利《米勒〈晚祷〉的悲剧性神话》（Le Mythe tragique de l'Angélus de Millet, Paris: Jean Jacques Pauvert, 1963）。

15. 英语之中的"印度人"和"印第安人"是同一个词。——译者注

16. 生存空间（德语为 Lebensraum，意为"栖地地"或"生活空间"）是希特勒及纳粹的主要意识形态之一。在法西斯德国的向外扩张过程中，它扮演着不可忽视的作用，并成为他们驱逐"劣等种族"为雅利安人发现新的栖居地的理论依据。——译者注

17. "avatar"源自梵语 Avatāra，意为"化身"，通常指不死的神灵为某种目的转为世俗的肉身。——译者注

18. 杰弗里·赫尔曼（Geoffrey T. Hellman），《自内而外》（From Within to Without）第一部分和第二部分，《纽约客》，1947 年 4 月 27 日和 5 月 3 日。

19. 勒·柯布西耶，《光辉城市》（La Ville radieuse, Paris: Vincent Fréal, 1964），图片说明，第 129 页。

20. 勒·柯布西耶，《当大教堂依然白色时——温顺之国游记》（When the Cathedrals Were White—A Journey to the Country of Timid People, New York: Reynal & Hitchcock, 1947），第 89 页。

21. 同上。

22. 勒·柯布西耶，《光辉城市》，第 133 页。

23. 同上注，第 127 页。

24. 特征合成像是刑侦人员根据受害者或证人的描述，根据零散收集的局部特征整体复原的罪犯图像。——译者注

25. 笛卡尔空间是古典建筑学的基础概念之一。简单说来，空间中任意一点的位置就可以用三根数轴上有顺序的三个数代表，反过来，任意给定的一组三个有顺序的数也可以在空间中找出一点与之对应，这种描绘空间的方式与人体验空间的方式有很大差异，但是很容易在工程实践中予以使用。——译者注

26. 引文见杰弗里·赫尔曼，《自内而外》。

27. 同上注。

28. 勒·柯布西耶，《光辉城市》，第 207 页。

29. 在写作《走向新建筑》之后，勒·柯布西耶于 1925 年展出了"邻里方案"。在此方案中，针对当时城市拥挤的状况，他主张将塞纳河北岸的巴黎市中心大部分夷平，代之以 60 层高的十字形摩天楼，正交的街道网格以及公园般的大片绿地。法国政要大多对此持批判态度，但是他们同时也称许柯布西耶方案中呈现出的工业化精神。——译者注

30. Exquisite Corpse 是一种室内游戏。大体上，指定谁写时间、谁写地点、谁写人物、谁写事情……然后参与游戏的人在纸上写上一个单词或短语并折叠好，交给下一人，下一人也做同样的事情。最后，把纸上的词语连接起来看讲述了什么东西。——译者注

31. "解放地面"是勒·柯布西耶城市规划思想的五元素之一：一、明确的功能分区；二、通过在市中心建高层建筑来降低城市密度，并提供大片的城市绿地；三、建筑底层让给公共空间，也就是"解放地面"；四、棋盘式道路系统，实行人车分流；五、建立小城镇式的居住单位。——译者注

32. 勒·柯布西耶，《光辉城市》，第 134 页。

33. "暹罗双胞胎"（Siamese twins），1811 年出生于泰国（旧名暹罗）的男性连体婴儿，1892 年他们被英国商人罗伯特·亨特（Robert Hunter）发现，参加马戏团巡回表演，后来辗转来到美国生活，并在 1874 年 63 岁时同一天先后死去。此后"Siamese twins"成为专指连体双胞胎的术语。——译者注

34. 地毯制成的手提包，盛行于 19 世纪的美国。——译者注

35. 杰弗里·赫尔曼，《自内而外》。

36. 勒·柯布西耶，《光辉城市》，第 220 页。

37. 同上注，1934 年 7 月 22 日星期日的日记，第 260 页。

38. 引文见萨尔瓦多·达利，《萨尔瓦多·达利的秘密生活》（*The Secret Life of Salvador Dalí*, New York: Dial Press, 1942），第 327—335 页。

39. 埃尔·格列柯（El Greco）是活跃于 16 世纪后半叶西班牙的著名画家，以超

前和富于个人色彩的绘画著称。——译者注

40. "器官"和"风琴"在英语中是一个词。——译者注

41. 萨尔瓦多·达利,《纽约欢迎我!》。

42. 杰弗里·赫尔曼,《自内而外》。

43. 见《纽约先驱论坛报》,1935 年 10 月 22 日。

44. 勒·柯布西耶,《当大教堂依然白色时》,第 197 页。

45. 同上注,第 92 页。

46. 同上。

47. 勒·柯布西耶,《美国的毛病是什么?"》(What is the American Problem?),为《美国建筑师》(The American Architect)所写的文章,作为附录发表于《当大教堂依然白色时》,第 186—201 页。

48. 勒·柯布西耶,《当大教堂依然白色时》,第 78 页。

49. 引文见萨尔瓦多·达利,《萨尔瓦多·达利的秘密生活》,第 372—375 页。

50. 20 世纪初期纽约第五大道上的著名百货商店。——译者注

51. 休·费里斯,《建筑中的力量》,图版 30。

52. 法兰克·莫纳根(Frank Monagan)编,《纽约世界博览会官方纪念册》(Official Souvenir Book, New York World's Fair, New York: Exposition Publications, 1939),第 4 页。

53. 《纽约世界博览会官方导游手册》(Official Guidebook, New York World's Fair)。

54. 《巴黎晚报》(Paris-Soir),1939 年 8 月 25 日。

55. 纽约市以北的第一个郡,紧挨布朗克斯区。——译者注

56. 勒·柯布西耶关于联合国设计过程的描述见勒·柯布西耶,《联合国总部》(UN Headquarters, New York: Reinhold, 1947)。

57. 作者的访谈。

58. 休·费里斯,《建筑中的力量》,图版 41。

后事

1. 早期殖民者对印第安人进行种族灭绝的手段之一。——译者注

2. 在《哈姆雷特》中,哈姆雷特见到亡父的鬼魂,知道了皇叔克劳狄斯篡位娶嫂而毒害亲兄的真相,他虽然一心想着复仇的计划,却天生优柔寡断,犹豫不决,时而在自我欺骗之中度日。——译者注

3. 考尔德·亚历山大(Alexander Calder, 1898—1976),美国雕塑家,以曲线

形态并符合空气动力学原理的活动雕塑（mobile）知名；约瑟夫·费尔南·莱热（Joseph Fernand Henri Léger, 1881—1955）是知名的法国艺术家和电影导演；让·阿尔普（Jean Arp, 1887—1966）为法国雕塑家，画家。作品带有抽象风格，晚年参加超现实主义运动。他是现代派画家中最早注意偶发性效果和使用拼贴法的美术家之一。——译者注

附录：一个虚构的结论

1.　"Eureka"源自古希腊语，阿基米德发现计算皇冠黄金纯度方法时的叫声，意为"我发现了！我找到了！"——译者注

2.　位于纽约中城以东的东河中。——译者注

3.　对英文"摩天楼"（skyscraper）一词的戏拟。——译者注

4.　泰奥多尔·籍里柯（Théodore Géricault, 1791—1824）是法国浪漫主义的著名画家。1818 年他创作的名作《梅杜萨之筏》（The Raft of the Medusa）反映的是法国巡洋战舰梅杜萨号在非洲海岸触礁沉没的真实事件。1816 年 7 月，载有 400 余人的梅杜萨号，因政府任用对航海一窍不通的贵族为船长而触礁，船长和高级官员乘救生船逃命，被撇下的乘客、水手在临时搭制的木筏上漂流 13 天，获救时仅剩十余人。——译者注

5.　德国著名飞艇公司，从 1910 年左右开始制造用于商业飞行的飞艇，1937 年"兴登堡"号飞艇的失事，使得飞艇载人飞行的黄金时代一去不复返。——译者注

致谢

没有以下这些机构和人的支持，这本书是不可能面世的：

哈克尼斯奖学金（Harkness Fellowships）资助了我起初在美国的两年，建筑与城市研究所（Institute for Architecture and Urban Studies）为我在曼哈顿提供一个基地；以及芝加哥的格雷汉姆高等美术研究基金（Graham Foundation for Advanced Studies in Fine Arts）授予我一笔奖金以完成这本书。

直接或间接地，皮埃尔·阿普拉克西纳（Pierre Apraxine）、于贝尔·达米施（Hubert Damisch）、彼得·艾森曼（Peter Eisenman）、迪克·弗兰克（Dick Frank）、菲利普·约翰逊（Philip Johnson）、安德鲁·麦克奈尔（Andrew MacNair）、劳琳达·斯皮尔（Laurinda Spear）、弗雷德·斯塔尔（Fred Starr）、詹姆斯·斯特林（James Stirling）、马赛厄斯·昂格尔斯（Mathias Ungers）、特里·温（Teri

Wehn）和伊莱亚·曾吉利斯（Elia Zenghelis）推动了本书的进展，但不负责本书的内容。

詹姆斯·拉麦斯（James Raimes）和斯蒂芬妮·戈尔登（Stephanie Golden）通过他们对于文本的批评指正，也通过他们始终如一的鼓舞士气，为本书做出了贡献。

没有乔治·埃尔舍（Georges Herscher）、雅克·马约（Jacques Maillot）、帕斯卡尔·奥热（Pascale Ogée）以及西尔维安娜·雷（Sylviane Rey），这本书将永不可能变成现实。

小瓦尔特·基勒姆（Walter Kilham, Jr.）尤其慷慨地分享了他的原始材料和回忆。

在不同阶段积极地予以合作的人——他们的贡献同样弥足珍贵——包括利维欧·迪米特留（Liviu Dimitriu）、热雷米·弗兰克（Jeremie Frank）、雷切尔·马吉索（Rachel Magrisso）、杰曼·马丁内斯（German Martinez）、理查德·珀尔马特（Richard Perlmutter）、德里克·斯奈尔（Derrick Snare）和艾伦·索洛卡（Ellen Soroka）。

附录是我与马德隆·弗里森多普（Madelon Vriesendorp）、伊莱亚和祖伊·曾吉利斯（Zoe Zenghelis）在大都会建筑事务所（Office for Metropolitan Architecture）积极合作的成果。

　　归根结底，《癫狂的纽约》这本书特别归功于马德隆·弗里森多普的灵感和补益。

R.K.，1978 年 1 月

出处

插图出处

爱弗里建筑图书馆，哥伦比亚大学（Avery Architectureal Library, Columbia University）：167，171，176，184，186-187，188，257 下，286，287，296、297，421 下，422 上，435 右上，435 右中，435 右下，437

库柏一休威特设计博物馆，纽约（Cooper-Hewitt Museum of Design, New York）：172

罗贝尔·德沙尔纳，巴黎（Robert Descharnes, Paris）：160，162，365

让·费里斯一莱希夫人（Mrs. Jean Ferriss-Leich）：422 下

赫布·格尔，生活图片服务（Herb Gehr, Life Picture Service）：316，322，330 上，330 下

约瑟夫·哈里斯夫人（Mrs. Joseph Harriss）：178

小瓦尔特·基勒姆（Walter Kilham, Jr.）：257 上，258，267，275，276 上，288，289，290

国会图书馆，地图和图表部（Library of Congress, Division of Maps and Charts）：18

生活图片服务（Life Picture Service）：276 下

现代艺术博物馆，纽约（Museum of Modern Art, New York）：406

纽约城市博物馆（Museum of the City of New York）：20，24，28-29，370 下

纽约公共图书馆（New York Public Library）：32 左

区域规划协会，纽约（Regional Plan Association, New York）：181

洛克菲勒中心公司（Rockefeller Center, Inc.）：292，306-307，308，311，441，442

萨尔瓦多·达利博物馆，克利夫兰（Salvador Dalí Museum, Cleveland）：368 右下，370 上

埃里克·沙尔，生活图片服务（Eric Schall, Life Picture Service）：414 下

沃尔多夫一阿斯托里亚旅馆（Waldorf-Astoria Hotel）：227

附录

《被捕获的星球之城》（City of the Captive Globe）

雷姆·库哈斯与祖伊·曾吉利斯

《斯芬克斯酒店》（Hotel Sphinx）

伊莱亚和祖伊·曾吉利斯

《新福利岛》（New Welfare Island）

雷姆·库哈斯与杰曼·马丁内斯、理查德·珀尔马特，插图由祖伊·曾吉利斯绘制

《福利宫旅馆》（Welfare Palace Hotel）

雷姆·库哈斯与德里克·斯奈尔、理查德·珀尔马特，插图由马德隆·弗里森多普绘制

1972年到1976年间曼哈顿项目的大部分作品创作于纽约建筑与城市研究所，并得到它的实习生和学生们的协助。

译后记

就其近三十年来的广泛影响而言，说《癫狂的纽约》（*Delirious New York*）是一本"经典著作"并不言过其实；但是，对这本书的评介却注定摇摆于两种极端的困境之间——《癫狂的纽约》不是一本就事论事的通俗建筑史著作，不是大路货的纽约导览或旅游指南；但是，如果袭用殿堂或学院的作风，正儿八经地探究这本不太正经的书里的微言大义，乃至习惯性地总结"中心思想"，也必定和作者嬉笑怒骂的风范拉开了距离。

如果人们想更好地理解这本由建筑师写出的"建筑小说"，就必须平视这本书，离它不远也不近——用作者自己的话来说，"不要太当真，但也不容忽略。"至关紧要的是，《癫狂的纽约》首先是一本有趣的书，其次才是一本产生意义的著作，它蓄意而肆意的有趣，关系到我们如何恰如其分地理解本书的"作者"和"文类"；本书作为文化批评著作的意义超乎"纽约"之外，如果我们不能理解当代建筑学，这个有时实际得近乎刻板，有时又散漫得不着边际的领域，如果我们不能够理解个人创造力的神话和一般的、当下的社会实践之间的关系，我们就无从了解这本书和历史现实的交集。

1

书评的最佳起点可能还是所谓的"上下文"（context）——在建筑行业中，这个词时常被翻译为"文脉"，但是常常赋予了稍窄的形态学含义——如果人们注意到建筑师的身世和经历，以及这本书出版的经过遭际，或许会对本书的意涵有更清晰的了解，这种办法并不是新奇的发明，而接近中国传统里时常谈起的"知人论世"。

建筑系科的学生早已熟悉荷兰建筑师雷姆·库哈斯以及他著名的大都会建筑事务所（Office for Metropolitan Architecture，简称 OMA）的传奇。他"长得像一名苦行僧，但是却有着猫王一般的通俗名声"，大名听起来像是英文的"酷房子"（cool house）。库哈斯 1944 年出生于鹿特丹（Rotterdam），一个在"二战"中被德军摧毁的城市，他的父亲安东·库哈斯（Anton Koolhaas）是一位知名的荷兰电影评论家和作家，1952 年在荷属印度尼西亚得到一个职位，因此小库哈斯有过一段东方生活的经历；据说，在决定学习建筑之前，早年的库哈斯首先感兴趣的是电影和新闻报道，他在海牙担任一名新闻记者，和别人合作写过电影剧本《白奴》(*The White Slave*, 1969)，甚至还为美国色情娱乐大王鲁斯·梅耶 (Russ A. Meyer) 创作过一个没能发表的剧本。

作为一个典型的"战后婴儿"，库哈斯生长在一个枯燥实际的环境中，如果亚洲多少还充满嘈杂的生机，鹿特丹则是陷于百废待兴的困顿之中，那里的急务是大量地重建而不是讲究风格和意匠，"一切都已定型，一切均坦白乏味"——有人评论说，或许正因为如此，成年之后的职业是对库哈斯幼年生活的一种补偿。

1968 年库哈斯得到了一项重要的工作，那就是报道当年发生在布拉格和巴黎的骚乱，也正是在"五月风暴"的那一年他接触到了职业建筑师的工作，硝烟中的街头成了新闻记者库哈斯转向建筑的十字路口。毫不意外，库哈斯的学校功课就已经显露出后来作品的所有特征，他的毕业设计有一个非常富于政治争议的题目：柏林墙——"柏林墙是一项杰作"，他的作品惊世骇俗地写道："墙内的人是最自由的"[1]，参加评议的老师看到的，是一系列吸引眼球的拼贴图像，玄奥而雄辩的理论图解，以及匪夷所思的建筑提议，这以后"就是一阵长久的沉默……"，然后他的指导教授博亚尔斯基 (Alvin Boyarsky) 忧虑重重地问道："下一步你打算干些什么呢？"

1972年，库哈斯获得了纽约共同体基金（Commonwealth Fund）颁发的哈克尼斯奖学金（Harkness Fellowship），这笔钱让他和他的妻子，也是一名建筑师的马德隆·弗里森多普（Madelon Vriesendorp）（她后来为《癫狂的纽约》一书绘制了大量的插图）在纽约住了一年。算起来，天才的库哈斯从打算投身建筑行业不到六年，就写成了这本将研究、设计和奇谈怪论肆无忌惮地融汇一炉的特异作品，这本书的写作也正是库哈斯和弗里森多普以及希腊建筑师伊莱亚·曾吉利斯（Elia Zenghelis）夫妇共同创立大都会建筑事务所的时候，这群年轻人宣称，它的使命是在建筑和当代文化之间发现"新的共荣"（new synergies）。

虽然在1978年这本书一经出版之后便大获成功，但是直到1987年，大都会建筑事务所才得到第一个中标项目——荷兰舞蹈剧院（Netherlands Dance Theatre）。从这以后，随着他逐渐增多的问世作品，库哈斯的著作和思想慢慢为人所知，十三年后的2000年，他更是获得了建筑界的最高奖普里兹克奖（Pritzker Prize），对这位身兼批评家和建筑师两个角色的荷兰人，获奖评语恰如其分地写道："雷姆·库哈斯是前瞻和实干的罕有结合，哲学家和实用主义的罕有结合，理论家和先知的罕有结合。"

的确，对于更多的建筑学生，库哈斯使人记住的不仅是他的建筑作品，还有他借以表述自己思想的出版计划。

1995 年，他的第二本重要著作并没有重复《癫狂的纽约》"历史专著"的推销策略，而是变成了一本多达 1300 页，八磅重的精装本建筑"圣经"，混杂海量内容的《小、中、大、超大》(*S, M, L, XL*) 中可以找到"论文、宣言、日记、童话故事、旅行日志，一整套关于当代城市的思考，以及 OMA 二十多年来创作的作品"。明白无误地，这本书不再是一本"专著"，而是有意渗入了丰富充溢的文化"噪声"。在 OMA 另一本引人注目的新作，软皮封面的《内容》(*Content*) 中，这种噪声进一步得到放大，"书 / 杂志"的复合文体中混杂着魔鬼辞典、多格漫画，甚至色情图片，据说，极其低廉的定价（10 欧元）也是这本书推广策略的一部分。

从取材城市史研究的"专著"到精装"圣经"，乃至向通俗读物看齐的"书 / 杂志"，这三本书呈现的面貌是截然不同的，但是思路却不妨一以贯之，加上他的建筑项目，库哈斯的创作实际上都是新闻报道学的某种永无间断的叙述形式，用他自己的话来说，一种"龌龊现实主义"(dirty realism) 的分子。这样，从一开始，容易孤芳自赏的作品就和它们的语境紧紧关联，变成了没有确定作者和清晰起始的集体项目，这个特点从《癫狂的纽约》就开始显露出来。

2

库哈斯被指认为一名建筑师，但是，作为"这个时代里最获认可和最多产的都市主义者"，城市一开始就占据着他建筑理论的高地，并和精英的、天真的现代主义拉开距离。事实上，在写作本书的时候，库哈斯正是建筑和城市研究所（Institute for Architecture and Urban Studies）的一名研究员（fellow），后来，号称美国国宝级的当代建筑师弗兰克·盖里（Frank Owen Gehry，此人则以大胆漠视"文脉"的个人主义创作著称）赞誉他为"我们未来城市的希望"。

《癫狂的纽约》这本书同时涉及都市学和建筑这两个领域，但它首先是一个关于城市的故事。

故事的主角并不是建筑师——和沉浸在创造力神话中的当代建筑师的想当然不同，19世纪末的纽约并不出产建筑大师，更不用说建筑思想家了，就连熏染的麦金、米德和怀特（McKim, Mead & White）这样鼎鼎大名的事务所在"主义"上也是相当保守的。原因并不复杂，就像标准的建筑历史所写道的那样，在那个历史时刻，北美大陆的建筑风气依然笼罩在巴黎美术学院（Beaux-arts de Paris，中译或简称"布杂"）的形式主义影响之下，整个行业并没有对于变革和多样性的期求；既然传统匠人的样式书（pattern book）提供了各种不动脑筋的营造可能，作为艺术实践的衍生物，建筑学并没有自己的诉求和理论方法。

有意思的是，给纽约城市和建筑带来变数的不是高蹈的感性或理论，反而是一种得益于这种局面的"中性的机制"。1807 年，由 2028 个街区组成的整饬"网格"，是由长于测绘的工程师鼓捣出来的，一种完全工具理性的产物，它"以公平牺牲了美观"。它有这么几个不同寻常的地方：其一，"网格"的构成，和未经开发的产业上的地形和地理条件没有任何关系；第二，它不预见会有什么样的居民和城市生活安置在那里；第三，它不预计这个城市未来的发展，而只是在各个可能的方向上随意延展；最后，它并不指定每个街区的形象和功能，每个街区间的空间关系是均匀一致的——相应地，在后来的纽约，垂直方向上的规划机制是"地面的一味倍增"，在书中谈到西奥多·斯塔雷特的 100 层摩天楼方案时，作者说，这个当时骇人听闻的方案与其是（在建筑学意义上）"设计"出来的，不如说是（在工程学意义上）得到"解决"的。

纽约能成为这种"中性机制"的良好载体大概不无原因。首先，它是一个没有任何文化负担的新大陆的城市（在此，怀着一种复杂的感情，荷兰人库哈斯提到了来自他的祖国的"新阿姆斯特丹"的始作俑者），"不可逆转的合成"混合了各种元素，反而使得任何历史文化的上下文都显得多余；其次，位于两条河流之间，曼哈顿岛是一个地理上自足的单元，这岛的景观、气候和文化都包罗万象，使得一次性的"世界的再造"变成可能；最终，纽约是一个私人利益至上的城市，在强有力的城市官员罗伯特·摩西（Robert Moses）出现之前，地产和商业投机完全主宰了这座城市。在传说中，著名的早期纽约巨富埃斯特（John Jacob Astor，今天的埃斯特广场就是以他的名字命名的）是做皮毛生意发家的（早期资本主义商业的典型经营模式），实际上，只有炒卖地产才能实现大都会财富的"量子升腾"，这是以纽约为圭臬的当代资本主义大城市的发家模式。

1807 年的纽约"规划"被库哈斯称为"西方文明史上富于预见性的果敢决策"。遵循着类似的逻辑，"网格的两维法则也为三维上的无法无天创造了无上的自由"，竖直方向上升起的摩天楼和网格一样是"一种概念性的投机"。[2] 摩天楼具有"吸引眼球的能力"和"占据地盘时的谦卑"，网格则在平面上具有"完美的承受性"。"在很多方面，作为一种卓然自立的、形象鲜明建筑的曼哈顿主义历史就是这两种类型学的辩证法"。

针和球呈现了曼哈顿形式语言的两个极端，描绘了它的建筑抉择的外部极限。

针是细极的、极无体积的结构，它标志着网格内的一处位置。

它将占用面积可忽略的地面积极带来最大的物理影响
这两方面结合在了一起……

数学上而言，球是以最小的外表面占有最大的内部空
间的形式。它有一种良莠并蓄的包容力……

但是网格或"地面的一味倍增"，自身并不完整，中
性的"技术"并不是造就"癫狂"的唯一要素，康尼
岛，曼哈顿神话的孵化器，它所发明的"异想天开的技
术"才是纽约渐至癫狂之境的不二法门。曼哈顿的街区极
小，偏偏在这极小极密的物理空间中人类文明的烈度臻于
极限，它是"都会自我的最大单元"（maximum unit of
urbanistic ego）。和世纪之交的大城市疏散论（比如霍华
德的"花园城市"）恰好相反，各种令人眼花缭乱的生活
方式，意识形态和物理功能在曼哈顿狭窄的街区内凑集与
叠加，成就了一种作者称为"拥挤文化"的大都会境遇，
"这种文化才是曼哈顿建筑师们真正的业务"；在这里人
们可以找到"聚集的狂喜"（mass exhilaration），或者说，
"都会情境里超高密度中的奇观和痛苦"。

无论奇观或痛苦都蔚为大观。一方面，网格的中立
性使得城市建筑的"程序"和"形象"彼此脱落，私人
产权的一丝不苟（即使是城中之城的洛克菲勒中心也必

须遵循街区的严格边界，在地面上分裂为几座塔楼），决定了宏大的古典主义叙事在纽约变得零落和破碎，传统意义上的建筑"风格"和个人"创作"变得不那么严整了；另一方面，各个街区间的脱系却也导致了个性的泛滥，曼哈顿岛因此成了一种可能性的群岛（archipelago of possibilities）。这两种后果的组合产生出了许多人类历史上前所未见的都市品质：一种是纪念碑式样的自我援指（self-preferentiality），在传统中，纪念建筑总是表征（represent）着"此在"之外的"别的东西"，而摩天楼是一种"自体的纪念碑"，占满整个街区的建筑同时也成了它自身的环境和上下文；与此同时，这种巨无霸建筑慢慢地成为一个庞大的"物"，外表有着灵活的塑性，只受规定了有限容积率的区划法令的制约，与里面的构成和功能都毫无关系，内外关系因此变成了实施"脑白质切断术"后的表里脱落，上和下则是"精神分裂"——功能不再追随形式。

作者的基本论点到此已经交代完毕。《癫狂的纽约》没有试图去构造庞大的理论体系——"结构上而言，这本书是对曼哈顿城市网格的戏拟，一堆街区似的方块，它们的同存并置恰恰加强了它们各自的意义"。本书的前四部分基本上是按照纽约城市发展的时间顺序，各有分工，并不十分紧密地衔接成一个整体："史前"描述了被作者称为"曼哈顿主义"的都市实践产生的基本前提和假设；"康尼岛"正式推出了"好意的都市主义"和大众文化之间戏谑的战斗，"异想天开的技术"和"短缺的现实"角力的结果是这岛上的一切都化为灰烬；"摩天楼"则描述了一群似乎平庸和保守的理论家、艺术家和商业建筑师在曼哈顿的群像，特别是哈维·科比特、休·费里斯、雷蒙德·胡德和华莱士·哈里森，在他们的手中，"曼哈顿主义"不仅从神话变成现实，而且产生出了新的类型学和蔚为大观的都市文化；洛克菲勒中心的建成象征着这种文化巅峰时刻的到来。

在本书的最后一部分，也就是"欧洲人"一章，库哈斯明白无误地交代了纽约"癫狂"的渊源。作者详细地描述了20世纪初的欧洲超现实主义和现代主义理论如何同时对"曼哈顿主义"发生影响，探讨了两种风马牛不相及的都市学（甚至"好意的都市主义"和大众文化）之间沟通的可能性。简而言之，那就是"夸张地严肃着"或是"偏执的批判性方法"（paranoid-critical method），以绝对理性的方法达到非理性的目的。它最终将导致都市文化的"突变"（mutation），作者指出这种突变"已经不再能够为传统的建筑、景观和城市规划术语所描述"——预言着今后他将提出的一系列都市学理论，如"大"和"Generic City"（普适城市）——紧随着作者曼哈顿主义走向式微的感喟，在书的附录中，是建筑师本人针对当下都市现实的建筑"项目书"，这些"异想天开"的理论建构使得曼哈顿主义"充实为清晰的信条"，它们促成了曼哈顿主义"从无意识到有意识的建筑生产的转换"。

3

《癫狂的纽约》的篇首开宗明义说，这本书是为"20世纪的余年"而写作的——这给了我们一个很重要的提示：如同建筑批评家科特（Kurt）所揭示的那样，作为"补写"的宣言，这本书意味着一种替换性的都市历史（alternative-urban-history）；或者，用作者的话来说，它是块含有某种二元性的"罗塞塔石碑"，一种通过现实和梦呓，完满的理论形态和不尽如人意的现实的对比发生意义的解译性装置。"补写"的第一层含义，就是用重新发明过去来提示当下，同时它又是面对未来的一本书。

当时的资本主义城市处在微妙而独特的时刻。随着柏林墙的建起，东西方阵营之间的冷战达到了巅峰时刻，在欧洲国家新的革命似乎一触待发，库哈斯受命报道的"五月风暴"就是一个明证——这种社会变革和往昔的流血斗争非常不同，它在政治上有不遑多让的抱负，但几近荒唐的是，它实现胜利的途径却只能是享乐主义的（要革命，也要做爱）。类似地在建筑领域，怀有宏大理想的，"进步"的现代主义似乎大获全胜，但是同时，它也正处在盲目的危险中并且进退失据——"当代城市不再以它们的建成空间，而是以它们缺席或空置的空间定义自身，当代的都市学在文脉上因此不再是传统的，在更新的问题上，它又绝非是现代主义的"——在这个所谓的"历史终结"的时刻，"高等"建筑（high architecture）面对着一个开放的、纷乱的和复杂的现实，不仅库哈斯早年的创作以这些问题为契机（比如，1972 年他与别人合作的《大批离去，或建筑自愿的囚徒》[Exodus, or the Voluntary Prisoners of Architecture]），这种纠结也决定了他未来理论和实践的面貌。

固然，城市并没有真的"死亡"，传统的都市主义者们仍然在为城市的复兴而奔走呼吁；可是另一方面，当时的世界城市确乎处在解体的危机之中，大部分高密度的西方城市现在面临的是大量人口向外疏散产生的问题。无论在巴黎、亚特兰大，或是在东京郊区，都可以看到所谓边缘城市（edge city），郊区式样的办公、购物、居住乃至娱乐综合体的兴起，削弱了中心城市的意义。在这种情形下，曼哈顿的景况更为惨淡，大批白人逃离了 20 世纪初盛极一时的镀金城市，城市经济萧条、街头治安恶化；在诸如韦吉（Weegee）这样的摄影师的镜头中，纽约已经是一座触目惊心的"赤裸城市"（naked city），一度濒临破产的边缘；简·雅各布斯著名的《美国大城市的死与生》所见证的，分明是"拥挤文化"在传统城市的危机而非希望。

在此意义上，《癫狂的纽约》正是"逆流而上"的一本书，"在一个憎恶宣言的"个人主义的时代，库哈斯想要另辟蹊径，重新证明城市作为文明集合体的价值——与此同时，西方城市的拯救者行列已经有一个长长的单子：他们中的精英主义者包括不食人间烟火的"白色"建筑师，以及诸如克里尔兄弟（Leon and Rob Krier）和阿尔多·罗西（Aldo Rossi）那样的传统主义者，后者呼吁回到欧洲的历史中去寻找城市设计的基础；另一方面，是从大众趣味之中寻求灵感的罗伯特·文丘里（Robert Venturi）和丹尼斯·布朗（Denise Scott Brown）（1972 年他们打出了"广告牌简直不赖"的口号）。但库哈斯为之辩护的美国传统令这些人都大跌眼镜。如果说文丘里和布朗所推崇的"向拉斯维加斯学习"（或是历史学家约翰·B. 杰克逊加以美化的美国本地风景）多少削弱了大都会之所以为大都会的基础，库哈斯的目标却是更新现代主义的城市理论而不是彻底打垮它——他的宣言依然保有一种英雄主义的姿态；和保守的克里尔兄弟或是阿尔多·罗西相比，库哈斯又要现实得多，在他的笔下，无论参与建造洛克菲勒中心的胡德和设计了联合国大厦的哈里森最终有多么失落，这些杰出的纽约建筑都已经建成，而不是在遥遥无期的孕育之中。

库哈斯努力促成的是两种极端的和解，而不是对立。他的解决方案，是精明的美国商业建筑师和精英的欧洲现代主义者所代表的两种都市学的媾和（或者说，西方城市内部两种势力的妥协）。

从 1807 年的整饬"网格"开始，"曼哈顿主义"不断涉及的一个重要概念是"程序"（program）。事实上，这个概念的重要性本是和现代主义的兴起密不可分的。程序是一种"编辑功能和人类活动的法令"，一种不带成见、具有民主性的开放"程序"（它的直接表征是"功能"）取代"形象"，构成了现代主义建筑设计的起点。然而，库哈斯发现，在"形式追随功能"（路易斯·苏利文［Louis Henry Sullivan］）的现代主义口号后面也蕴藏着另一种可能：那就是随着建造技术和人们对建筑理解的发展，挣脱"形象"桎梏的都市"程序"变得如此繁复和巨硕，最终将使得"功能"和"形式"彼此脱系，也使得保守的克里尔兄弟和激进的文丘里的差别无关紧要了——这是"偏执的批判性方法"合乎逻辑的延伸。

具体说来，纽约的网格（水平方向）或是摩天楼的倍增（垂直方向），取消了功能的预先设定，使得程序可以被任意地编排，作者写道，纽约将无法定义任何一种"经年不变的建成形态";它所知道的只是某事件"在网格内2028 个街区中的某处发生",而建筑内部的"生活"也相应地支离破碎:"在 82 层一只驴子从空洞(void)中抽身而退,在 81 层,一对大都会的男女却正向一架飞机挥手致意……"程序消隐了,但是并不是完全消失,每个固定边界的街区依然限定和规范着一个"最大的都市自我",形成了一种马赛克式样的集体生活剧,可以"同时既有序又灵动""整饬地混乱……"按照赫尔(Hal)的说法,"癫狂的纽约"意味着波德莱尔(Charles Pierre Baudelaire)的"都市漫游者"(flâneur)和奥斯曼勋爵(Baron Georges-Eugène Haussmann,以铁腕改造拿破仑二世时期的巴黎而著称)不可思议的妥协(同时这也是书中提到的达利和勒·柯布西耶的妥协)。

库哈斯进一步指出,这种不确定性将意味着"一片特别的基地将不再为前定的目标所左右"。自此以往,"每块都市的地面安置下的,都将是不可预见的、不恒久的自发性活动的组合"。彼此交叉的程序和功能的任意设定,导致了他戏谑地称之为"异体受精"(cross-programming)的现象,它们是蓄意的张冠李戴,由于出人意表而带来的新的建筑风貌,墙不用作墙,窗也不再仅仅是窗——仿佛是要特意证明这种"驴子+男女恋人"理论的潜力,在2003 年落成的西雅图图书馆的设计中,库哈斯将公共图书馆与一所医院、一个为都市流浪汉准备的避难所组合在了一起——但是美国公众似乎并不特别看好这个使人"梦想联翩"（《纽约时报》）的提议。

4

"曼哈顿主义"中不难看到同时期西方思潮的痕迹，特别是被称为"语言学革命"的新文化策略的影响：程序只是为形象（文化）随意指定了一个物理外壳，同时并不能，也不期待改变后者的性质；进而，"程序"和"形象"是完全无关的，形式可以追随功能，形式也可以调侃甚至颠覆功能，一个都市场所的意义因而只是相对的，和它的风格、位置、经营并无干系，"曼哈顿主义"为物理建构指定的灵活性，类似20世纪早期以来结构主义语言学中谈到的"能指"和"所指"的"滑动"，这种"享乐的文本"正是在"五月风暴"之后风行一时。

自然，这种颇为"后现代"的理论的最为人诟病之处，在于对建筑师角色的限定乃至否定。这种从图书馆到医院的惊世骇俗到底有无必要？它的放任是否会摧毁建筑师自身的力量？如此，又牵涉两个与本书有关的问题。一个是对前辈现代主义者（特别是本书之中再三提到的瑞士—法国建筑师勒·柯布西耶）的评价，第二个问题，则是作为建筑师的库哈斯又该如何介入这个使人无从措手的现实？

如同詹姆斯·当纳特（James Dunnet）谈到的那样，《癫狂的纽约》一书中脸谱化的柯布西耶——那个梦想着绿荫下草坪间的"光辉城市"的思想家，"好意的都市主义"的新化身——多少是一种误读。柯布西耶提倡的"开放空间"（open space）并不意味着"什么都没有"的洁癖。事实上，柯布西耶肯定了街道的作用，也不否定"拥挤文化"的意义，"那些有眼睛在他们脑袋上的人们都会在这片欲望和面孔的海洋里发现无穷的快乐，它比剧院好，比我们在小说里读得还要好。"他进一步发挥说，这一切不是出自于秩序，也不是因为宽阔的空间，而是丑陋之美，是不幸之中的万幸……

库哈斯对于现代主义的恶搞或许是一种爱恨交织的过犹不及。在 1998 年 2 月的一个演讲之中，他呼吁人们接受"这个窝囊的世界，把它多少整治成一种文化"。针对密斯（Ludwig Mies van der Rohe）的"少即是多"，库哈斯发表意见说，这位现代主义大师其实已经在寻找一种将崇高的美学和资本主义相融合的方法了，只是在他看来还不尽如人意，文丘里和布朗的大众都市主义是第二波冲击，是一种更强的现实主义——从库哈斯的角度，或许两种主张都有其软肋，"乱糟糟的生气"和一片混乱没什么区别，密斯的高级现代主义又曲高和寡[3]，如果文丘里取悦于大局已定的商业操作，密斯高高踞于建筑师和资本主义的共谋关系之上，那么库哈斯自己的"垃圾空间"（junk space）就是一种内观（internal look），置身其中，再穿透其外，而不仅仅是居于一端，装得一派天真。

建筑师本人唯一的哲学或许是种坚定的行动主义（在很多时候，它也意味着机会主义的"情境逻辑"），在此传统意义上的"创造者"变得无关紧要了。在他看来，曼哈顿是一座搬演"进步"的剧场，主角是（资本主义文化）"席卷一切的法则"，剧情是"茹毛饮血让位给温文尔雅"——至于这落后或进步的角色设定并不重要，由于不可餍足的资本主义文化，"今朝的温文尔雅就难免是明日的茹毛饮血"，"有别于通常的剧情设定，表演将永无休止，也不会被推进。它只能是单一主题的循环往复：创造和毁灭无可挽回地扭结，无穷无尽地重演"。在这奇观中，唯一的悬念就是人为煽动起的"演出气氛的时常波动"，也就是新的一套"温文尔雅—茹毛饮血"持续不断地取代旧的，观众不是从老套的"意义"或训诫之中，而是从它的反面创生出的新奇观之中得到不断的满足。

这种有机的城市观并不十分新鲜，甚至六七十年代日本建筑师提出的"新陈代谢"理论也算是其中的一种。但是，将这种"有秩序的混乱"表述得最为鲜明和富有趣味，当非库哈斯莫属，他不是引经据典，而是身体力行的，他"逆流而上"，扮演了一个喜剧但犀利的文化英雄角色。库哈斯认为建筑对于人的社会内涵是没有什么助益的,这和理论家塔夫里(Manfredo Tafuri)的想法如出一辙,不同的是,塔夫里认为由此而来的异化(alienation)是悲观和不可避免的,库哈斯却认为这是个难得的机会;以一种类似的态度,他使诗意的读解和辛辣的讽刺在书中并行不悖,让现代主义的先驱和小丑,声称能将男人和女人"变得更加流畅自如"的白俄设计师和擅长大众娱乐和商业投机的议员,在《癫狂的纽约》里同时出演,在那儿很难确定作者的姿态是赞颂还是调侃:

"纽约最伟大的建筑师?"胡德重复道,注目于夕阳里火红的"平板"(slob)——RCA大楼,"蒙上帝的恩惠,我是。"

巴黎的权力部门没把光辉城市当一回事。他们的绝弃使得勒·柯布西耶不得不……一路叫卖他的水平摩天楼,像一个怒气冲冲的王子,足跋着一双巨大的玻璃拖鞋,在大都会和大都会之间漫游……

对于库哈斯而言,城市的本质就是"偶发"(chance-like),城市是一种使人上瘾,又使人无处可逃的机器,所以都市学不应该追求既定的"风格"或"意义"。乍看起来，库哈斯依然是有他的风格喜好的（看上去，至少在造型上，他奇崛、犀利和峻嶒的形式感受到俄国构成主义者的影响），但事实上，他和别的建筑师不同的一点，就是他总是努力地去除各种表面的"个性"，他拥抱的是"不对称性、非线性，以及变化多端的、同时涌现出的物质特性的奇迹，和它们的不容否认［原文如此］"。他的设计方法，是如同达利在一把撒出的绿豆上倒着投影来创造"圣母升天"的异想天开，"类型学的重新编排"（typological reprogramming）意味着"系统地夸大既有"（systematic overestimation of what exists），达到夸张的无限外推（extrapolation），在他的创作由头中，无论是摩天楼、网格（《癫狂的纽约》），还是柏林墙（1971），对商业建筑师约翰·波特曼（John C. Portman, Jr.）的欣赏（1987），乃至后来的中国珠江三角洲（《大跃进》），都是如此。

在这种别开生面的游戏之中，一名建筑师（当然，他到底还是布鲁斯·瑞特那［Bruce Ratner］说的具有主体意识的"建筑设计师"而不是听命于客户的"开发建筑师"）的包容性角色使人难以置信——建筑师应该着眼于更大范围内的营建，从而产生出更富于建设性的社会构造，他不仅津津乐道于堆砌繁冗，也应该准备好抹去建筑的残渣（debris）。他就像希腊神话中的俄狄浦斯：一方面痛恨所谓"名流文化"，拥抱反偶像的自由思考，一方面又是体制和时尚的积极参与者；带着"锲而不舍的痴狂"，建筑师制造出了一种"可以生效的理论"，即令它是"一段变成真理的谎言"或是"一个无法醒转的梦境"。

坦然地承认物质主义文化的胜利、机器的力量、商业的价值，等等，使得这种"诚实"的自相矛盾或也呈现出某种人文主义的价值和标准——事实上，对于一些项目，比如洛杉矶郡的博物馆，以及纽约惠特尼美术馆的扩建，OMA 确实做出了批判性的反应，见证了自己古怪但确乎执著的操守；"9·11"之后，库哈斯更是公开拒绝参加纽约世贸大厦遗址竞赛，因为在他看来，类似的竞赛无论好坏都不可能有什么新鲜玩意儿了（后来的结果确乎如此）——在他看来，无论如何有悖于传统的愿景，"癫狂的纽约"如果还有一点可取之处的话，那就是它并不故意搁置大都市的压力，相反，它的主要目标就是"将这种压力愈演愈烈"。

5

作为行动主义者的库哈斯敏锐地意识到，曼哈顿是某种二元主题的循环往复：康尼岛"是曼哈顿度假区的当然选择"，早在纽约人口爆炸之前就强制设定的保留绿地中央公园是"信念的跃进"，它构成了另一种……大都会充满了这种正反面的"无穷无尽的扭结和重演"，它使得缺乏"剧情"的活剧可以永久地上演，"现实的短缺"正好和大都市人无法餍足的欲望互相勾连（下城健身俱乐部，在高空中的黑暗里吃着牡蛎的斯多噶式单身汉），这便是《癫狂的纽约》唯一清晰和连续的线索——归根结底，大都市是一种心理问题。这种心理学症候很难说是资本主义的还是其他什么意识形态的，20世纪30年代，帝国大厦上有着可以停泊气艇的塔尖，而这同时也是苏联当时建筑的大胆设计；墨西哥左翼艺术家里维拉装饰洛克菲勒中心的壁画，与他在莫斯科红场所作的速写如出一辙……

书评最终还是要回到写作之中，对于同时作为一个建筑师和作者的库哈斯而言，这一点怎么强调都不过分。荷兰人库哈斯是用英语写作这本书的。即使对于以英语为母语的人而言，这本书读起来也明显地有一种理论著作的紧张感，夸张而不寻常的用词选择，时而冷嘲热讽的语调，叠床架屋的句式都造成了语意之间的张力。虽然作者绝非夸夸其谈，雄辩的语气也不等同于空洞的辞令，但是部分陈述读起来确实会让人摸不着头脑，正如坎贝尔所言："这是我们没法轻松地阅读的一个文本，因为它总是超出自己的限度，总是充溢其外，自相矛盾，总是设问自身的属性和可能。"

但是网格的二维秩序创造了不曾臆想到的三维无法无

天的自由……

在曼哈顿，最后的遗言也是新生儿的第一句话，但它只是众多遗言中的一句……像沃尔多夫这样的鬼宅不仅仅是一个长长谱系的终结产品，更有甚者，它是这谱系的总和——在单一处所上，同一时刻——所有"失落"了的舞台的同时存在。有必要将这些早期的宣言予以摧毁以保存它们，在曼哈顿的拥挤文化里，摧毁是保存的另一说法。

在曼哈顿主义——无限搁置了的清醒意识的教条——的名下，最伟大的理论家是一个最伟大的蒙昧主义者。

《癫狂的纽约》中的"癫狂"（delirious）这个词事实上是从拜访纽约的超现实主义画家萨尔瓦多·达利那里借来的。和后来通俗的"我爱纽约"相比，"癫狂"很难说是一个贬义词还是一个褒义词，这种自始至终模棱两可的态度让猜测"原意"变得徒然——于是，在一种"阐释的癫狂"（delirium of interpretation）之中，"通过概念的回收利用（conceptual recycling）使得世界上那些过时的老生常谈又焕发出了青春，它们就像铀一样是可以重新循环使用的"。正经八百的历史学家当然会觉得这种"概念的回收利用"存在着"非历史"的严重危险，对于库哈斯而言这却不是什么问题，事实上，这种方法正获益于他作为一个记者的职业敏感性。在素以"真相"为第一旨归的新闻写作之中，所有的历史细节都是极尽现实主义的：

> 　　与非洲、亚洲和密克罗尼西亚（Micronesia）的各色
> 人等向同一目标的跋涉不谋而合。同样，这些人也被放在
> 展会上，作为一种新形式的教育和娱乐而展示；图腾式的
> 机械，一小队侏儒，其他云游四方后落户康尼岛的稀奇古
> 怪的玩意儿，零余的无家可归的红种印第安人，加上一些
> 外来种族……

> 　　身着银色和火焰色两色装扮的来宾们一路形成火箭般
> 的轨迹。空中飞舞着各色轻飘飘的装饰。"立体派的主街"
> 看上去是现代主义变形过的明日美国的片段。几乎看不见
> 的黑衣服务生们默默地奉上"未来主义的开胃品"—— 一
> 种看上去像液体金属的饮料——和"小流星"——烤棉花
> 糖。熟悉的情节剧和疯狂的都市之声互相较劲儿："乐队
> 将由九部铆接机、一部三英寸的蒸汽管、四具远洋汽笛、
> 三把八角锤和一些钻岩机伴奏，凭借着现代式的不和谐品
> 质，主题音乐有着穿透伴奏的力量。"

《癫狂的纽约》中有着在天台上被精神病人打死的建
筑师，由八卦专栏作家主持的沃尔多夫旅馆派对上，人造
奶牛真的可以流出牛奶来，这一切像极了小报里经常出现
的花边，耸人听闻，吸引眼球却无法确认的野史，煞有介

事的统计资料……这些栩栩如生并一丝不苟的细节，本身并不能证明报道的正当性，但它们无疑是别开生面和引人深思的。"偏执的批判性方法"严肃地荒唐着的理论也预言了他日后理论和创作的大致走向。

在本书发表的十六年后，库哈斯反思了1968年"五月风暴"一代带来的遗产，他的态度是"不要太当真，但也不容忽略"——这种嬉笑怒骂且张冠李戴的作风，自然，很容易被贴上"后现代"的时髦标签。如果"后现代"意味着库哈斯和他"之前"的现代主义理论家间的分歧，倒也不失为一个恰当的界定，事实上，明白无误属于"后现代主义"阵营的理论家詹克斯，正是引用库哈斯的关键词来评论现代主义之后的多元图景："大"和"普适"（generic），"重复"（repetition）和"区分"（differentiation）……同时代如柯林·罗（Colin Rowe）这样的理论家（《拼贴城市》）大多也会引用这些术语，詹克斯评论说，只不过同他们相比，库哈斯的姿态是卓然不群（electisim）和颇为搞笑（amusing）的，这使得多少有些精英化的建筑理论最终能够成为一种大众青睐的都市学，也更能穿透大都会的本性：

建筑之中甚至那些最为滑稽（frivolous）的玩意儿也是永久性的，这和大都会的狂躁不安是格格不入的。在这种冲突之中，大都会注定是个胜利者，在建筑之中弥漫着的现实被缩减成了游戏的某种状态，它们装饰着对历史记忆的幻觉，从而被宽宥。在曼哈顿，这种悖论得到了一个绝妙的解决方案，发展一种突变（mutant）的建筑，它将纪念碑般的真谛（aura）和不稳定的表现合而为一了。

按理说，建筑师们应该更注重物质世界的此在，而库哈斯笔下"心灵的康尼岛"却是一种引领现实又高于现实的状态，既是"胚胎中的曼哈顿"（a "fetal" Manhattan），又是一种"纸板糊成的现实"（cardboard reality），如此《癫狂的纽约》是亦庄亦谐的，有着开放的解读。它既不排除各种实用主义的利用（比如，某些室内设计师也从这本书中得到了某种启发），也不会等同于历史或从业实践的图解；它更像是一本"建筑小说"，一种现实纪事和虚构文类的混合。作为一个"享乐的现代主义者"，库哈斯既营造着某种形式的宏大叙事，又同时孜孜不倦地予以拆解，《癫狂的纽约》因此同时具有了乌托邦和反乌托邦的色彩。

6

《癫狂的纽约》的预言适得其时，历史也证明了它的先见之明。在"冷战"走向尾声的20世纪80年代，超级大国之间的政、军争霸逐渐开始为经济领域内的勾心斗角所取代，欧洲进入了所谓"第二次现代化"的热潮，1989年后的"新欧洲"以及新的民主模式，伴随着全球范围内的文化重新洗牌，先锋建筑师在经济低潮时期孕育的大胆思想，纷纷在世纪末的现实土壤中开花结果，随着既有规划模式在实践中的失败，这种改头换面的都市学变得前所未有的重要了。

结果变得相当复杂：《癫狂的纽约》之后的纽约现实并不使人兴奋，八九十年代的建筑评论家觉得这座城市几乎没什么可写，与此同时，新技术和新经济模式又带来了新的变数：例如，悲观的理论家一向认为，郊区化的进程预言了大城市的消溶和解体，互联网的出现更是这种可怕趋势的推力，可是，全球化的出现带来市场享乐主义的甚嚣尘上，特别是在第三世界国家，出现了更多的大城市，乃至特大城市，甚至西方国家也出现了大型混合使用建筑在中心城市的繁荣……

打破了城市消亡论的，是建筑师所说的"唯一的程序"（this one program），这种"唯一的程序"或说"大"（bigness）包容一切，也包罗万象，它和"拥挤文化"或者神秘的"费里斯空洞"有联系又有所不同——《癫狂的纽约》中，诸如沃尔多夫—阿斯托里亚旅馆那样，占满一个街区的超级纽约"住宅"，同时含有早期摩天楼的三种取向（世界的再造；塔的兼并；街区的独处），但它毕竟是有限的，不大可能在纽约存在；只有走出纽约，当网格的限制不复存在时，"越来越少的表面"势必将表征"越来越多的内部活动"；同时，类似于网格对于都市"马赛克"的影响，超级结构（mega-structure）之中注入了似乎是与生俱来的多样性和内部竞争。

　　库哈斯并没有像一个学者一样分析这种"大"的渊源——对他来说，头等重要的一件事，是了解这些需求如何在实际上"根本地改变了我们创造的和我们所需求的空间"。为此，阔别三十年后，亚洲再次留下了库哈斯的足迹。在20世纪90年代的写作中，库哈斯开始提到了香港的九龙城寨，以及中国南方珠江三角洲的造城运动——赫尔写道："《大跃进》[4] 这本书不仅仅是拿毛泽东和他逝去的经济方针做文章，也是对于曼哈顿主义和它的拥挤文化的再思考。"——显而易见，"拥挤文化"和"大"都关乎政治、经济和市场，它们并不是空穴来风，然而，政治学者和经济学家至少对一件事是不够洞悉的，那就是如此的市场和经济只有在建筑师为之倾倒的"奇观和新奇"之中才能茁壮成长，"更加戏剧性"的建筑可能意味着大写的建筑学的危机，但却可能在文化上为建筑学带来"彻头彻尾的自由"，因为这像是使得规则制定者和规则实施者融为一体了。

——没有人能否认这里有一种显而易见的差别。正如现实的曼哈顿和作为"补写的宣言"的曼哈顿不是一回事，真实的亚洲（即使算上东京这样的城市）也和激进的西方城市理论中的亚洲也尚有距离。一方面，我们不应走向简单的文化相对论；另一方面，令一部分理论家如痴如醉的大规模建设（其实是基于不同历史观的具有相当摧毁性的再建设）的负面效应也是显而易见的。和纽约不同，珠江三角洲有着西方人难以想象的高密度和即使纽约客也会瞠目结舌的都市环境，"不是致力缔造理想，而是机会主义地利用偶发（flukes），偶然事件和不完美"，造就了一种既非农村也非城市的景观。这种缺乏"高等"建筑教条的实践，固然方便了更为"异想天开"的理论建构，但它们却无法使得有中国特色的都市理论从无意识转换为"有意识的建筑生产"。[5]

无论如何，此刻的中国代表着世界城市的未来，正如一个世纪之前的纽约——文化和建筑在此纠葛并走向共同的歧路。无论一名建筑师是否情愿，他只有从这个角度来反思自己的职业，才能达到真正意义上的先锋性——不要指望建筑师能解决一切事情，相反，库哈斯及其城市理论的贡献，正是在于他区分了两件事情，建筑学（包括名为"曼哈顿主义"的都市学）首先关切为什么会有这样的问题，而然后才是作为个体或小群体的建筑师试图解决问题。

有人问及，类似于"普适城市"或珠江三角洲的建设是否会造就一种（传统意义上）并不适合居住的环境，库哈斯的著名回答是"我不同意。人们可以在任何地方安身立命，他们可以在任何地方都凄凄惨惨，也可以在任何地方都欢天喜地，建筑与此无关"，"文化无能为力之事，建筑也一筹莫展"。

唐克扬

2008 年冬于瑞士洛桑

补记

一石文化的马健全老师嘱我最后审读 2006—2008 年间陆续翻译、修订的《癫狂的纽约》及其"译后记"。我尚清晰地记得，"译后记"写于 2008 年去瑞士洛桑访学的旅途中，我甚至记得那间酒店只有一张非常小的桌子可供工作，一旦插上台灯笔记本电脑的电源线便无处可插，但是事隔六年，再提起笔来竟然不知道从何处开始"补正"。毕竟，这六年以来，由于在毕业之后真正投入了广义的社会"实践"，来往于数个地址之间，我自己的书桌都已经移动了无数次，遑论被激烈变动的世界所撕扯着的思维了——作为一门和实践密切相关的学科，城市研究难以和它身处的现实语境撇清瓜葛，我想每个人不断变动的思想也是如此。

一种带有哲学高度的理论并不能只满足于解释"当下"，而是具有超前的预见性。记得我第一次看到本书是在1998年出国伊始，芝加哥大学艺术史系凯瑟琳·泰勒（Katherine Taylor）教授的建筑课上，早我一年来美，如今在美国大学任教的赖德霖兄也和我一样修习了这门课，课间师生们一起去参观了库哈斯当时在伊利诺伊理工学院（IIT）校园的新项目，这是我接触库哈斯的理论与实践的开始。坦率地说，其时，因为只是草草翻阅本书而不曾像一个翻译者那样逐字逐句细读，我和《癫狂的纽约》的一部分读者一样，把它当成了一种"戏说"，并对作者稍嫌"硬拗"的文风略感不解；而在那时候，我也不曾真正见证中国城市惊心动魄的巨变——在21世纪的第一个十年过去以后，纽约在上世纪初面对的某些问题终于在中国变成无法逆转的现实。

在本属"续貂"的补记之中，已经毋需重复说明本书的写作和翻译过程，即令其中肯定将有某种程度的遗憾，只能在适当时告一段落，留待将来继续"补正"。但是有一点仍然值得在今天指出：尽管貌似新潮，本书的写作正延续着一种具有思辨性（dialectic）的西方传统——熟读"辩证法"的我们本该对这种传统并不陌生，"思辨性"的写作的一个特点就是既不夸大也不否认事物和变化中内在的矛盾。在这个意义上本书并不是消极地或是过于功利地看待过去（要知道，现实也是一种不断消逝的存在，它行将成为不容更改的"过去"），从而得到平滑、封闭的理论体系，或者产生权威、不变的结论，而是鼓励人们逆流而上，以某种形式"参与"到对历史的反思中。以这种方法重新建构起来的历史一定是亦庄亦谐的，它和现实的关系将永远无法安定；这样的历史，不仅仅是对过去的简单"反动"（retroactive），而是渴望着"回到未来"——也许，这正是本书有些拗口的、不太容易理解的副标题"补写的宣言"（a retroactive manifesto）的寓意。

这本有着多种语言版本的重要城市著作诞生四十年后，中文版的《癫狂的纽约》终于和读者得以见面，有关人类城市的思想逐渐跨过语言和制度的隔阂。最终，我决定对六年前写下的原"译后记"基本不作修改，仅对"此时、此地"的情境补作简单交代。在"书籍自有命运"的历史选择中，我相信本书将有它的文化地位和现实影响。在此再次感谢一石文化的努力、热情与坚持，并对译校本书的姚东梅女士和其他同事表示由衷的感谢。

唐克扬
2015 岁初于纽约

1. 事实上确实如此。两德分离时期的西柏林在西方世界的眼中是"自由"的，但是它却为柏林墙和东德政府划定的边界所环绕，是一块没有出路的飞地。

2. 钢铁骨架建筑，后来反复提到的电梯，影响物理人际的网络、再造室内气候的空调。

3. 他曾经写过一篇名为"密斯的错误"（作为一个双关语，Miestakes 也可以解释成"密斯正当时"）的文章，其中有一张 1986 年拍摄的照片，在刚刚复建的巴塞罗那博览会德国馆的画面里没有人，只有一个像幽灵一般的影子，和一只戏谑地伸入画面的库哈斯本人的手。

4. 《哈佛城市系列》的一本。

5. OMA 的著作以及库哈斯的言论中反复地提到，中国以十分之一的建筑师做出了五倍于美国的建筑项目，在紧迫的生产需求目前，传统建筑学的关切比如"风格"甚至"文脉"都不重要了。

遇见 DNY

一束神秘的光

投在席梦思上

白色的被单褪下

柔软弯曲的

帝国大厦和克莱斯勒

正相拥而眠

曼哈顿群楼之王与王后

释放了重力

却依然戴着

梦中比高的王冠

一盏红色的灯

擎在自由女神的手中

泥土色的地毯上

纵横交错的

白色线条

跨越了百老汇斜街的马车时代

曼哈顿覆盖一切的人工网格

理性而坚硬

却忠诚地守护着

中央公园的一片自然

一片深沉的夜色

在墙壁上铺展

黑云的面纱掀开

光洁宁静的

金色沙滩和远处的灯塔

遥望着月光和海面

岛屿的守护者

探不到航船

却不倦地搜索着

下一个造访者

一片红晕

在地平线上泛起

摩天楼拥挤的魅影

无限延伸

窗外的条状陆地

消失在灭点

曼哈顿不可言传的秘密

隐匿多年

却不经意地出现在

梦境的房间……

1993 年在美国迈阿密大学（Miami University）的图书馆，我第一次见到了 *DNY*（*Delirious New York*）的首版书，它倚在书架的最高一层，似乎发出某种诱人的光芒。犹如书封中隔窗窥探曼哈顿房间的好奇者，我也被大都会的魔力所俘获，做了摩天楼之城的"志愿囚徒"，带着对北京的思乡病，难以自拔地在纽约的建筑事务所里日复一日地劳作。

2001 年"9·11"的恐怖袭击，使纽约世贸双塔轰然倒塌。人们悲哀地关注着世贸中心的重建，世界级摩天楼的设计大师们见仁见智地提出各种设计方案，却都无法取代已经倒塌的世贸双塔在人们心中的位置。在那个重挫的时刻，我曾经失望地问，摩天楼骄傲的翅膀是不是永远地被折断了。

2002 年底，OMA 中标的中央电视台（CCTV）新大楼方案改变了我对摩天楼未来的悲观态度，它那前瞻的自信姿态，散发出一种无法抗拒的力量。记得身边的结构工程师说，不用怀疑，这栋建筑简而言之是两根柱子支撑一根梁，结构并非不可实现。这一次，我又被央视新大楼的魅力所俘获。2003 年初，我终于告别了旅居多年的纽约，来到鹿特丹加入了 OMA 央视项目设计团队，并于 2004 年随着项目组回到北京，配合 CCTV 新大楼的建筑设计与实施的相关设计工作至今。在这漫长的十几年中，尤为宝贵的是与 CCTV 主建筑师也是本书作者雷姆·库哈斯先生共同工作的经历。

2008 年是不平凡的一年，是北京奥运项目的重要建设阶段，也是新的大都会北京重新呈现于世界的关头，央视大楼的施工进展如火如荼，只争朝夕。这一年，也是 DNY 这本书的主要译校工作全面展开的时段，白天关注的是工地的进展，而每当夜深人静，我则切换现实进入 DNY 书中库哈斯对纽约大都会生活的回溯中，许久以前在纽约大都会的建造神话，仿佛在北京深深的夜里或是黎明的晨曦中恍惚重现。作为建筑师，我想，我们正处在一个幸运的时代。

感谢一石文化给予我这个机会，在译校过程中，让我在实施央视大楼设计工作的同时研习了库哈斯有关摩天楼的理论和思想，因而也对大都会文化的精髓有了更深的感悟：20 世纪纽约摩天楼的神话已经成为历史，而 21 世纪摩天楼的神话正属于北京。

姚东梅

2014 年 12 月 15 日于北京

大都会之精神分析

——《癫狂的纽约》解说 *

[日] 矶崎新

"最初，我并没有成为建筑师的打算。我在曾经的荷兰殖民地印度尼西亚长大，与你出生的日本相同，那里没有西方概念里的建筑，因此我考虑学习社会学或文化人类学，将来在好莱坞当一名编剧。那个城市也好，那里的电影也好，皆为虚构，这点很吸引我。后来我去了伦敦 AA 建筑学院（英国建筑协会建筑学院 [Architectural Association School of Architecture]），校长是阿尔文·博亚尔斯基（Alvin Boyarsky），他是一位真正意义上的前卫教育家，在那里，所谓的'建筑'或'城市规划'概念皆被抛弃。"

与雷姆相遇是在 20 世纪 70 年代中期，当时我属于比他年长一辈的"鼠派"（Rats，60 年代激进派 [Radicals] 的简称。因再上一辈的"Team X"[Team 10] 中的阿尔多·范·艾克［Aldo Van Eyck］将激进主义［Radicalism］比喻成老鼠而引申出此叫法）。"建筑电讯派"（Archigram）是伦敦的中坚代表，他们不仅接收毕业生，还邀请国际的建筑同伙作为讲师。雷姆·库哈斯、伯纳德·屈米（Bernard Tschumi）、彼得·威尔逊（Peter Wilson）、伊莱亚·曾吉利斯、扎哈·哈迪德（Zaha Hadid）等，我都是在那里相遇的。

同时，在纽约诞生了另一个国际建筑同伙的汇聚中心——IAUS（建筑与城市研究所［The Institute of Architecture and Urban Studies]），彼得·艾森曼（Peter Eisenman）担任主持，同伙们相互之间经常走动。渐渐地，AA建筑学院作为私立学校陷入经营困难，纽约的IAUS也经过十多年后遭遇关闭。AA建筑学院在校长阿尔文去世后随着时代的变迁逐步失去了锐利。好在今天世界级的国际招标中，能提出具有关注度作品的建筑师，当年大多接受过这所学校的磨炼，雷姆·库哈斯就是其中之一。

国际建筑同伙们在出道之前，上一辈的激进派们遭遇了"建筑"被解体，"城市规划"概念破产的事实。60年代末，现代建筑的失败，乌托邦的消失，都说明了一点，那就是20世纪苦心经营的产业社会所诞生的城市及社会体制正从内部开始崩溃，现代文明成为废墟。在这种状况下，是否还有重构建筑和城市的可能？AA建筑学院在70

年代的激进即来自于对这个问题的探索，首先是对问题本身的确认。

OMA（Office for Metropolitan Architecture，大都会建筑事务所），这个听上去很通俗的由雷姆等设立的事务所的名称中隐藏着一个答案，它就是大都会（metropolis）。曾有志于好莱坞编剧的他，一定知道弗里茨·朗（Fritz Lang）的梦幻般的电影《大都会》（*Metropolis*）。勒·柯布西耶及路德维希·希尔贝赛默（Ludwig Hilberseimer）所描绘的未来都市是否与电影中的大都会相同还有待验证，即便如此，大都会自身无疑是 20 世纪产出的新生事物的核心，这是应该被重视的主题和目标。因此是设计事务所还是研究事务所无关紧要，总之是抱团儿开展工作，于是笼统地称作事务所（office）。请注意这个率直的，甚至有些终极的事务所名称，这里既没有"建筑"，也没有"城市规划"，个人署名也没有（正因为如此，日后其事务所通过个体活动得以分解和扩展），这或许也是 20 世纪现代建筑运动的初衷。

19 世纪萌发了世界可以被"规划"的信念，并在各民族国家的成立过程中得以体现。将首都作为国家形象进行规划，把政治、经济或文化机构集中于首都。比如巴黎和柏林即是在旧城改造的同时描绘出首都新貌的案例。"建筑"和"城市规划"之概念在这样的面貌打造过程中被形成，进而被职业制度化。现代建筑运动在 20 世纪 20 年代发生时，本意是为了打破强化民族国家形象的旧制度，结果却在如堪培拉（Canberra）、新德里（New Delhi）、巴西利亚（Brasilia）、达卡（Dhaka）、昌迪加尔（Chandigarh）等的新首都 / 首府建设上，这些现代建筑师们都被动员了起来。这是本末倒置，是极大的错误。20 世纪要建造的是与民族国家不同的文明城市，如果将其称为大都会的话，那么很明显问题就在这里。我，绕了一个大圈确认了问题的原点；他，则采用直接指定目标点的正攻。

将大都会用固有名词来表述，那就是纽约，在那里有 IAUS。于是，雷姆的视点从 AA 建筑学院转移到该地。在此之前，他们已一边培育纯粹的大都会建筑方法，一边对受政治压制的俄罗斯构成主义（Russian Constructivism）进行发掘。初期的伊万·列奥尼多夫（Ivan Leonidov）受到了关注，他们对其梦幻般的克里姆林宫前的工业部大楼竞标落选方案进行了再验证，并制作了模型，模型中可以说隐含了 OMA 的设计语言的所有线索，这正与 70 年代西欧对俄罗斯形式主义（Russian formalism）及俄罗斯构成主义的再发掘热潮相呼应。所以，他们的工作被看作非历史主义的后现代主义，也正是因为有这样的经历吧。在工作过程中，他们发现洛克菲勒中心的无线电城设计方案大量采用了俄罗斯构成主义元素的事实。墨西哥共产党人的大型壁画也曾进入这里。麦卡锡主义（McCarthyism）运动之后，几乎被忘却的 20 世纪 30 年代初期无政府状态的曼哈顿的光景又浮现眼前。大都会发生文化性事件是家常便饭，因此对其建筑的战略，也有必要从重组问题开始。雷姆包括自己提出的几个方案在内，在写作纽约这本"书"的背景中，明确了一个事实，那就是那些受尊敬的现代建筑的前辈们不得已所犯下的错误，是由于错看了大都会本质而造成的。

　　命运注定的土地美国，故乡阿姆斯特丹的先祖们最先移居的曼哈顿岛，新阿姆斯特丹即使现已更名为纽约，依然能够感受到血缘的亲近。与印度尼西亚一样，这里也曾经是荷兰的殖民地城市。被无机直角分隔相交的网格街区，现在已是大都会的基体，在此之上建造的垂直构筑体，对欧洲的人文主义建筑师们产生影响，诞生了众多摩天大楼，但实际上并没有形成如他们预期的绝对直角坐标系空间，而是内部的癫狂。这种癫狂已表面化，也对人们深层心理产生影响。大都会自成立以来即充满了分裂的征兆，曼哈顿不像现代建筑师们述说的那样是整合了时间与空间的透明构筑体，而是对这片土地充满欲望的深受爱戴的先祖们，盲目地持续地发挥其欲望后，在一片历史匮乏的土地形成的虚构的错乱体。

　　在阿姆斯特丹和新阿姆斯特丹之间牵系着的那条不透

明的关系线中，我感受到了雷姆的似乎是近亲憎恶的那种视线。然而，如果这个错乱体是大都会的本质，则有必要与其对峙，这就是对城市进行精神分析。

20 世纪出版的有关"建筑"的书中，最具影响力的是勒·柯布西耶撰写的《走向新建筑》（*Vers une architecture*，1923），自那以后再没有著作超其之上。曾有一段时期，罗伯特·文丘里（Robert Venturi）的《建筑的复杂性与矛盾性》（*Complexity and Contradiction in Architecture*，1966）受到注目，但是随着后现代主义的历史性衰退，评价也逐渐淡出。现在，雷姆·库哈斯的《癫狂的纽约》可以说处在了这样的地位，初版是在 70 年代末，也就是所谓的后现代主义崛起期，在教科书般的解说泛滥的背景下，本书几乎被视作奇书，之后绝版了十多年，好似在等待最坏时期的过去。

我偶然留有该书的初版本，与其他许多雷姆的出版物一样，记不清是否是从他本人手中得到的。我对其中的马德隆·弗里森多普绘制的克莱斯勒大厦和帝国大厦的插图很欣赏（当时雷姆和马德隆结了婚）。此外，在《癫狂的纽约》附录中的最后一篇《游泳池的故事（1977）》，我认为是他的写作中最有亮点的虚构，日本的某本杂志上也介绍过。一幅插图和一个虚构故事，都是针对建筑和城市而言的，但它不是建筑师的设计图，也不是设计方案的说明或宣言。这是只有在出现了世间常识性的条框无法收纳的内容时，才得以实现的假托的形式。我想起了自己的第一部著作，开篇部分的一个虚构故事和作为封面的插图，也均是脱离了建筑界常规的做法，因此，我切身体会雷姆在其首部著作中的用意。我经历了城市的瓦解和崩溃，雷姆则置身于大都会形成过程中的分裂症般的癫狂。前者是塔那托斯（Thanatos），后者是厄洛斯（Eros），即便有将两者关系重合的弗洛伊德精神分析法，但对各自都已选择了其中一方的当事人来说，深知要抵达对岸的不易，所以，我一个劲儿地讲述关于瓦砾的事，而雷姆则拼命重复脑白质切断术，两者均采用了隐喻的手法。这也是两人成为建筑师的基调音，还时常会循环论述。

《癫狂的纽约》能够对大都会的深层部以出乎想象的眼光进行描写，这源于雷姆将自己作为枪手作家的独特视点，这与瓦尔特·本雅明（Walter Benjamin）把19世纪的巴黎置于商店街（Passage）逛街者的视点相类似。观察者通常会冒充访问者或居住者，但这种做法太过寻常，往往无法看清真髓。曾是编剧的雷姆，不经新阿姆斯特丹这位过气大明星的邀请，主动揽了枪手作家的活。这个岛上已发生了异常事态，耸立的建筑物均被做了脑前叶切断手术，内容和形式一致的现代建筑伦理的根基已被切除。如果说矫正这种事态是错误的话，则在癫狂中以自己的方法前进才是出路。

这部著作初版后的二十年，又一本冠以奇妙标题 *S*，*M*，*L*，*XL* 的、以实干型建筑师的具体项目为主要内容的书籍发行。书中记载了"建筑"和"城市规划"的概念被废弃之后，作为建筑师、城市规划师与现实抗争的记录，生动地描述了血统消失后从职业角度运作时遭遇到的不可避免又无法解决的难题。这是与各种不可能性对抗的英雄之战。成为斗争主音调的依然是脑白质切断术，即这长达二十年的实务工作中一贯的独自的思想，在首部著作的初版中已经表达，再版的延期可以理解为为寻找证据而为。

脑白质切断术，这里换种叫法，称为"超大"（Bigness），即 XL。在曼哈顿，摩天大楼无论是在内容和形式还是在内容的内容方面，都呈现出分裂症状，这在必须力荐超大项目的今天，更是普遍存在的状态。盲目地把建筑物做大，过度地将复杂功能胡乱硬塞，这就不可避免地导致支撑内容和形式的一致性这一西欧现代建筑伦理的逻辑基础的崩溃。他的作品，像是从逻辑上证明这一崩溃的逻辑的手段。他也许想说："在曼哈顿，一些完全不知道历史、逻辑、方法的单纯的建筑师们，对一些在血路中奋力探寻历史、逻辑和方法的自称是智者的建筑师们所终于发现的事实，其实在很早以前就已经做过了。看吧看吧，这就是会自动生产错乱的脑白质切断术啊。"这是一个置自身于终极却亲眼目睹了终极下空无一物这一事实的虚无主义者（nihilist）的话语，这只能是一部自动化机器。

　　人们认可雷姆·库哈斯引领时代正是因为他的这个观点。我忘了问他本人是否做过脑白质切断手术，只好请读者自己从这本他的最初著作中判断了。提出这样的奇妙问题，是因为我也愿意遵从这是《走向新建筑》之后的力作这一社会评价。最后，我提醒大家注意，千万不要把癫狂之错乱混同于迷宫。

胡倩 译

* 原载《癫狂的纽约》日文版，筑摩学艺文库，东京：筑摩书房（《錯乱のニュー
　ヨーク》，ちくま書房，ちくま学芸文庫），1999 年 12 月；文章原题为《解说》，
　感谢矶崎新先生为中文版译文重新命名。

Delirious New York was originally published in English in 1978.

Copyright © Rem Koolhaas 1978

This Chinese translation edition is published by agreement with Rem Koolhaas,
arranged through Beijing Wisdom Tank Information Consultation Company (ISreading Culture)

Translation copyright © 2015 SDX Joint Publishing Company

图书在版编目（CIP）数据

癫狂的纽约／（荷）库哈斯著；唐克扬译. —北京：
生活·读书·新知三联书店，2015.9（2021.5 重印）
ISBN 978 - 7 - 108 - 05278 - 0

Ⅰ. ①癫…　Ⅱ. ①库…②唐…　Ⅲ. ①城市规划 - 建
筑设计 - 纽约　Ⅳ. ① TU984.712

中国版本图书馆 CIP 数据核字（2015）第 043841 号

癫狂的纽约

［荷兰］雷姆·库哈斯（Rem Koolhaas）著

唐克扬 译　姚东梅 译校

责任编辑　张　荷

装帧设计　陆智昌

责任印制　卢　岳

出版发行　**生活·讀書·新知** 三联书店

　　　　　（北京市东城区美术馆东街 22 号）

邮　　编　100010

经　　销　新华书店

印　　刷　河北鹏润印刷有限公司

版　　次　2015 年 9 月北京第 1 版

　　　　　2021 年 5 月北京第 4 次印刷

开　　本　787 毫米 × 1092 毫米　1/32　印张 17.5

字　　数　301 千字　图 220 幅　图字 01-2008-1274

印　　数　13,001 - 18,000 册

定　　价　88.00 元

策划：一石文化